园林育苗技术系列

YUANLIN YUMIAO JISHU XILIE

图|说 园林花木
扦插育苗技术

孙 颖 ◎编著

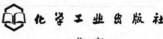

化学工业出版社

·北京·

图书在版编目（CIP）数据

图说园林花木扦插育苗技术/孙颖编著. —北京：
化学工业出版社，2016.9（2024.11重印）
（园林育苗技术系列）
ISBN 978-7-122-27660-5

Ⅰ.①图⋯　Ⅱ.①孙⋯　Ⅲ.①园林植物-观赏
园艺-图解　Ⅳ.①S68-64

中国版本图书馆 CIP 数据核字（2016）第 166673 号

责任编辑：邵桂林　　　　　　　　文字编辑：吴开亮
责任校对：宋　玮　　　　　　　　装帧设计：韩　飞

出版发行：化学工业出版社（北京市东城区青年湖南街 13 号
　　　　　邮政编码 100011）
印　　装：北京天宇星印刷厂
850mm×1168mm　1/32　印张 10½　字数 296 千字
2024 年 11 月北京第 1 版第 8 次印刷

购书咨询：010-64518888（传真：010-64519686）
售后服务：010-64518899
网　　址：http://www.cip.com.cn
凡购买本书，如有缺损质量问题，本社销售中心负责调换。

定　　价：39.00 元

图说
园林花木扦插
育苗技术

→ 前 言

· Foreword ·

　　我国园林花木资源丰富，栽培历史悠久。它们色彩斑斓、千姿百态，把世界装点得优雅自然、妙趣横生，是人类与自然和谐、共生的纽带。园林花木是美好、吉祥、友谊的象征，可栽植在园林中美化环境，也可盆栽，使人赏心悦目，振奋精神，消除疲劳，有益于身心健康。

　　随着人们生活水平的提高，花木生产正在迅猛发展，形势喜人。园林花木繁育已成为人们生活中的一种时尚。养花是门学问，如果我们不了解花的习性，不能对症下药，养好花就变成很难很复杂的工作。不同的花就像是不同个性的人，都有各自的喜好。因此，养花前我们要充分了解各种花卉的习性，这样才能做到科学合理地养护。

　　为了使园艺爱好者更好地掌握园林花木扦插育苗的知识，笔者翻阅了各种资料并结合种植养护心得编写了此书。本书从植物扦插繁殖的概念和意义、植物扦插繁殖的生物学基础、影响插穗生根成活的因素、促进插穗生根的方法、扦插繁殖技术、繁殖场的管理、园林花木扦插育苗实例等多个方面详细介绍了园林花木扦插育苗的技术。并在园林花木扦插育苗实例部分精选了部分观赏性较强的花卉植物，在每一种园林花木的产地习性、外观形态、扦插育苗、栽培管理以及病虫害防治方法等方面，进行了详细的叙述。

　　本书由孙颖编著，同时在编写过程中得到了崔培雪、李秀梅、纪春明、张小红、冯莎莎、常美花、张向东、谷文明、苗国柱的帮助，在此深表感谢。全书通俗易懂，图文并茂，系统性强，文字深入浅出，简单明了，是融科学性、知识性、实用性为一体的科普读物。适用于广大养花爱好者、花卉种植户、花木企业员工、养花初学者和园林科技人员阅读使用。希望能与读者一起分享种植养护过程中的心得和乐趣。由于时间仓促，笔者从事园林苗木实践经验不够丰富，收集的文献资料不够全面，书中难免存在疏漏和不足之处，恳请广大读者给予批评指正。

编著者

图说
园林花木扦插
育苗技术

→ 目　录
· Contents ·

上篇　园林花木扦插育苗基础知识

上 篇

园林花木扦插育苗基础知识

第一章

植物扦插繁殖的概念和意义

第一节　植物扦插繁殖的概念

扦插繁殖是剪取植物部分营养器官（根、茎、叶等），将其插入苗床基质中，促进生根，使其生长成为一棵完整新植株的一种繁殖方法。其中用作扦插的营养器官（根、茎、叶等），叫作插穗。

我国应用扦插方式繁殖植物的历史非常悠久，大约在 3000 年前，我们的祖先就已经创造和应用了扦插技术。《诗经·齐风·东方未明》中"折柳樊圃"就是以扦插柳枝繁殖柳树并形成树篱的记述。此后，在长期的生产实践中，扦插方法得到不断的发展。扦插繁殖的树种也不断增加，《农桑辑要》中记载的可扦插繁殖植物已有石榴、白杨、柳、桑、杉等多种。插穗长度、扦插时期以及扦插管理等诸方面都积累了丰富的经验。

第二节　植物扦插繁殖的意义

由于扦插繁殖可以用枝插、根插、叶插等，能够更加经济地利用繁殖材料，因此可进行大量育苗和多季育苗。扦插繁殖成苗快，既经济又简单，可以保持母体的优良性状，不会出现砧木影响接穗的问题，而且，结实时间比实生苗早，对不结实的或结实稀少的名贵园林树种更是一种切实可行的繁殖方法。

植物扦插繁殖目前不仅在生产上广泛应用，而且在实践中积累了大量经验，采用了多种先进技术，解决了许多繁殖困难树种的繁殖问题，对加快园林树种的育苗工作起了很大的作用。

但是，扦插繁殖在管理上要求相对精细。因插穗脱离母体，必须给以最适合的湿度、温度等环境条件才能成活，扦插苗比实生苗的根系浅，抗寒、抗旱、抗风的能力也较弱，因此更要加强管理。对一些要求较高的树种，还要采用必要的遮阴、喷雾、盖塑料棚等措施。

第二章

植物扦插繁殖的生物学基础

第一节　植物细胞的全能性和植物再生性

植物细胞具有遗传性，每一个细胞都具有该品种的所有遗传物质。因此，如果在适宜的环境条件下都有能力形成相同植株。

此外，植物的某些组织或器官具有再生的机能，即当植物被切除或某一部分受伤而使植物整体受到破坏时，能表现出修复损伤、弥补丢失器官的功能。

由于植物的全能性和再生机能，当茎、根、叶等从母体脱离后茎上会长出根，根上会长出茎叶，叶上会长出茎根等。当枝条脱离母体以后，创伤部位的受损细胞能够产生植物激素促进细胞的分裂，产生出新的组织。同时，插穗上的叶和芽等也能产生生长素，从而使枝条内的形成层、次生韧皮部、维管纤维和髓部能形成根的原始体，发育生长成不定根。用根当作插穗时，根的皮层薄壁细胞能够分化出不定芽，进而产生茎叶发育成植株。

第二节　插穗生根的原理

扦插繁殖的方法，在我国历史悠久，早已广泛应用于生产实践。但研究扦插生根的理论时间并不久。近年来随着科学技术的发展，对这一理论研究越来越多，应用于扦插实践上也取得了一定效果。下面介绍几种认同度较高的观点。

一、解剖学观点

植物解剖学工作者发现，插穗中不定根的发生和生长主要取决于插穗皮层的解剖学构造。他们认为，如果皮层中有一层、二层或多层由纤维细胞构成的一圈环状厚壁组织时，则生根变得困难。如果没有或有而不连续时，则生根较容易。因此，在实践中采用割破皮层的方法可以破坏其环状厚壁组织而促进生根。

二、生长素观点

生长素观点多认为植物的生长活动受专门的生长物质所控制，植物的扦插生根、组织愈合都是植物的生命活动，都是受生长素所控制和调节的，因此，林业和园艺工作者据此学说用人工合成的各种生长素，如萘乙酸（NAA）、吲哚乙酸（IAA）、吲哚丁酸（IBA）等处理插穗，可提高生根率，如图 2-1 所示。大量的生产实践证明应用生长素，不仅促进生根，而且根的长度、数量、粗细，都具有明显的优越性，生根的时间也大大缩短。由于经生长素处理后的插穗形成的根系强大，苗期生长健壮，这对扦插育苗有着多、快、好、省的意义。

三、生根素观点

生根素观点是由国外一些生理生化研究者新近发展起来的一种观点。他们认为既然植物体内存在生长素控制生长、开花素控制开花、遗传物质控制遗传性等，那么植物体内也一定有专门控制生根的物质存在，这种物质专门促使根原始体的发生。这种物质的有无和多少，直接影响着生根的难易程度。并且根原始体在发生和发育的过程中需要大量的氧分子，那么选用透气性较好的扦插基质，如沙、蛭石等，可以为生根创造良好的条件。大量的扦插生根实践证明，土壤透气性好可大大提高生根率。

四、生长抑制剂观点

生长抑制剂观点认为植物的生长由生长素来控制，而植物生长的终止（如休眠、封顶等）则是由生长抑制剂来控制的。生长抑制剂是与生长素相对立的两种物质，因为有了生长抑制剂，植物才能

图 2-1　生长素可促进植物生根

够在变化多端的气候中生存下来，才能抵抗夏天的炎热和冬天的寒冷。由此理论认为用于扦插的枝条中存在着生长抑制剂，尤其是在冬季，植物停止生长时所采取的枝条，含有较高的生长抑制剂，这对植物生根有很大的影响。因此在扦插前，要将枝条用水冲洗或浸泡，减少或消除抑制剂，以利于生根。在生产实践中也证明这是很有效果的。

以上所介绍的几种观点，并不能够解释全部扦插生根的现象，但几种观点都是在解释利用植物本身的特性来克服生根的困难，采取相应的技术措施，提高扦插成活率，在实践中取得较好的效果。

第三节　插穗生根的类型

根的形成是插穗成活的关键所在。一般的茎插都有芽，芽向上抽成枝，插穗的基部则向下生长成根，形成完整的植株。在此过程中，根据不定根不同的发生部位，可分为两种生根类型：一种是从插穗周身皮部长出来；另一种是从基部愈合组织或从愈合组织相邻近的茎节上长出来。这两种生根类型的生根准备和机理是不同的，因而在生根难易上也不相同。在实际的生产实践中，有很多树种的生根情况是介于两种类型之间的，即兼有两种生根类型，如钻天杨、旱柳等。

一、皮部生根

正常情况下，在枝条的形成层部位，能够形成许多特殊的薄壁细胞群，成为根原始体或称作根原基。这些根原始体就是能够产生大量不定根的物质基础。根原始体多位于髓射线的最宽处与形成层的交叉点上，是形成层进行细胞分裂而形成的。由于细胞分裂，向外分化成钝圆锥形的根原始体，侵入韧皮部，通向皮孔，在根原始体向外发育的过程中，与其相连的髓射线也逐渐增粗，穿过木质部通向髓部，从髓细胞中取得营养物质。

很多树种根原始体的形成时期是在生长末期形成的。当采取的插穗已形成根原始体时，则在适宜的温度和湿度的条件下，经过短时间就能从皮孔中长出不定根。由于这种皮部生根较迅速，所以大多数皮部生根的树种都较容易扦插成活，生根迅速。

二、愈合组织生根

任何植物在局部受伤后，均有保护伤口、恢复生机、形成愈合组织的能力。选取的插穗在其下切口处产生的新突起物就是愈合组织。植物体的一切组织，只要是活的薄壁细胞都能产生愈合组织，其中以形成层、髓、髓射线的活细胞为形成愈合组织的主要组成部分。在插穗切口处，由于形成层细胞和形成层附近的细胞分裂能力最强，因此在下切口的表面形成半透明的、具有明显细胞核的薄壁细胞群，即为初生的愈合组织。它一方面保护插穗的切口免受外界不良环境的影响，同时还有着继续分生的能力。因为初生愈合组织形成以后，其细胞继续分化，逐渐形成和插穗相应组织发生联系的木质部、韧皮部和形成层等组织。最后充分愈合,这些愈合组织细胞和愈合组织附近部位的细胞,在生根过程中都是非常活跃的,这些细胞的不断分化,能形成根的生长点,在适宜的温度、湿度条件下,就能产生大量的不定根。因为这种生根情况是要先长出愈合组织然后再分化出根,需要的时间长,生根缓慢,所以凡是扦插成活较难、生根较慢的树种,其生根部位大多是愈合组织生根。

第三章

影响插穗生根成活的因素

第一节　内在因素

一、遗传特性

插穗生根的能力因植物品种遗传特性的不同而表现出巨大的差异。根据不同植物插穗生根的难易程度，常将园林植物分成四大类。

（1）易生根类植物　该类植物插穗扦插后，一般不需要采用特殊管理就能在短时间内生出大量根系。如黄杨、北京杨、旱柳、沙柳、白柳、柳杉、水杉、池杉、卫矛、蔷薇、月季、夹竹桃、珊瑚树、葡萄、叶子花、巴西铁、沙棘、连翘、菊花、紫薇、爬山虎、荷兰菊、万寿菊、康乃馨、金银花、石榴、富贵竹、南天竹、马齿苋、吊兰、常春藤、迎春花等。

（2）较易生根类植物　该类植物插穗扦插后比较容易生出根系。如毛白杨、山杨、花柏、相思树、罗汉松、刺槐、水蜡树、白蜡、悬铃木、接骨木、樱桃、杜鹃、珍珠梅、石楠、花椒、慈竹、金缕梅、柑橘、猕猴桃等。

（3）较难生根类植物　该类植物插穗扦插后一般需要较长时间才能生根，因此对扦插后的管理技术要求较高，同时扦插时需要用植物生长调节剂或其他化学药物处理，有的甚至需要物理处理。如山茶、桂花、杜鹃花、米兰、一品红、榕树、秋海棠、橡皮树、芍药、枣树、补血草、龙柏、金钱松、一串红、梧桐、五针松等。

（4）极难生根类植物　该类植物插穗扦插后生根困难甚至不能

生根，一般不用扦插繁殖，如黑松、梅花、马尾松、腊梅、国槐、柿树、玉兰、榆树、香樟、赤松、桃、鸡冠花、板栗、榆叶梅、花菱草、紫罗兰、核桃等。

二、插穗年龄

插穗年龄包括两种含义，一是所采枝条母株的年龄，二是所采枝条本身的年龄。

1. 母树年龄

通常情况下，随着母株年龄的增长，母株发育阶段变老，株体的新陈代谢活动下降，细胞分生能力降低，其生活力和适应性也逐渐降低，枝条内所含的激素和养分发生变化，尤其是抑制物质的含量不断增加，导致插穗的生根能力降低。因此，在选取插穗时，最好采自年幼的母株，母株年龄越小，其生命活动能力越强，所采下的枝条扦插成活率也越高。一般采用1～2年生枝条扦插比多年生枝条扦插生根能力更强，更容易成活；嫩枝扦插比硬枝扦插生根更容易。一些容易生根的植物如杨、柳、夹竹桃、富贵竹也可采用多年生的枝条进行扦插。因此，大部分树种是选用1～2年生实生苗上的枝条进行扦插，易于成活。当然也与扦插种类、方法及时期等具体情况相关。有试验证实，在不同年龄的母株上，均采取一年生枝条，在相同环境中进行扦插，其成活率差异也很大。

2. 插穗年龄

扦插枝条的年龄越大，再生能力愈弱，生根率愈低。一般插穗以一年生枝和当年生枝的再生能力为最强，二年生枝次之，多年生枝的生根能力最弱。一年生萌蘖条，其发育阶段最年幼，具有和实生苗相同的特点，再生能力强，扦插后易于成活。但具体年龄也因植物种类而异。例如，杨树类、葡萄等用一年生枝条扦插成活率最高，二年生枝条则成活率低；而罗汉柏2～3年生的枝条扦插成活率高。

三、插穗质量

枝条发育的好坏，质量状况或充实与否，影响着枝条内营养物质的含量，对于插穗的生根成活有一定的影响。播穗枝内存留的养分，是扦插后形成新器官和初期生长所需要的营养物质的主要来源，特别是碳水化合物的含量多少，与成活和成活后苗木的生长有密切的关系。一般情况下，凡发育充实、营养物质丰富的插穗容易成活，生长较良好。

在生产实践上，有些树种带一部分 2 年生枝，即采用"带踵扦插法"常可以提高成活率，这与 2 年生枝条中储藏有更多的营养物质有关。在正常情况下，一般树种主轴上枝条营养物质丰富，形成层组织充实，因此发育最好、分生能力强，用它作插穗比用侧枝、尤其是多次分枝的侧枝生根力强，也是由于插穗质量更好的缘故。

四、采穗部位

插穗在同一母株上着生的部位不同，其根原基数量、营养状况、生长发育状况不同，因而生根能力和速度也有差异。但哪一个部位较好，还要考虑植物的生根类型、枝条的成熟度、扦插繁殖时期和方法等。通常情况下，大多数植物硬枝扦插时，以基部、中部为好。原因在于向阳面枝条采光好，枝条相对生长健壮，组织充实，营养丰富，激素水平高，叶片成熟较早，芽体饱满，因而扦插的成苗率高；而阴面的枝条生长时间短，叶片小，营养物质含量低，则发育较差，不利于生根。因此向阳的枝条生根能力强于阴面的枝条。

同样道理，萌蘖枝条比上部枝条好，因为萌蘖枝条生长的部位靠近根系，通过和根系的相互作用，使它们积累了较多的营养物质，年龄又小，具有较高的可塑性，有利于扦插成活；相反，上部枝条由于阶段性较老，扦插后生根少，成活率低，生长也差。

此外，树冠外围强壮枝条的生根能力强于内部柔弱的枝条。常绿树种中上部枝条生长健壮，营养充足，代谢旺盛，因而对生根有利。落叶树种在硬枝扦插时一般以中下部外围枝条较好，因其发育充实，储藏养分多。落叶树种嫩枝扦插时，则以生长较旺盛的中上部新梢较好，因其生长素含量高，细胞分裂旺盛。

经实验证实，也说明了不同部位的枝条扦插成活的情况不同。

五、插穗状态

插穗的粗细与长短，对于扦插成活率和苗木的生长情况均有一定的影响。年龄相同的插穗越粗越好，而且要有一定的长度。因此在生产实践中，应根据需要和可能，采用适当长度的插穗，合理利用插穗，应掌握"粗枝短剪、细枝长留"的原则。

对于用硬枝扦插来说，一般长插穗储存的营养多，有利于生根和成活，但采用长插穗时用到的繁殖材料较多，同时也加大了扦插操作的难度。对于嫩枝扦插，带叶能进行光合作用，为生根提供营养物质和激素，但插穗过长，叶片过多，加大了水分蒸腾量，会使插穗失水而枯死，反而对成活不利。一般落叶树种硬枝扦插时的插穗长度为15～20厘米，嫩枝扦插为10～15厘米，常绿树种为10～35厘米，草本植物为7～10厘米。

同时由于嫩枝扦插更易失水，插穗上须带一定数量的叶片，留叶的多少因植物种类而异。一般阔叶植物留2～4片叶，叶片大的可将先端半片叶剪掉；若有喷雾保湿装置，可适当多留叶片或采取措施（如插穗基部浸水、喷水、湿沙埋藏等）避免枝条散失水分。在大面积育苗过程中，常选用苗圃平茬时剪下的实生扦插苗的主干作为插穗，这是最理想的，可大大提高成活率，并能保证苗木质量。

第二节　外在因素

影响扦插成活的外在因素有很多，其中主要是温度、湿度、光线、空气、插床基质等。

一、温度

温度对扦插生根的影响很大，不同植物要求不同的扦插温度，温度适宜会使插穗生根迅速。大部分园林植物的扦插适温是20～25℃，如桂花、山茶、夹竹桃等；而原产于热带的一些观赏植物则需在25～30℃的高温下扦插，如茉莉、橡皮树等。一般情况下，在同一个地区内，春季发芽较早的树种生根对温度的要求较低，发芽较晚的及常绿树种生根对温度要求较高。起源于不同气候带的植物，其生根要求的温度也不同，温带植物跟热带植物相比插穗生根对温度的要求低。

　　在冬春季节扦插时，由于温度过低导致生根缓慢或不能生根，在生产上，早春扦插育苗时常采用酿热温床、火炕、电热温床等进行催根，也可采用阳畦进行倒插催根，均可提高成活率。而在盛夏进行嫩枝扦插时，由于温度过高插穗在产生愈伤组织之前伤口易发霉腐烂，而影响生根，导致成活率降低，为此应尽量保持适宜温度，特别是夏天要防止高温危害，要打开覆盖物，并在叶面喷雾降温，当气温超过35℃时不宜扦插。

　　适宜的基质温度与空气温度的组合是保证扦插成活的关键。一般情况下，基质温度高于气温2～4℃促进生根。如果气温大大超过土温，插穗的腋芽或顶芽在发根之前萌发，出现假活现象，待枝条内的养分大量消耗后，不久就会回芽而死亡。如蔷薇、葡萄、银杏等在温室中早春扦插或高温季节扦插时往往出现这种现象。

　　不同树种扦插生根，对土壤基质的温度要求也不同，一般土温高于气温3～5℃时，对生根极为有利。因此，在生产实践上，应依树种对温度要求的不同，选择最适合的扦插时间，以提高育苗的成活率。当扦插温度不足时，可采用增加底温的办法来提高成活率，其方法可采用装箱加温的办法，或直接插于温床上。

　　不同时期扦插对生根温度的要求也不同。休眠状态的硬枝扦插要求的温度偏低。而对于生长季的嫩枝扦插，其生根所需要的营养物质和激素主要来自叶片光合作用所合成的光合产物及其转化物，因此嫩枝扦插要求的温度较高，但温度超过3℃则加剧蒸腾，抑制光合，反而对生根不利。

二、湿度

　　湿度包括空气湿度和基质湿度。适宜的空气湿度和基质含水量对保持插穗水分平衡至关重要。

1. 基质湿度

　　扦插基质的湿度要适度，以保持枝叶正常的新鲜度和插穗生根所需的水分，利于插穗愈伤组织的形成和根系的产生。一般基质含水量以最大持水量的50%～60%为宜。扦插基质内的含水量过低则插穗吸水受限，造成插穗内的水分失衡，引起插穗失水，影响成活甚至枯死；基质中水分过大达到饱和后，基质通气不良且含氧量降低，不利于插穗呼吸作用的进行，嫌气性细菌大量繁殖，致使插穗基部霉烂，甚至死亡。

若以排水性、透气性好的河沙或其他基质材料做成可渗漏插床，进行全光照迷雾扦插时，基质的相对湿度也可不受限制。

2. 空气湿度

扦插后插穗需要保持适当的湿度，但更重要的是大气的相对湿度（空气湿度）。

若空气干燥则加速插穗枝叶内水分的过分蒸发，使插穗失水，不利于扦插成活。通常空气湿度保持在 80%～90% 为好。硬枝扦插对空气湿度的要求不严，由于插穗大都木质化且不带叶片，水分散失少。而嫩枝扦插则不然，其尚未木质化且往往带有部分叶片，水分散失多，且插穗很难从基质中吸收足量的水分，加上插穗叶片本身的蒸腾作用，极易造成水分失去平衡，因此空气湿度的保持对于嫩枝扦插和扦插难以成活的树种更为重要。为此应及时运用叶面喷雾的方法，保证扦插基质附近的空气湿度在 90% 以上。为避免日光曝晒，引起水分大量蒸腾而导致叶片萎蔫，影响成活，要采用塑料薄膜覆盖的方法进行遮阴。插穗生根后，再停半月左右，就可移出栽入盆中，先放在荫蔽处缓苗，待根系发育良好、植株健壮后，再逐步移到阳光充足之处，按常规进行管理。

在国外多采用喷雾扦插法，用机械设备造成人工浓雾，增加空气湿度，提高扦插成活率。在我国很多地区也采用塑料膜进行扦插繁殖。经试验验证，塑料膜遮阴由于设有一定的喷雾条件，使内部空气能保持较高的湿度，扦插效果较好。如扦插银杏、文冠果等生根情况均较好。

三、空气

空气也是插穗生根所必需的，除疏松的基质外，还要注意插床基质的通风换气。

插穗形成愈伤组织和生根的过程中，一直进行着呼吸作用，这一过程需要充足的氧气。插床基质的通气状况良好，则呼吸作用所需要的氧气能得到充足供应，有利于生根；反之，则插穗基部组织细胞易窒息死亡腐烂，影响生根。土壤中的水分和氧气条件，常常是相矛盾的，浇水过多，不仅会降低土温，而且使土壤通气不良，因缺氧而影响生根。为解决此问题，则要选择结构疏松、通气良好、能保持稳定的湿度而又不积水的砂质壤土等做扦插基质为最好。

因此，扦插后必须保证插床基质的通气状况良好。不同植物对氧气的要求不同，如杨、柳对氧气的需求量较低，扦插时深度大些仍可很好地生根；而常春藤、蔷薇则要求较多的氧气，必须插在疏松的基质上或在土壤上扦插深度较浅才有利于生根，否则通气不良不利成活。

四、光照

光照是插穗生根成活的重要条件。充足的光照可提高土壤温度，使基质温度接近空气温度有利于扦插生根；充足的光照可以抑制杂菌的产生；充足的光照可提高插穗温度，促进生长素的合成并诱导生根。对带叶的嫩枝扦插及常绿树种的扦插，插穗所带的顶芽和叶片只有在日光下才能进行光合作用，并产生生长素以促进生根，因此，光照是不可少的一个外界因素。但扦插过程中，由于其已从母株分离，若在烈日下曝晒，会引起蒸腾作用的加强，使枝条干燥或灼伤，而导致插穗凋萎，甚至失水而死。我国花农经长期实践经验得出结论，插穗要插在"见天不见日"的地方。因此，在日照太强的时候，应适当遮阴或用全光照自动喷雾来减少水分的散失，一般遮阴度以 70% 为宜，控制在最适于插穗生根的范围内，尤其在插穗未发出一定数量新根的时候，更应注意创造较适宜的条件。生根后可逐渐增加光照，以利生长。

五、插床基质

土壤中的水分是决定插穗生根成活的重要因素。土壤中的空气是插穗生根时进行呼吸作用的必需条件。因此，扦插基质对插穗生根的影响主要表现在基质的保水性和透气性两方面。基质内的水分和氧气相互矛盾、相互影响和制约，好的基质应具有较好的保水性和良好的透气性。不论使用何种扦插基质，只要不含有害物质，能满足插穗对土壤水分和通气条件的要求，就都有利于生根。

一般苗圃地扦插最好选用疏松透气的沙壤土，苗床扦插较好的基质有河沙、珍珠岩、蛭石、泥炭、炭化稻壳、炉渣、花生壳等。上述这些材料在扦插繁殖时统称为扦插基质。扦插基质不一定含有营养成分，但应具有良好的通透性，并保持一定的湿度。基质材料可单独使用，也可以混合使用。要因地制宜、就地取材、灵活掌握，以求达到事半功倍的效果。如素沙通气好、排水佳、易吸热、材料易得，但含水力太弱，必须多次灌水，故常与土混合使用；泥炭土保温效果好，含有大量未腐烂的腐殖质能促进插穗产生愈伤组织，并且质地疏松，有团粒结构，保水力强，但含水量太高，通气差，吸热力也不如沙，因此常常与素沙混合使用，综合两者优点，提高扦插的成活率。另外，蛭石呈黄褐色，片状，酸度不大，具韧性，烧之膨胀 2～3 倍。蛭石吸水力强，通气良好，保温能力高，也是一种较好的扦插基质。应根据植物种类的不同要求，选择最适合的基质。

不论采用哪种材料，事先必须进行消毒或通过流水冲洗，或用日光曝晒的方法来消灭有害病菌，以保证扦插成功。在露地进行大面积扦插时，大面积更换扦插土，实际上是不大可能的，故通常选用排水良好的沙质壤土。

第四章

促进插穗生根的方法

第一节　机械处理

机械处理是指通常情况下采用剥皮、纵划伤或环剥、环割及绞伤等方法对插穗进行处理，从而达到促进插穗生根的目的。

（1）剥皮　有些树种的枝条表皮木质组织较发达，影响到了枝条吸水和生根。对这类树种的枝条，扦插前应先将表皮木质层剥掉，以促进发根，如葡萄。

（2）纵划伤　在插穗基部的节间沿纵向划伤数道，深达韧皮部（见到绿色皮为度），划伤后再进行扦插，可促使插穗在节间部位发根，增加生根数量。

（3）环剥、环割及绞伤　在生长季节，将枝条基部环剥、环割或用铁丝、细绳等捆扎，以截断枝条上部的碳水化合物和生长素向下运输的通道，促使养分在其上部集中，枝条受伤处逐渐膨大，这种现象被称为"绞溢"现象。到休眠期再将枝条从基部剪下进行扦插，由于养分集中储藏能显著促进生根，不仅提高成活率，而且有利于苗木的生长。

第二节　生长素类调节剂处理

通常情况下，生产上多采用生长激素处理难生根的插穗，常用的生长素类调节剂有萘乙酸（NAA）、吲哚乙酸（IAA）、吲哚丁酸（IBA）、2,4-D（二四滴，即抓苯酚代乙酸）、ABT生根粉等药剂。其中以吲哚丁酸的效果最好，通常情况下将吲哚丁酸与萘乙酸混用的效果更佳。这些激素用在大多数植物的插穗上，能加快生根速度，提高插穗的生根率，增加根系数量，增加生根一致性，提高根系质量，促进根系的形成。实践中得知，不同树种使用的生长素最适浓度和处理时间不同。一般生根较易的浓度可低些，甚至可以不用生长素处理，而难生根的植物通常只有使用高浓度生长素处理才能生根。生根较难的浓度则高些；对于插穗来讲，木质化程度高的浓度可大，处理时间可长，否则反之。生长素在使用时一般均采用水剂或粉剂。

目前，我国使用较广泛的复合型生根剂有中国林业科学院研制的"ABT 生根粉"系列、山西农业大学研制的"根宝"、华中农业大学研制的"植物生根剂 HL-43"等。

一、生根粉处理

通常情况下，难生根的木本植物需要用高浓度的生根粉处理以促使生根，而易生根、柔嫩、多汁的植物一般用低浓度的生根粉处理。插穗浸入生根粉之前，在插穗的基部造成新鲜切口，如果是处理成捆的插穗，要快速地浸蘸，确保捆内外的插穗能够均匀地蘸有足够的生根粉，蘸后轻拍以去除插穗上多余的生根粉，并保留有足够的生根粉。如插穗基部不够湿润，在蘸生根粉之前用湿润的棉团擦拭插穗基部，以便有更多的生根粉蘸在插穗上。使用生根粉时，取出适量的生根粉放在暂时的容器中。用过之后，扔掉剩余的生根粉，而不能将插穗在生根粉原容器中直接浸蘸，这样极易导致生根粉受湿、受真菌或细菌感染而失去效果。插穗处理后，应立即插入生根基质中，为避免栽植时插穗基部的生根粉被抹掉，在扦插前，在基质上先打洞或划沟，然后再栽植。粉末状的生根粉与滑石粉混合效果更好，滑石粉使用方便且易获得。由于插穗的质地（粗糙或光滑）和插穗基部的湿度的不同，蘸在插穗基部的生根粉数量也有不同，生根也很难一致。粉剂使用的浓度一般可略高于水剂。

二、使用稀释生根剂浸泡

扦插之前，将已剪好的枝条，以一定数量捆成一束，并使下部切口在一个平面上，然后插穗基部 2 厘米浸入稀释的生根剂溶液中约 24 小时。容易生根的植物使用生根剂的浓度为 20×10^{-6} 左右，而较难生根的植物使用生根剂的浓度为 200×10^{-6} 左右。在浸泡过程中，插穗的温度应保持在 20℃ 左右，且不能置于阳光下。浸泡过程中，周围环境条件会影响插穗吸收的生根粉数量，直接影响插穗的生根效果。

三、使用高浓度生根剂速蘸

用 50％酒精稀释生根粉成 500～1000 毫克/升的浓度，插穗基部 0.5～1 厘米的部分迅速蘸取粉液（约 5 秒钟），然后将插穗栽植到基质中，插穗成捆蘸取粉液比单个蘸取效果更好。

当植物生长调节剂浓度过高时会阻止植物的芽发育，导致落叶、茎变黑、黄化，最终导致插穗死亡。如发现插穗基部有些肿胀或出现愈伤组织，并且有丰富的根系产生，这说明粉液的浓度是合适的，且有效无毒。因此植物生长调节剂促进生根的有效方法应为将粉液浓度严格控制在致毒点以下。如果粉剂过期或发生变质往往会产生不良的后果。番茄叶片的插穗实验是检验配制粉液是否具有促进生根特性的最简单易行的方法。由于番茄叶片对生长调节剂异常敏感，可以通过这个特性来验证粉液对促进生根的有效性。将粉液处理过的番茄叶片插入装有湿润沙子的箱子中，覆盖玻璃或塑料薄膜，用未处理的插穗作对照，经过 2 周，就可以看到生根的差异。

在配置溶液时，一般生长素不易直接溶于水，配时可先加几滴酒精溶解后再加水，必要时也可间接地略微加温。用高浓度酒精配制的粉液，如果不被污染，可以长久地保持粉液活性。但处理插穗的稀释溶液最好是即用即配，稀释的粉液（如 25×10^{-6}）几天内就会失去效果，特别是当其受到外界物质污染之后更容易失效。因此配置好的粉液要严密密封，否则酒精挥发会引起粉液的浓度提高。使用时，倒出足以满足速蘸要求的适量溶液，用过的粉液不能回收重复使用。市场上销售的结晶状态的生根剂，也可以稀释使用。

促使生根的处理方法因植物或插穗不同而异。带叶插穗通常只将其基部浸入生根剂中，而有些植物可以将其插穗全部浸入粉液中，并且比只浸泡插穗基部效果更好。对于某些植物的硬枝插穗，仅将插穗基部表面浸入粉液中的处理，比插穗基部 2 厘米或更多部分浸入粉液的处理效果更好。而有些植物只将插穗的叶片部分浸入粉液中，粉液浓度为（2000～10000）×10^{-6}，生根效果也很好。经过药剂处理之后，有时会出现芽发育延迟的现象，但并非重要的不良反应。

第三节　加温处理

　　早春扦插时因温度过低而不易生根，因此要通过加温的方式促进生根。一般地温高于气温 3～5℃时，有利于插穗生根。硬枝扦插多在早春进行，这时气温升高较快，芽较易萌发抽枝，消耗了插穗中储藏的养分，同时还增加了插穗的蒸腾作用，但这时地温仍较低，没能达到生根的适宜温度，因而造成插穗的死亡或降低成活率。因此要通过增加地温的方式促进生根。增加插床底温常用的加温设施主要有酿热温床、电热温床、阳畦和火炕等。

一、酿热温床加温

　　首先在地面挖一个畦床，床底整成四周略低、中间略高的形状，铺 25 厘米左右厚度的生马粪作为酿热物（北方寒冷地区厚度可适当增加），四周略厚中间略薄，再在其上铺 15～20 厘米厚干净的湿河沙，将插穗垂直扦插于河沙里，顶芽露出。也可以在生马粪上铺 4～5 厘米的河沙，将插穗捆好竖直摆放于河沙上面，并且在缝隙间填满湿沙，顶芽露出。当地温达到 20～25℃的较高温度时，经 2 周左右，基部已形成愈伤组织，并有少数根露出，然后再进行露地扦插即可保证成活。由于酿热物生马粪不易消毒，常会有一些病菌存在而导致枝条感染，出现腐烂病、根线虫等影响扦插成活。

二、电热温床加温

　　随着科学技术的发展，现在也可采用电热丝来增加土壤温度或用热水管道来提高地温，以促进扦插成活。

电热温床通常是在地面上挖一个畦床，床底整平。下层铺10～15厘米厚的秸秆或碎草作为隔热层，以减少热量向下传递。中间层铺厚度约5厘米的细沙，内铺设电热线，为散热层。最上层可铺15～20厘米厚的河沙、蛭石等基质。将插穗密插于基质中，或成捆摆放，缝隙间填满河沙，顶芽露出，如图4-1所示。

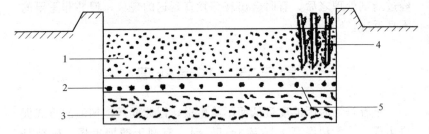

图 4-1　电热温床催根横剖面

1—河沙；2—电热线；3—隔热层；4—插穗；5—散热层

三、阳畦加温

阳畦加温装置是先制作成一个阳畦，在阳畦内铺上35～40厘米厚的湿沙或其他基质。将插穗倒插于河沙或基质内，使插穗的基部全部掩埋于河沙内（覆盖厚度3～4厘米），利用阳畦内上部温度高而下部温度较低的特点进行催根。用此法催根时，应注意插穗的长度要比正常扦插长一些（一般30厘米以上），如图4-2所示。

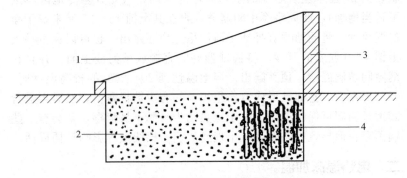

图 4-2　阳畦倒插催根横剖面

1—塑料棚膜；2—河沙；3—阳畦的墙壁；4—插穗

四、火炕加温

火炕加温要先制作一个火炕苗床，苗床内铺 20 厘米厚的河沙，在沙层内的不同位置插多个温度表（以地温表为最佳）以便于控制温度，温度表的感应部位与插穗的基部深度基本一致。插穗的插法与酿热温床相同，如图 4-3 所示。

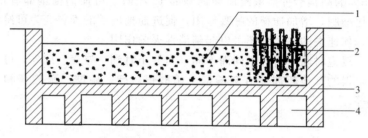

图 4-3　火炕催根横剖面
1—河沙；2—插穗；3—火炕壁及火道壁；4—火道

无论哪一种加温设施，在进行催根时均以保持基质湿度 60％～70％、温度 20～25℃最为适宜。

第四节　洗脱处理

洗脱处理不仅能降低枝条内抑制物质的含量，同时还能增加枝条内的含水量，激活细胞。

① 酒精洗脱。一般使用浓度为 1％～3％的酒精，或用 1％的酒精和 1％的乙醚混合溶液，浸泡插穗 6 小时左右，可有效地降低插穗内的抑制物质，提高生根率，如杜鹃类植物。

② 流水洗脱。将插穗放入流动的水中，一般浸泡 12～24 小时，也有些树种时间要更长。

③ 温水洗脱。将插穗下端置于 30～35℃的温水中浸泡几小时或更长时间（因植物种类不同而浸泡时间不同）后再行扦插，也能促进生根。有些裸子植物，如松树、落叶松、云杉等，因枝条中含有松脂，常妨碍切口愈合组织的形成且抑制生根。为了消除松脂，可用温水浸烫插穗 2 小时后进行扦插，有利于切口愈合和生根成活。

第五节　化学药剂处理

促进生根的化学药物有很多。用 0.1％的醋酸水溶液浸渍卫矛、丁香等植物的插穗，能显著促进生根，效果良好。用 0.1％～0.5％的高锰酸钾溶液浸渍插穗基部 12 小时，可使插穗基部氧化，活化细胞，增加插穗的呼吸作用，促进插穗内部的养料变为可给状态，加速根的发生，还可以起到消毒灭菌作用。

浸泡时间因树种不同而不同，为数小时到一昼夜。此外，可促进生根的其他药剂还有硫酸锰、硝酸银、碘、磷酸、硫酸镁和乙炔等。

第六节　软化处理

软化处理也称黄化处理或变白处理。在进行插穗剪取前，将新梢生长初期用黑布、黑色塑料薄膜或泥土等将枝条的下部封裹起来，遮断阳光照射，使枝条内所含的营养物质发生变化，使枝条黄化，皮层增厚，薄壁细胞增多，经 3 周后剪下扦插，有利于根原始体的分化和生根。

由于黑暗可以延迟芽组织的发育，而促进根组织的生长，这种方法适用于含有多量色素、油脂、樟脑、松脂等的树种，因这些物质常抑制生长细胞的活动，阻碍愈合组织的形成和根的发生。

第七节　营养物质处理

有些植物可用营养物质处理。营养物质直接提供生根所需的能量，故能有效地促进生根。如松柏类的植物可用糖类处理，将插穗下端用 4％～5％的蔗糖、葡萄糖溶液或者 10％的蜂蜜溶液浸泡 24 小时，然后用清水洗涤后扦插，效果良好。因为糖液富含营养物质，容易导致微生物的滋生，因此浸泡后必须用清水洗涤以防滋生微生物。蔗糖对各类植物的插穗生根均有良好的促进作用，但处理时间不能过长。

此外，可用的营养物质还有果糖、尿素，只是使用营养物质促进生根的效果通常不佳，近年来还有将生长素与维生素或赤霉素综合运用的案例，可使生根效果显著提高。也有人将生长素与杀菌剂合用于扦插，既可促进生根，又起到防治病害的作用。

第八节　杀真菌剂处理

为防止插穗感染真菌，插穗在剪取之前或之后，将其浸入杀真菌剂中，如苯菌灵（0.5 克/升）。

将插穗浸入杀真菌剂和吲哚丁酸（IBA）的混合溶液中比单独使用吲哚丁酸的效果会更好。配制方法如下。

① 将 50％苯菌灵湿润粉末加入滑石粉稀释到 10％（2 克苯菌灵加入 8 克滑石粉混合），然后按 1：1（质量分数）的比例，混合含有 0.8％吲哚丁酸的滑石粉，配制出含 5％苯菌灵和 0.4％吲哚丁酸的混合物。

② 50％湿润的克菌丹粉末和含有 0.8％吲哚丁酸的滑石粉按 1：1（质量分数）比例混合，或者 25％克菌丹和 0.4％（4000×10^{-6}）吲哚丁酸混合。

如果吲哚丁酸用作高浓度的速蘸，插穗处理之后，待插穗基部药液干后，在扦插之前，将插穗基部在 25％克菌丹（50％湿润克菌丹粉末与滑石粉 1：1 混合）或 5％苯菌灵（2 克 50％湿润的苯菌灵粉末和 16 克滑石粉混合）的杀真菌剂粉末中旋转一下即可。

第五章

扦插繁殖技术

第一节　扦插分类

根据扦插材料取自植株的部位不同，扦插繁殖如图 5-1 所示。

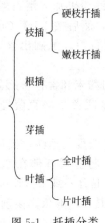

图 5-1　扦插分类

很多植物通过不同的扦插方法均可以繁殖后代，只是在方法的选择上主要取决于植株个体本身的环境条件，通常选择成本最低、操作简便的方法。

对于易生根的多年生木本植物，可以采用硬枝扦插法繁殖，在户外养护，操作简便且成本低；对于大多数草本植物和难繁殖的植物，需要采用精确调控的环境促使插穗生根；有些植物采用根插效果很好，但难以获得大量的根插材料。

作为扦插繁殖材料，要求来源明确、品种纯正、个体间保持一致且无病虫害。因此在选取扦插材料时，先要确定遗传性状优良、一致性好、无病虫害、抗性强的繁殖母树。避免繁殖母树遭受冷害、干旱的危害和病虫的感染，保持土壤湿度和营养，减少结果以免造成树势衰弱，保证母树茂盛健壮地生长，以便保持插穗适度的营养生长，利于剪取的插穗能更好地生根。在大规模生产的苗圃中，还要建造专门的母株园或采穗圃。

一、枝插

枝插是花卉植物扦插繁殖的主要繁殖方法，根据扦插材料的性质，又分为嫩枝扦插和硬枝扦插。用于枝插繁殖的茎段要带有侧芽或顶芽，在适宜的条件下插穗的芽萌发，基部产生不定根，最后发育成一个完整的植株。枝条类型、枝条生长阶段、插穗的剪取时间等因素均影响插穗的生根。

1. 嫩枝扦插

嫩枝扦插又称为带叶插或绿枝扦插，多用于常绿花卉或生长季节的一般花卉。嫩枝扦插多采用当年生柔嫩枝条，剪成7～12厘米的短枝（具体长度根据不同花卉而定），带叶扦插。但在扦插时要把插入沙中部分的叶子剪去，上面保留1～4枚叶片，最好随剪随插，有利成活。如茉莉、桂花、连翘、木兰、夜丁香、大丽花等均可用这种方法繁殖，一般落叶观赏树木如枫树也可用此方法繁殖。虽然果树一般不采用嫩枝扦插繁殖，但对于苹果、桃、李子、梨、杏等果树用嫩枝扦插也可生根，尤其是在潮湿的环境下，如图5-2所示。

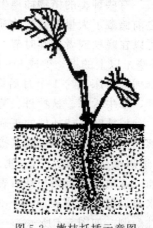

一般嫩枝插穗比其他类型的插穗生根容易且生根快，但需要精心养护管理和必要的设施。由于嫩枝插穗需要带叶，因此要求认真管理，防止叶片失水干旱，且需要在湿润的环境下生根，避免叶片对水分的过多消耗。

图 5-2　嫩枝扦插示意图

2. 硬枝扦插

硬枝扦插又称为光枝插或休眠枝扦插，多用于落叶木本花卉的扦插繁殖。在花卉于冬季落叶后、早春萌发前，选取当年生成熟的休眠枝条，剪成10～15厘米长的小段，用绳将其捆好倒埋于湿沙中越冬，第二年春天取出扦插，入沙深度不能超过插穗全长的2/3。如石榴、夹竹桃、月季花通常用这种方法扦插繁殖，如图5-3所示。

硬枝扦插成本低、操作简单，采用的插穗容易获得、易于保存，便于长途运输，生根期间基本不需特殊设备。

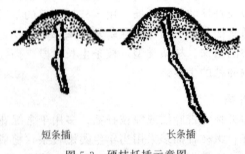

短条插　　　　　　长条插

图5-3　硬枝扦插示意图

二、根插

有些种类的植物插穗生根较困难，但其插穗根在开始新的生长之前储藏了大量的营养物质，很容易生出不定芽。根据这一特性，可以在晚秋或者早春时节，折取母株抽生新枝、生长发育前、直径5毫米以上的根，剪成5～15厘米长的小段，用沙储藏，第二年春季插入苗床，约1个月后即可生根。宿根类花卉一般用根插法繁育，如牛舌草、秋牡丹、芍药、凌霄等。

根插时保持插穗的正确极性非常重要。为了防止栽植时颠倒插穗的极性，根段的近端（接近植株上部的一端）剪成直口，而远端（远离植株上部的一端）剪成斜口。栽植时，根的近端朝上，竖直插入基质中，近端与基质表面相平。但是，很多种植物适合将插穗水平放置在基质表面以下2～5厘米深处，这样可以避免根段的极性颠倒，如图5-4所示。

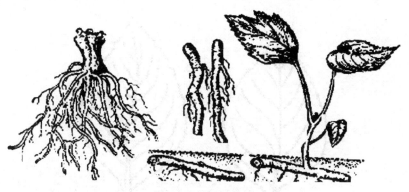

图 5-4 根插示意图

三、芽插

芽插也称为短穗扦插、单芽插，是为了充分利用材料，用叶芽或着生一叶一芽的短枝条作为插穗进行扦插的方法。芽插的插穗长度以 1～3 厘米为宜，插穗上仅有一个叶芽和一片叶，附带一小段枝或盾形茎部一片。扦插时，将枝条和叶柄插入沙中，叶片完整地留在上面，芽尖隐没于基质中或微露，插后注意经常喷水保湿。

芽插法比普通的枝插法更节省插穗，但缺点是成苗较慢。当繁殖材料相对紧缺时，采用芽插法是最好的繁殖方法。这是因为在相同数量的繁殖材料下，采用芽插法产生的新植株是枝插法的 2 倍。植物的每一节都可以作为插穗，对生叶的植物每节可以产生两个叶芽。芽插通常在生长期进行。插穗最好取自具有发育完全的芽和健壮、生长活力旺盛的叶片。对于叶插易生根、不易产生不定芽的植物种类适宜采用此法繁殖，如山茶花、天竺葵、八仙花、菊花、桂花、橡皮树等，如图 5-5 所示。

四、叶插

叶插是利用叶片或叶柄作为繁殖材料进行扦插的繁殖育苗方法。有些花卉植物能自叶片上发生不定根，并产生不定芽，这些植物均可进行叶插。不定根或不定芽在叶片基部产生，并且发育成新植株，而原来的叶片并不是新植株的一部分。叶插在叶片肥大、叶柄粗壮、叶上易产生不定根或不定芽的草本花卉繁殖上应用较多，

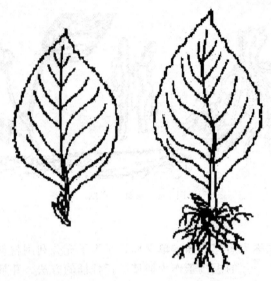

图 5-5　芽插示意图

如球兰、虎皮掌、大岩桐、石莲花、秋海棠等。叶插通常在生长期进行，根据插穗的组成可分为全叶插与片叶插两种类型。

1. 全叶插

全叶插是指以完整叶片、完全叶（包括叶片、叶柄）为插穗进行扦插的繁殖方法。全叶插通常采用平置的方法进行。

平置法是指将叶片平铺于扦插基质上，加铁针或竹针固定，使叶片下面与基质密切接触而生根。生根的部位主要是叶脉、叶缘和叶柄基部等部位。采用全叶插的观赏植物主要有秋海棠（从叶柄基部或叶脉处产生幼小植株）、落地生根（从叶缘处产生幼小植株）、豆瓣绿等。扦插秋海棠叶片时，先在叶背面的叶脉处用小刀切些横口，以利产生愈合组织而生根，然后把叶片平铺在扦插基质上，并盖上一小块玻璃，以帮助叶片紧贴基质，待叶片不再离开基质时，再拿去玻璃片。没有叶柄的花卉（如石莲花），可直接将叶片基部浅插在苗床沙面里，会逐步成为新植株，如图 5-6 所示。

2. 片叶插

片叶插是指用不完整的叶（叶片切成数块）作插穗分别扦插，

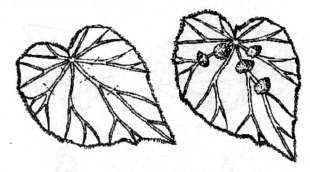

图 5-6　全叶插示意图

每块叶片上形成不定芽的扦插方法。扦插时可以平置，也可以直插，即将插穗直立地插入扦插基质中。生根的部位主要在被截断的叶脉处、叶片基部或叶缘处。可用片叶插的观赏植物有虎尾兰、秋海棠、大岩桐等。虎尾兰叶插时，剪取叶片顶端 5～6 厘米长，竖直插于沙中，露出地面 2～3 厘米，下面生根后，上面生出不定芽即成为一棵完整的植株，如图 5-7 所示。

扦插后要注意保湿。叶插繁殖需要的生根条件和嫩枝扦插及草本枝插的生根条件一致，要求较高的湿度，使用生根剂也有利于生根。因此，木本植物在实践中采用叶插法育苗应用相对较少。

五、扦插方式比较

依据观赏植物的不同特点以及生产目的的不同，选择适宜的扦插方法和扦插时间就显得非常关键。不同扦插材料配合不同的扦插时间，生根速度有明显的不同。如表 5-1 所示。

表 5-1　扦插方式比较对照

扦插方式	插穗	扦插时间	扦插深度	生根、生芽速度	举例
硬枝扦插	木质化枝条	休眠期	枝条的 2/3	慢	刺柏、玉兰
嫩枝扦插	非木质化枝条	生长期	枝条的 1/3～1/2	快	凤仙、菊花
叶插	叶片	生长期	平置与直插	快	虎尾兰
芽插	单芽茎段	生长期	直插	快	菊花、山茶
根插	根	休眠期	略露出顶部	较快	芍药、紫菀

(a) 秋海棠叶片切法   (b) 秋海棠片叶插

(c) 虎尾兰片叶插成活情况   (d) 虎尾兰片叶插切法

图 5-7　秋海棠、虎尾兰片叶插示意图

　　有些观赏类植物也可以在水中扦插生根。主要是一些灌木类及热带起源的室内观赏植物，如柳、万年青、彩叶草、凤仙、龙血树、橡皮树、常春藤、爬山虎等。水插时通常选用茎作为插穗，扦插前把下部的叶片去掉。插穗通过基部吸水，直到生根。生根期间，要注意遮阴，以减少水分损失。

第二节　扦插时期

　　扦插的适宜时期，依植物的种类和性质而不同。扦插的方法则因气候寒暖而异，常绿树与落叶树的方法也不同。

　　落叶树种在春秋两季均可进行硬枝扦插，一般以春季扦插为主。春季扦插以土壤解冻后到芽萌动前及早进行最为适宜。一般在3月中下旬至4月中下旬。落叶树若在生长期扦插，多在夏季第一期生长结束后的稳定时期进行。生产实践证明，在许多地区，许多树种四季都可进行扦插，如蔷薇、野蔷薇、石榴及松柏类等在南方地区均可四季扦插。

秋季一般是利用发育充实、营养物质丰富、生长已停止但未进入休眠的枝条作插穗进行扦插。秋季扦插宜早，宜在土壤冻结前随采随插，利用秋季较高的气温和地温，有利于插穗生根和扦插苗的生长。在北方干旱寒冷或冬季少雪地区，秋插时插穗容易遭遇冻害，为保证秋季扦插苗的安全越冬，故在北方扦插后往往还要配合小拱棚、阳畦等保温设施或进行覆土，待春季萌芽时再把覆土扒开进行扦插，较为安全。

南方常绿树种的扦插，多在梅雨季节进行。一般常绿树种发根需要较高的温度，因此常绿树种的插穗宜在第一期生长结束，第二期生长开始前剪取。此时正值南方5～7月梅雨季节，雨水多湿度高，插穗不易枯萎，利于成活。

第三节　插穗的选择、剪切与储藏

一、插穗的选择

插穗安全的来源对于扦插成活非常重要，因此插穗的母株应该具备如下条件。

① 无病虫害。

② 物种类或品种名称正确。

③ 植株处于适宜的生理状态，有利于采下的插穗生根。

通常情况下，插穗材料来源于以下三个方面。

① 专用于繁殖的母株。这是插穗的主要来源。母株的历史和特性清楚明确，植株能保持在适当的营养和活力状况下，健康状况也可以控制。这种方法要占用大量的土地，但可以获得最理想的扦插材料。

② 幼龄植株整形修剪时，剪下的多余枝条作为插穗。很多生产者采用修剪下的枝条作为插穗的来源，但有时修剪时间不是扦插生根的适宜时间，这时剪下的枝条需要储存起来。由于很难辨认幼龄植株的品种类型，插穗的标签混乱易导致植株的品种混淆。

③ 生长在公园、建筑物附近或野生的植物。对于花卉生产商

来说，采用这样的插穗是很危险的。一方面是不清楚植物的品种，另一方面是植物可能感染了病毒、真菌、细菌性病害，在扦插繁殖的后代中可能出现病症。

选择硬枝插穗时，一般应选生长健壮、发育充实、无病虫害的优良母树上且已经充分木质化的一年生枝条作为插穗，有些个别树种也可选用二年生枝条。为保证插穗内有足够的营养供生根消耗，落叶树种应选在秋季落叶后到第二年春芽萌动前采集枝条为宜。

选择嫩枝插穗时，以剪取新梢的中上部半木质化梢段为好。采集插穗的时间最好选在阴天或晴天的清晨进行，避免在光照强烈、气温高的时间采集嫩枝插穗。

选择根穗一般应选择生长健壮的幼龄树或青壮年母树作为采根母树，也可利用苗木出圃时修剪下来的根段。根穗的年龄以一年生最好，根的直径以 0.5～2.0 厘米为好。

北方采根时间一般在树木的休眠期，采后及时用湿沙土埋藏。南方最好在早春采根，随采随插。采根穗时还要注意，单株采根量不能过多，勿伤根皮。

二、插穗的剪切

扦插前，应先将枝条在阴凉处迅速进行剪切，制成插穗。插穗的长度一般为 10～15 厘米，使插穗上有 2～3 个发育充实的芽。当材料紧缺时也可进行单芽扦插，单芽插穗长度一般为 3～5 厘米，如图 5-8 所示。

剪取插穗时，下剪口应从一个叶柄下方 0.5 厘米的地方平剪或斜剪下来，最好紧靠节下，因为这个部位附近储藏的养分丰富，薄壁细胞多，易于愈合伤口，利于生根。叶片较小的保留上部 2～4 片叶，从高于芽顶端 0.5～1 厘米处平剪。叶片较大的留 1～2 片半叶（半叶是指剪去先端半片叶的叶子）。上剪口一般剪成平剪口，下剪口有平剪、斜剪、双面剪、踵状剪、槌形剪等几种剪法。

一般情况下，平剪口生根分布较均匀，易生根的树种常用此方法，但扦插时比较费力；斜剪口的插穗与扦插基质的接触面较大，利于水分和养分的吸收，扦插较省力，但生根往往偏向一侧；双面剪与扦插基质的接触面积更大，多用于生根难的树种；踵状剪和槌

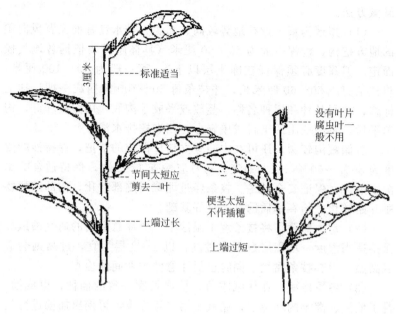

3厘米

标准适当

没有叶片
腐虫叶一
般不用

节间太短应
剪去一叶

梗茎太短
不作插穗

上端过长

上端过短

图 5-8 插穗剪切示意图

形剪是在插穗下端带小段 1~3 年生的枝段,需进行开穴(沟)埋插,常用于松、柏类等难生根的树种。

插穗剪制后,要立即扦插,尤其叶插更要及时,以防萎蔫,同时用生长调节剂进行催根处理。肉质花卉的插穗剪后可在通风处晾一段时间,待剪切口干缩后再扦插,以免腐烂。含水较多的花卉,如天竺葵、四季海棠等,剪口处流出的汁液较多,要蘸取一些草木灰,以防扦插后腐烂。玻璃翠、夹竹桃等的插穗,也可在清水中浸泡一段时间,待长出新根后,再直接栽入盆中。

三、插穗的储藏

采取插穗后如果不立即扦插,应将插穗储藏起来。如北方地区有将插穗储藏起来待第二年春天扦插的习惯,储藏方法主要有露地沟藏和室内湿沙埋藏两种,也有冬季储藏、暖温储藏和基质基部加温储藏、塑料袋储藏等方法。大部分的枝条一般采用露地沟藏,少量的枝条采用室内湿沙埋藏、暖温储藏和基质基部加温储藏等其他储藏方法。

（1）露地沟藏　选择地势较高、高燥、排水良好而又背风向阳的地方挖沟，沟深一般为50～60厘米（具体距离要依据各地气候而定，但深度必须保证在冻土层以下），宽一般为80～100厘米，将枝条剪成50～60厘米长，并枝条每50～100株捆成一捆，挂上标牌，注明品种和树种名称，竖放或平放于沟底，用湿沙埋好，沟填平后，再用挖出的土封成屋脊形，四周挖排水沟。

若储藏沟较深，还可在中间竖立秸秆做成的草把，保持沙的湿度为50%～60%，以利通气。每月应检查1～2次，保持适合的温湿度条件，保证安全过冬。枝条经过埋藏后皮部软化，内部储藏物质开始转化，给春季插穗打下良好基础。

（2）室内储藏　将枝条埋于湿沙中，要注意室内的通气透风和保持适当湿度，堆积层数不宜过高，以2～3层为宜，过高则会造成高温，引起枝条腐烂，同时也要注意储藏期间的检查。

（3）冬季冷藏　在休眠季节，剪取长度一致的插穗，束成捆，置于低温、潮湿的环境下，储藏至第二年春季，再挖出插穗进行栽植。插穗一般埋藏在含有一定水分的沙子或锯屑中，插穗可以水平放置，也可竖直放置。

插穗竖直放置时要求基部朝下，以便基部保持较高的温度，尽量诱导基部生根而延迟顶部芽的萌发。

在冬季气温较高的地区，采取自然低温冷藏常不能达到理想的效果，为了保证储藏期的低温，一般将插穗放在装有湿沙子、锯屑或刨花的箱子中，然后储藏在零度左右的环境中，如冷藏室等。

由于零度以上的温度条件有利于细胞活动，插穗的储藏温度应保持在4～5℃，既可以保证插穗安全冷藏，又可以促进基部愈伤组织的形成。

（4）暖温储藏　将秋季采取的插穗在其芽尚未开始发育或者处于休眠状态时，用生根剂处理插穗基部，再将处理后的插穗放置在18～21℃的潮湿环境下储藏3～5周，待插穗生根后栽植到温暖环境下。经过生根处理，可以促进芽积累丰富的养分，为生根后芽的生长发育奠定基础。

（5）插穗基部加温储藏　该方法适用于难于生根的植物，如苹果、李、梨等。在秋季或者深冬剪取插穗，插穗基部用生根粉（IBA 2500～5000 毫克/升）处理，竖直放在包装材料中，使基部温度保持在 18～21℃，插穗上部暴露在冷凉的室温下。

在生根后、芽萌动之前必须及时栽植，避免根系耗水过多，防止插穗腐烂。但若采用良好的生根粉，在没有生根之前也可进行栽植。这种方法最适宜冬季温暖的地区，即冬季温度在 17～25℃ 的地区。

生根之后，如果土壤或气候条件不适宜栽植时，可以将插穗移到生根床上停止基部加温，待栽植条件适宜时进行栽植。

（6）塑料袋储藏　在休眠季节采取插穗，基部浸生根粉（如 IBA 2000 毫克/升）几秒钟，然后密封在聚乙烯塑料袋中，温度保持在 10℃ 左右，放置在黑暗条件下。

用这种方法处理桃树插穗后，生根率达 85%～100%。采用这种方法生根率很高，但栽植后插穗成活率却很低。

插穗在储藏过程中，要经常检查。如果发现插穗的芽开始萌动，应立即降低储藏温度，或者立即栽植。多数植物在扦插时需要先生根后发芽才能够成活，如栽植时芽已经完全解除休眠或开始萌动，便会在生根之前很快萌发。

萌芽消耗插穗的储藏养分，叶片则过度消耗水分，其结果会使插穗营养过度消耗或破坏水分平衡而死亡。

第四节　插床基质与插床的准备

一、基质的选用

大部分植物的插穗在不同的生根基质中都可以生根。对于难以生根的插穗，生根基质不但影响生根率，而且影响到产生的根系质量。几种基质的混合使用比单独使用一种基质效果要好，最好在适宜的环境条件下，用繁殖材料做生根试验，从中筛选出最适宜的生根基质混合物。

1. 土壤

土壤普遍用于落叶硬枝扦插基质和生根基质。沙壤土的透气性良好，因此比黏重土壤的效果要好，生根率高，产生的根系质量也相对较好。

对于嫩枝扦插的半木质化插穗，不适宜用土壤作为生根基质。某些易生根的植物插穗，如天竺葵、菊花等，可以直接在小容器或植物繁殖袋中生根，基质用2份粗沙和1份土壤相混合效果较好。

扦插用土要求不能含有线虫病、冠瘤病、黄萎病等病虫害。处理土壤时要尽量清除各种病虫害。栽植前，用熏蒸剂熏蒸土壤，并经过3周以上的时间将熏蒸剂蒸发掉，此时的土壤方可使用。

2. 沙子

沙子是以往应用最广泛的生根基质。用沙子作基质，易获得且成本低。干净、颗粒细小且不含有机质和土壤的沙子最适宜作为基质使用。

但沙子的质量较重且保水性不强，需要经常浇水保持基质湿度。沙子要求颗粒足够细小，这样可使插穗附近能保持一定的湿度。单一使用沙子作基质时，颗粒非常细小的沙子和颗粒很粗的沙子不利于大多数木本观赏植物的插穗生根。

通常情况下，沙子只可作为生根基质，不能用作栽植基质，除非基质内具有充足丰富的营养物质。对于某些常绿植物，如刺柏、红豆杉、崖柏等，沙子是最好的生根基质。

3. 珍珠岩

珍珠岩广泛用于叶插的生根基质，尤其在喷雾的条件下，具有良好的排水性。既可以单独使用，也可以与其他基质混合使用，混合后的效果更好，如图5-9所示。

4. 蛭石

蛭石也是广泛应用的生根基质。珍珠岩和蛭石的等比例混合作为生根基质要比单独使用一种物质的生根效果好。

5. 泥炭

泥炭通常是按一定的比例和珍珠岩混合使用，主要是增加混合物的持水力，这种混合基质适合于很多种植物作生根基质。混合基质的成分比例通常是1～2份珍珠岩与1～3份泥炭，配比不等，如

图 5-10 所示。

图 5-9　珍珠岩示意图

图 5-10　泥炭土

混合泥炭的生根基质很大程度上提高了基质的持水力，但肯定也会引起基质积水过多，因此混合基质中如果泥炭的比例过高，有时会因湿度过大产生根系后会衰弱，成活率不高。

泥炭和浮石的混合基质也是一种很好的生根基质。浮石是一种火山岩，有点类似于珍珠岩，浮石中含有丰富的营养成分，而且可以获得颗粒大小不同的各种浮石。

碎泥炭和同等比例的沙子混合后也可以作为生根基质。

6. 合成生根基质

合成生根基质广泛应用于工厂化生产中的生根基质，适合于自动化管理。合成生根基质具有质量轻、性能好、营养丰富和可以重复使用等优势。

但是，在使用中必须精心控制浇水，保持基质合理湿度，保证良好的透气性，才能利于生根成活。

7. 水

水可以用作容易繁殖植物的根插基质。但其最大的缺点是透气性差，如果用空气或氧气进行人工透气，可以产生很好的插穗根系。

在透气好的水中，最好的根系在插穗的近基部产生；如果在不透气的水中，因水表是氧气最集中的地方，因此最好的根系在插穗近水表面的部位产生。

几种扦插基质各有其特点。

① 泥炭保水力强，可长时间保持基质湿润状态，与河沙的等量混合，对于大多数的花卉来说是最为理想的扦插基质。

② 蛭石对养分和水分的保持能力都比较强。

③ 珍珠岩的孔隙比蛭石要多，因此保水力相对较差。

④ 其他可用作扦插基质的还有水苔、黏土、砖屑、木炭粉、椰子纤维、腐土、煤渣等。

在实际的扦插繁殖应用中，没有某一种基质是完全理想的。通常都是根据需要把几种基质按一定比例混合后使用。常用的扦插基质有以下5种：沙：草炭（体积比）＝2：1；珍珠岩：蛭石＝1：1；纯蛭石；纯珍珠岩；纯沙子。

二、插床的准备

扦插繁殖的设备，要根据规模的大小及要求的不同进行相应的选择。大量繁殖时适宜在温室中进行，温室便于调节室温，有利于扦插生根成活。

扦插床要和地面有一定距离，插床一般高约 70～80 厘米，宽约 100 厘米，深约 20～30 厘米，要有 10 厘米厚的生根基质，并且保证长度为 7.5～13 厘米的插穗的一半能插入基质中，而且插穗基部距离基质底部 2.5 厘米甚至更多。

基质铺设不可过厚，否则渗水、透气性差，对生根不利。要求面向玻璃窗或塑料薄膜，如果地栽，床底还要设排水沟，保持基质具有良好的排水性。

扦插箱也是较为理想的扦插设备。扦插箱种类繁多，一般带有保持空气湿度的玻璃罩和有自动调节温度的调温器。

露地插床应用最为广泛，宜选沙质而排水良好的土壤，以半阴地为好。少量繁殖则用浅盆、浅箱或者一般花盆中进行。

在扦插之前基质要充分浇水，最好在准备好插床后立即浇水。在剪取插穗和扦插生根过程中，保持插穗湿润很重要。扦插之后，充分浇水，保证插穗和基质充分接触，如图 5-11 所示。

图 5-11　插床示意图

扦插基质要求通气、易保持湿润且排水良好，通常应用较多的有河沙、珍珠岩、泥炭、蛭石等。河沙应用最为广泛，以不含有机质的粗石英沙最好，其通气、排水良好，但保水力较弱。

各类扦插基质在使用前均应进行消毒。可以用高温锅蒸、锅炒或用加水 1000 倍的高锰酸钾溶液对插床进行喷洒，以防止病虫危害。消除病虫危害是提高插穗成活率的重要因素之一。

第五节　扦插方法和扦插管理

一、扦插方法

1. 硬枝扦插技术

硬枝扦插技术是指用已经充分木质化的枝条作为插穗进行扦插育苗的繁殖技术。硬枝扦插技术多用于易生根的树种，如月季、柳树、悬铃木、木棉、杨树、无花果、女贞、桑、葡萄、连翘、紫藤、石榴等。

硬枝扦插技术主要有苗床扦插和大田直接扦插两种。

（1）苗床扦插　苗床扦插是将硬枝插穗密插于育苗床之中，以利于集中精细的管理，待插穗生根发芽后再移植于大田苗圃地中。

苗床的扦插基质最好以河沙、蛭石的混合物为主，用透气性好的沙土或沙壤土也可。插穗多采用 15～20 厘米的长插穗，也可以采用单芽的短插穗。

扦插角度以垂直插为最好。

扦插的深度为落叶树种插穗的顶芽露出基质为好，常绿树种一般将插穗插入基质的 1/3～1/2 为宜。

如果将苗床扦插与塑料大棚、温室等设施结合起来，可使北方落叶树种得以在冬季寒冷季节进行扦插育苗，但必须满足植物对温度的需求，以打破休眠。

（2）大田直接扦插　大田直接扦插是指将插穗按一定的行距、株距直接扦插于大田之中，在大田中至少完成 1 年的生长周期，只是在需要培育成大苗时才进行移栽。

扦插前要施以足够的基础肥料，然后整地做成地垄或者畦。地垄有单行垄和双行垄两种。单行垄的垄距要与扦插时的行距保持一致，具体垄距根据树种的不同而不同，一般 50 厘米左右，插穗插在垄背中央。双行垄比单行垄的垄距略宽，一般情况下双行垄的垄背上插 2 行插穗，实行带状育苗，垄距通常为 80～100 厘米。

扦插时的株距一般为 15～20 厘米。畦插时，畦的宽度可以因需要而定，一般每畦可插 2～4 行，按照宽窄行的原则扦插，宽行 50～60 厘米，窄行 30 厘米左右，株距 15～20 厘米。

采用垄插法扦插便于早春覆盖地膜，有利于增温和保墒，插穗的生根情况往往优于畦插，起苗也比畦插苗更省工。

大田直插的扦插方法有直插和斜插两种。采用长插穗时两种方法均可使用，具体要根据土壤的疏松程度而定，但斜插的角度（即插穗与地面的夹角）不能小于 45°。

单芽扦插由于其成活率比较低，因此在大田中应用较少，如果使用单芽扦插则适宜直插。落叶树种扦插的深度一般以顶芽微露出地面为好，在风多、干旱的寒冷地区插穗要全部插入土中，并且上端与地面保持水平，扦插后在上面覆土 2 厘米左右。通常常绿树种的插穗插入土壤深度的 1/3～1/2。

扦插时要十分注意插穗的极性，不能扦插颠倒。

2. 嫩枝扦插技术

嫩枝扦插技术也叫绿枝扦插技术，是利用生长季节半木质化的新梢作为繁殖材料进行扦插育苗的技术。嫩枝新梢的细胞多、细胞壁薄，可溶性糖、氨基酸和生长素的含量高，酶的活性也相对较高，因此再生能力强，易于生根成活。

基于以上特点，对于生根较难的树种，如松、柏等，通常用嫩枝扦插技术繁殖成活率较高。由于嫩枝扦插蒸腾量较大，因此对环境条件的要求就比较高，需要精细的管理，最好进行苗床扦插，生根后再移栽于大田苗圃。

一般情况下是在人工控制环境的苗床内进行密插。密度以插穗之间的叶片不相互重叠挡光为好。扦插一般为直插，扦插深度一般为插穗长度的 1/3～1/2。

多汁液植物一定要等切口处稍干燥后再扦插，以防染病腐烂，如图 5-12 所示。

嫩枝扦插采用的人工可控环境的苗床主要有阴棚苗床和全光照迷雾苗床两种。

（1）阴棚苗床　阴棚苗床就是先在地面用砖垒成宽 1.5 米左右

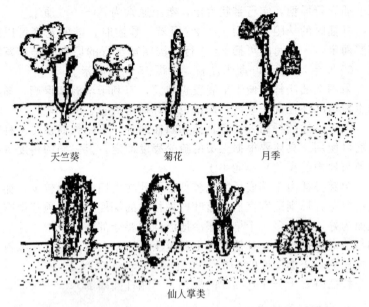

天竺葵　　　　　菊花　　　　　月季

仙人掌类

图 5-12　几种花卉的嫩枝扦插示意图

的苗床，苗床长度可根据育苗量而定。苗床的床底用砖铺成中间略高的形状，在苗床四周侧面的底部要保留一定数量的排水孔，以利于排除多余的水分。

　　苗床内铺上蛭石、河沙等透气性较好的基质材料，再将遮阳网架设在苗床上方，或者用其他适合的材料搭成阴棚。阴棚苗床设施简便、成本低廉，易于施行。

　　(2) 全光照迷雾苗床　全光照迷雾苗床是在自然光照的条件下，将插穗插于苗床内，通过间歇式的喷洒迷雾，使插穗的叶片表面一直保持有一层水膜，从而防止插穗因失水而萎蔫的扦插苗床，如图 5-13 所示。

　　全光照迷雾苗床的建造一般有以下两种方法。

　　① 利用育苗盘育苗。先用角铁和钢筋焊制成苗床架，也可用砖垒成的砖垛作为苗床架，将育苗盘放置于苗床架上，再在支架上方架设自动喷雾设备。

　　② 利用砖垒成架空的苗床进行育苗。苗床下部用砖垛架空，

图 5-13　全光照迷雾苗床示意图

底部保留有多个排水孔（也可以用竹篱笆和支架材料作床底），在苗床内下层铺上一层碎石子，中层铺煤渣，上层铺干净的粗河沙或蛭石等基质材料。

全光照迷雾苗床带有自动喷雾装置，因喷雾能够经常冲洗叶片，使病原菌孢子在没有萌发之前就被水冲掉，因此不易发生病害。

同时在扦插过程中提高光照强度和空气流通也可减少病害的发生。在苗床的环境中增施 CO_2 或者使用提供 CO_2 的喷雾装置是相对复杂的技术，这种方法只有在高温、高光照、插穗周围环境 CO_2 浓度过低的条件下使用才能取得良好效果，可大大提高生根速度。

二、扦插管理

扦插后要立即浇 1 次透水，以后要经常洒水或灌水以保持苗床或大田的空气和土壤湿度（对于嫩枝扦插来讲空气湿度更为重要）。对于阴棚苗床扦插，晴天时每天 9∶30～16∶30 遮阳降温，同时每天注意用洒水的方式，保持插壤和空气的湿度。

当插穗开始生根后可逐渐缩短每天的遮阳时间，直至过渡到全光照条件。

全光照迷雾苗床扦插不必遮阳，因其叶片表面一直保持有一层薄的水膜，因而不会萎蔫，遮阳反而会降低光合作用，延迟生根。对于大田扦插，土壤缺墒时应适当灌水，但不宜频繁大量灌水，以免降低早春的地温和造成通气不良，影响生根。

当移栽到苗床内扦插苗的根系半木质化时，选择阴天或多云天气，就要及时移栽到大田当中。从移栽前 10～15 天开始，要进行一段时间的炼苗。

炼苗主要是指通过控制温度和水分，使其逐渐能适应大田环境（即将生根的插穗从喷雾条件下移到相对缺水的环境中进行锻炼）。如桃树插穗在生根之后，应立即移出喷雾环境，否则会导致落叶、根系受损，必须经过炼苗才能移栽。大田灌溉后，应及时做好松土和除草工作，有利于保墒和防止土壤板结。

大田生长期内通常要追肥 2 次。第一次在苗木开始明显生长后，每 667 平方米施 10～15 千克尿素；间隔 3～4 周进行第二次施肥，每 667 平方米施入 15～20 千克的复合肥。在南方生长季节较长的地区，可以追 3 次肥。除了土壤需要追肥外，还要注意及时进行叶面喷肥，以预防微量元素缺乏症。

关于病虫害防治主要是注意防治一些为害幼苗和叶片的病虫害。

如果当插穗还未生根之前地上部分叶子已经展开，则应该摘除部分叶片，在新苗长到 15～30 厘米、叶芽萌发多个新梢时，要选择一个健壮直立的芽保留下来，其余抹除。必要时可以采用在行间进行覆草的方式保持水分和防止雨水将泥土溅于嫩叶上。

硬枝扦插时，对于不易生根的树种，因为生根时间较长应注意进行遮阴，嫩枝扦插后也应进行遮阴以保持湿度。在温室或温床中扦插时，当生根展叶后，要逐渐开窗流通空气，使逐渐适应外界环境，然后再移至大田。

在阳光充足且空气温度较高的地区，可采用全光间歇喷雾扦插床进行扦插，即利用白天充足的阳光进行扦插。以间歇喷雾的自动控制装置来满足扦插对空气湿度的要求，保证插穗既不会萎蔫又有利于生根。

对松柏类、阔叶常绿树以及各类花木的硬枝扦插采用这种方法，可以获得较高的生根苗。但扦插所使用的基质必须排水良好，如河沙和蛭石等。

目前这种方法在我国北方地区已经全面推广开来且使用效果很好，但阴天多雨地区并不适宜使用。

第六章

繁殖场的管理

第一节　繁殖场的基础条件

　　繁殖场位置的选择直接关系到其今后生产经营的好坏，因此必须慎重考虑。在繁殖场的选址上需要对其自然条件和经营条件进行综合分析，才能确定位置。只有在通过对自然条件和经营条件综合分析后选择的地点所建立的繁殖场，才能培育出优质的园林植物，同时可使其创造较高的经济价值。

一、自然条件

1. 地势、地形及坡向

　　繁殖场在选择上要尽量选取地势较高、排水良好、背风向阳、平坦开阔的地带。通常以 1°～3°的坡度最为适宜，如果坡度过大，容易造成水土流失，从而降低了土壤肥力，不利于机械化作业；如果坡度过小，对排除雨水会有严重影响，容易造成渍害涝灾。

　　根据地区、土质的不同表现在繁殖场具体坡度上也会有不同，一般情况下在南方多雨的地区，坡度可适当增加到 3°～5°，由于南方多雨，坡度略大的地区利于排水；对于北方少雨地区而言，坡度可以略小一些；如果土质是较为黏重的土壤，坡度可以选择适当大些的地区；在沙性土壤上，坡度适宜小些。而重度盐碱地、积水洼地、峡谷风口等特殊地形，不适宜作为繁殖场选址。

　　如果在坡度大的山地育苗，适宜修筑梯田。由于山地地形起伏较大，不同的气象条件、土壤条件和坡向都差别较大，会对苗木生长产生不同的影响。

南坡背风向阳、温度高、光照强度大、时间长、昼夜温差大、湿度小、土层较薄。北坡与南坡正好相反。东、西坡介于二者之间，但东坡在日出前到中午的较短时间内会形成较大的温度变化，而下午不再接受日光照射，因此对苗木生长不利。西坡由于冬季易受寒冷的西北风侵袭，宜造成苗木冻害。

我国幅员辽阔，气候差别大，栽培的苗木种类也不相同，要根据不同地区的自然条件和育苗要求，选择适宜的地势、地形和坡向。

2. 水源及地下水位

园林苗木的生长发育离不开充足的水分供应。因此，水源是园林苗木繁殖场选址的重要条件之一。苗圃最好选择在河流、池塘、湖泊、水库等天然水源附近，以利于引水灌溉或使用喷灌、滴灌等现代化灌溉技术。河流、池塘、湖泊、水库等这些天然水源水质相对较好，有利于苗木的生长。

如果在无天然水源或水源不足的情况下，则要选择地下水源充足，可以打井灌溉的地方作为苗圃。选择地下水源应注意以下两个问题。

① 地下水位的情况。如果地下水位高，土壤通透性变差，苗木根系生长不良，地上部分易发生徒长，秋季易受冻害，且在多雨时易造成涝灾，干旱时易发生盐碱化。如果地下水位过低，土壤易干旱，需增加灌溉次数及灌水量，必然会增加育苗成本。实践证明，适宜的地下水位以沙壤土 1.5～2.0 米、壤土为 2.5～4.0 米较为适宜。

② 水质本身的问题。苗圃灌溉通常用水要求为淡水，水中含盐量不得超过 0.15%，如果水中有淡水小鱼虾，可以作为灌溉水的标志。

3. 土壤条件

园林苗圃的土壤条件对于园林育苗非常重要，因为无论是种子发芽、愈伤组织生根和苗木生长发育所需的养分、水分和空气主要是由土壤提供的，同时土壤也是苗木根系生长发育的场所。

土壤的质地和结构对土壤中养分、水分和空气状况影响很大。

排水良好、土层较厚的沙壤土或轻黏重壤土的持水保肥和透气性能好，适宜苗木生长。过分黏重的土壤，排水和通气都不良，如遇雨后泥泞易板结，干旱时易龟裂，不利于土壤耕作，根系生长困难。而过于沙质的土壤，由于太疏松、肥力低、持水力差，夏季时土表温度过高，容易灼伤幼苗，而且不易带土坨移栽。

土壤酸碱度也是苗木生长的重要因素之一。重盐碱地和过酸性的土壤，都不宜选作苗圃。一般树种以中性、微酸或微碱性土壤为好，如马尾松、樟树、茶、红松、杜鹃等树种喜酸性土壤，而侧柏、白榆、刺槐等树种耐轻度盐碱。一般针叶树种要求土壤的 pH 值为 $5.0\sim6.5$，阔叶树种 pH 值为 $6.0\sim8.0$。

4. 病虫害

在选择苗圃地址时，一定要做专门的病虫害调查，了解苗圃土地及其周边植物感染病害和发生虫害的情况，尤其要调查蝼蛄、蛴螬等主要地下害虫以及根瘤病、立枯病等菌类感染的程度。

对于病虫过于严重并且未能得到治理的地区，则不宜在该地建立苗圃。另外，苗圃用地是否生长着某些难以根除的灌木杂草，也是需要考虑的因素之一。

总之，以上繁殖地的条件，是在一定条件下应考虑的各项基本因素，对个别地区和特殊情况要作具体分析，对不利因素要采取适当措施，加强预防和治理，从而达到比较理想的效果。

二、经营条件

园林苗圃是城市绿化建设的重要组成部分，各地应根据城镇园林绿化任务的大小，决定苗圃的种类和数量，以及每个苗圃的面积。

园林苗圃选址要求如下。

① 要选择交通便利（如靠近公路、铁路或水路）的地方，以便于苗木出圃和材料物资的运输。一般可以选择市郊，对城市而言也是大型的天然氧吧。

② 要选择靠近村镇的地方，临近村镇有利于解决劳力、畜力、电力等问题，尤其在早春苗圃工作繁忙时，便于补充临时劳动力。

③ 在条件允许的情况下应尽量将苗圃设在相关的科研单位、

大专院校附近，有利于采用先进的科技咨询、科技指导及机械化的实现。建立苗圃时还要注意环境污染的问题，要尽量远离污染源。

④ 新建苗圃需配备一定数量业务熟练的管理和技术人员，以利于提高苗圃的经营管理水平。

第二节　苗圃的建设

园林苗圃的建设，主要是指兴建苗圃的一些基本设施工作。主要项目有各类房屋、温室、大棚的建设，道路、排水沟、灌水渠的修建，水、电的引入，土地平整改良和防护林带的种植等。其中房屋建设和水电、通信的引入工作量大、独立性强，一定要在其他项目施工前修建完成。

一、房屋建设和引入水电、 通信基础设施

水电、通信是所有苗圃建设工作前最先安装引入的项目，因为水电、通信是一切建设工作的前提。近年来，为了节约土地，办公用房、车库、仓库、种子库、机械库等尽量建成楼房形式，尽量少占用平地多占用空间，最好集中在一个地方兴建。

二、建设苗圃路

苗圃路建设前，要先在设计图上选择两个明显的地物或已知点作为参照物，定出主干道路的实际位置，再以主干道的中心线为基线，进行其他辅路的定点防线工作，然后才可进行修建。苗圃道路的种类很多，有灰渣路、土路、水泥路、石子路或柏油路等，可根据具体情况修建。

三、修建灌溉水渠

修建苗圃内灌溉水渠时，要先打机井安装水泵，临近水源地的苗圃也可泵引河水。引水渠道的修建最重要的是使渠道落差均匀，符合设计要求，需要采用水准仪精确测量，打桩后认真标记。如果修筑明渠，则按设计要求，依据渠道的高度、顶宽、底宽进行填土、分层、踏实，筑成土堤。当达到设计高度时，再在坝顶开渠，

夯实即成，如图 6-1 所示。

图 6-1　灌溉水渠示意图

在沙质土壤地区，水渠的底部和两侧要用三合土加固，以防渗水，同时为了节约用水，也可采用水泥渠作为灌溉渠道，修建的方法是先修成土渠，然后再在土渠沟中向下向四周挖一定厚度的土（挖土厚度与水泥渠厚度相同），在沟中放置钢筋网，浇筑水泥，然后用木板压实即成。修暗渠时，也应按设计要求，依据坡度、深度、坡向进行埋设。

四、挖掘排水沟

一般情况下先挖掘向外排水的总排水沟。总排水沟与道路两侧的边沟相结合，与修路同时挖掘而成，作业区内的小排水沟可结合整地进行挖掘，还可利用略低于地面的步道来代替。为了防止边坡塌方堵塞排水沟，可以在排水沟挖好后，种植紫穗槐等护坡树种，并注意排水沟的坡度和边坡都要符合设计要求。

五、营建防护林带

在房屋、道路、渠、排水沟竣工后，立即营建防护林带，以保证尽早起到防护作用。根据树种的习性和环境条件，可采用种植树苗、插穗或埋根等方法，但最好是能使用大苗栽植，或用乔、灌木相结合的方式能尽早起到防风作用。树种的选择、栽植的株行距均应按照设计要求进行，栽后要加强养护，以保证成活。

六、平整土地、 改良土壤

坡度较小的地形可结合翻耕进行平整工作，或结合耕作播种和苗木出圃等时，逐年进行平整。坡度较大的山地需要修建梯田，由于此项工作工作量很大，应尽量提早进行施工。如果苗圃中有盐碱土、重黏土、沙土或城市建筑废墟地等不适合苗木生长的土壤时，应在苗圃修建之时进行土壤改良。

① 对盐碱地可采用开沟排水，引淡水冲碱等措施加以改良。轻度盐碱土可采用深翻晒土、多施有机肥料、灌溉冻水和雨后及时中耕除草等农业技术措施逐年改良。

② 对于沙质土壤来说最好掺入黏土，多施用有机肥进行改良，并适当地增设防护林带。

③ 对于重黏土来说则应用深耕、混沙、多施有机肥料、种植绿肥和开沟排水等措施进行改良。

④ 对于城市撂荒地或城市废墟的改良，要以清除耕作层中的砖、石、石灰、木片等建筑废弃物为主，然后进行施肥、翻耕、平整，然后即可育苗。

第三节　苗圃的病虫害防治

一、苗圃主要病害与防治

1. 白粉病

白粉病是园林苗圃中一种常见的病害，是种子植物受到白粉菌侵入感染所引起的病症。在我国各地均有发生，在北方地区的多雨季节以及长江流域及其以南的广大地区，发病率很高。除针叶树以及角质层、蜡质层厚的苗圃植物（如山茶、玉兰等）以外，许多观赏植物（如月季、九里香等园林苗木）都易患白粉病。

白粉病主要侵害花木的嫩叶、嫩梢、叶片、幼芽和花蕾。发病初期在叶片背面出现褪绿斑，然后在病斑背面产生白色粉层，叶片不平整、卷曲，幼嫩枝梢发育畸形、生长停滞，严重时枝叶干枯，甚至可造成全株死亡。秋季白粉层产生初期为黄褐色，然后转为黑褐色，如图 6-2 所示。

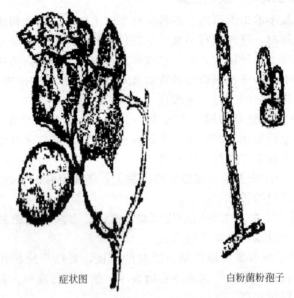

症状图　　　　　　　　　　　白粉菌粉孢子

图 6-2　月季白粉病示意图

　　防治措施：秋、冬季节结合修剪，先剪除病弱枝并清除枯枝落叶集中烧毁，减少初期病菌侵入的来源。栽植时注意切勿过密，要适当疏剪以创造通风透光的环境，防止病害发生的同时，要合理施肥，其中氮肥不宜过多，若在生长季节发现有少量病叶、病梢时，要及时摘除烧毁，防止扩大感染。

　　也可在发芽前施 3～4 波美度的石硫合剂；发病初期每半月喷 25％粉锈宁可湿性粉剂 1500～2000 倍液 1 次，连续喷 2～3 次能起到理想防治效果，或 25 敌力脱乳油 2500～5000 倍液、40％福星乳油 8000～10000 倍液、45％特克多悬浮液 300～800 倍液。温室内可用 10％粉锈宁烟雾剂熏蒸。同时选用抗病品种也是防治白粉病的重要措施之一。

　　2. 立枯病

　　立枯病是苗木尤其是松类苗木最严重的病害之一，多在幼苗出土后的初期发生。发病时，病菌侵入幼苗幼根或茎基部，初期变为褐色，严重时韧皮部被破坏，根部成黑褐色腐烂，叶片发黄、萎蔫、枯死，但不倒伏。因为为害期不同，其症状有4种类型。

（1）种腐型 种子在未发芽前被病菌侵染而腐烂，腐烂的种子多呈水肿状，以后在腐烂种子外部披有一层白色或粉红色的丝状物。

（2）芽腐型 种子发芽后，嫩芽尚未出土前，受病菌侵害而腐烂，腐烂的幼苗呈水肿状。

（3）猝倒型 幼苗出土后，苗茎基部受到病菌侵染，呈水浸状病斑，上部褐色萎蔫，遇风吹时折断倒伏。

（4）立枯型 幼苗茎部木质化后感染病菌，使茎部被害部位出现白毛状、丝状或白色网状物。根部细根和皮层受侵后感染病菌，使地上部出现严重的缺水状态而迅速死亡。

因茎部已经木质化，故苗木死后不倒伏，所以称立枯病，如图6-3所示。

防治措施：选择苗圃时要求不能积水，透水性好，不连作，前作不应是茄科等最易感病的植物。出现苗木感病时，在苗木根茎部用75%敌克松4～6克/平方米灌根。苗木出圃时严格检查，一经发现带病苗木立即销毁。栽植前，将苗木根部浸入70%甲基托布津500倍溶液中10～30分钟进行根系消毒处理。可在苗木出土后每隔7～10天喷1次等量式波尔多液，共喷3次，进行预防，或者马上喷施一瓶80万国际单位注射用青霉素和10千克水配成的药液，每隔10～15天，连续喷5～6次，有较好的防治效果。

也可以用40%甲醛400倍液喷洒苗床，淋透深度3～5厘米，用塑料薄膜覆盖3天的方式进行土壤消毒。

3. 炭疽病类

炭疽病类主要为害叶片，有时也为害嫩梢，叶片初期为褪绿斑点，后续扩大为浅褐色、圆形或近圆形的病斑，病斑多时可相连成不规则形，暗褐色甚至黑色。嫩叶上布满病斑，皱缩变形。后期病斑上着生有许多黑色小点，如图6-4所示。

病菌通过风雨传播，从伤口侵入，一般夏秋期间病害较重，如图6-5所示。

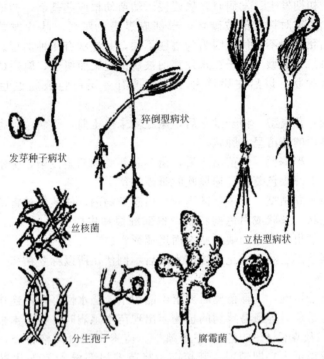

发芽种子病状

猝倒型病状

丝核菌

立枯型病状

分生孢子

腐霉菌

图 6-3　苗木立枯病示意图

防治措施：秋季和早春彻底清除病茎和病叶残体，集中销毁。对苗木、插穗进行消毒处理，减少侵染来源。注意更换新土、不重茬。改善生态环境，避免过于潮湿，浇水时应从底部渗灌，防止水流飞溅，传播病害。温室中注意通风换气，避免在雨露条件下进行田间作业，提高植株长势，增强抗病能力。

药剂防治也是控制病害的有效手段。目前常用的药剂有炭疽福美、苯来特、三环唑、达科宁、退菌特、代森锰锌、甲基托布津等。

4. 锈病类

锈病是园林苗木中常见的病害。锈病主要侵害叶片和整个植株，如图 6-6 所示。

苗木受害后，发病部位产生大量黄褐色锈状物（锈色、黄色或

图 6-4　山茶炭疽病症状示意图

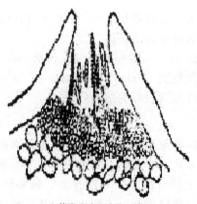

山茶炭疽病分生孢子盘

图 6-5　山茶炭疽病分生孢子盘示意图

橙色的斑点），易造成提早落叶、嫩梢易折、叶片畸形，影响植物的生长且降低植物的观赏性，严重时叶片枯黄、死亡。

　　防治措施：实行轮作可以清除带病残体，减少初期侵染源。冬季结合庭园清理和修剪，及时除去病枝、病芽、病叶并集中烧毁。

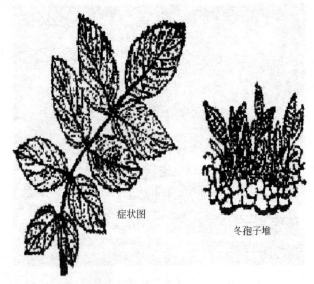

症状图

冬孢子堆

图 6-6　玫瑰锈病示意图

在休眠期苗木发芽前喷洒 3～5 波美度的石硫合剂，可以杀死存在于芽内和病部越冬的菌丝体。

生长季节喷洒 12.5％烯唑醇可湿性粉剂 3000～6000 倍液，或 25％粉锈宁可湿性粉剂 1500～2000 倍液，或 65％的代森锌可湿性粉剂 500 倍液，可起到较好的防治效果。

5. 根癌病

根癌病在我国各地几乎都有发生，寄主范围也较广，针、阔叶苗木均可受害。本病主要发生在幼苗根部和茎基部，也可发生在主根、侧根以及地上部分的主干和侧枝上。病部膨大呈球形的瘤状物。幼瘤为白色，质地柔软，表面光滑，其后瘤状物逐渐增大，质地变硬，褐色或黑褐色，表面粗糙。

由于根系受到破坏，造成植株生长缓慢、甚至枯死。

防治措施：苗圃地可以用硫黄粉或漂白粉 50～100 克/平方米进行土壤消毒。若发现病瘤时，先用快刀彻底切除病瘤，然后用 100 倍硫酸铜溶液消毒切口，再外涂波尔多液保护。在选择苗圃时一定选择无病土壤，间隔 2～3 年实施轮作。

6. 花木白绢病

感染花木白绢病的花木从根颈处开始发病，进而皮层腐烂。病部首先呈褐色，受害植物叶片失水凋萎，枯死脱落，植株生长停滞。花木白绢病多为害乔木、灌木等观赏树种，如油茶、茶、泡桐、青桐、油桐、松树等，如图 6-7 所示。

防治措施：可在病穴土壤浇灌 40％甲醛 100 倍液，刚发病时用 1％硫酸铜浇灌土壤，还可用苯来特、萎锈灵等药剂来消毒土壤。

发病初期可用 25％敌力脱乳油 3000 倍液或 12.5％烯唑醇可湿性粉剂 2500～3000 倍液喷雾，或将发病植株根茎部病斑彻底刮除，用 1.9％的硫酸铜液进行伤口消毒，然后涂保护剂。发病严重的可以拔除病株。

为了防止疾病也可以与禾本科植物实行五年以上的轮作。

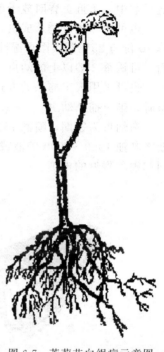

图 6-7　茉莉花白绢病示意图

二、苗圃主要虫害与防治

1. 小地老虎

小地老虎又称土蚕、地蚕，属鳞翅目、夜蛾科，是我国主要的地下害虫之一，北方主要分布在地下水位较高、地势低洼的地区。小地老虎食性杂，幼虫主要为害寄主幼苗，从地面截断植株或咬食尚未出土的幼苗，也能咬食植物生长点，严重影响植株的正常生长，如图 6-8 所示。

沙土地、重翻土地发生较少，沙壤土、壤土发生较多。若土壤周围杂草过多亦利于其发生。

防治措施：应及时清除苗圃地周围的杂草，减少虫源。

在春季成虫羽化盛期，可以用糖醋液诱杀成虫。糖醋液配制比例应以糖∶醋∶白酒∶水＝6∶3∶1∶10 为好，可加适量敌敌畏，盛于盆中，于近黄昏时放于苗圃地中。

也可用黑光灯诱杀成虫，在幼苗出土前，用幼嫩多汁的新鲜杂草 70 份与 25％西维因可湿性粉剂 1 份配制成毒饵，于傍晚撒于地面，可诱杀 3 龄以上的幼虫。

也可采用人工捕杀的方式，具体做法为清晨巡视苗圃，发现断苗时，刨土捕杀幼虫。

在幼虫为害期，喷洒 75％辛硫磷乳油 1000 倍液、40.7％的乐斯本乳油 1000～2000 倍液或用 50％辛硫磷乳油 1000 倍液喷浇苗间和根际附近的土壤。

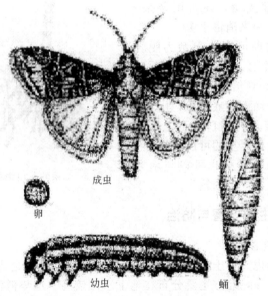

图 6-8　小地老虎示意图

2. 蝼蛄

蝼蛄又称大蝼蛄、地蝲蛄、蝲蝲蛄，属直翅目、蝼蛄科。常见的有东方蝼蛄和华北蝼蛄两种。通常分布在北纬 32°以北地区。为害多种植物的幼苗。其成虫、若虫均在土中活动，以播下的种子、幼芽或幼苗为食，受害的根部呈乱麻状，如图 6-9 所示。

由于蝼蛄活动可以将表土层钻成许多隧道，使苗根脱离土壤，致使幼苗因失水而枯死，严重时造成缺苗断垄。在温室育苗时，由于气温高，蝼蛄活动早，加之幼苗集中，受害更为严重。

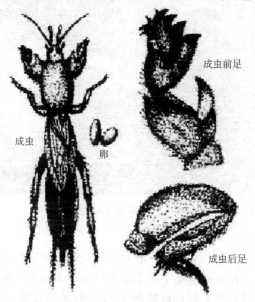

成虫前足

成虫

卵

成虫后足

图 6-9　东方蝼蛄示意图

防治措施：可以通过施用充分腐熟的堆肥、厩肥等有机肥料减少蝼蛄产卵。在闷热天气或者雨前的夜晚（一般在 19：00～22：00 进行）采用灯光诱杀非常有效。用 80％敌敌畏乳油或 50％辛硫磷乳油 0.5 千克拌入 50 千克煮至半熟或炒香的饵料（如米糠麦麸）中作毒饵，傍晚均匀撒在苗床上可毒杀成虫。但一定要注意防止畜、禽误食。

灌药毒杀也是很好的方法，即在受害植株根际或苗床浇灌 50％辛硫磷乳油 1000 倍液即可。

3. 金龟子

金龟子成虫又名铜克螂、瞎撞子，幼虫称为蛴螬，终生栖居土中，喜食植物根、块茎、块根和幼苗等，易造成缺苗断垄。成虫常食茎、芽、枝表皮和叶片等，形成不规则孔洞，残缺不全，甚至仅留叶柄。除大黑鳃金龟子外，还有小青花金龟、铜绿丽金龟等，如图 6-10 所示。

图 6-10 金龟子示意图

防治措施：

成虫消灭方法：金龟子一般都有假死性，可于早晚气温不太高时振落捕杀。夜出性金龟子大多都有趋光性，可设黑光灯诱杀。成虫发生盛期（避开花期）可喷洒 40.7% 的乐斯本乳油 1000～2000 倍液。也可利用性激素诱捕。

除治蛴螬方法：一定要加强苗圃管理，圃地不能使用未经腐熟的有机肥或将杀虫剂与堆肥混合施用。也可通过冬季翻耕将越冬虫体翻至土表冻死。可用 50% 辛硫磷颗粒剂 30～37.5 千克/公顷为土壤消毒。当土壤含水量过大或被水久淹时，蛴螬数量会下降，根据这一特性可于 11 月前后进行冬灌，或于 5 月上、中旬生长期间适时进行浇灌大水，均可减轻危害。

当苗木出土后，发现蛴螬为害植物根部，可用 50% 辛硫磷 1000～1500 倍液灌注苗木根际。药量多少直接影响灌注效果，如果药液仅被表层土壤吸收而未达到蛴螬活动处效果必然会差。

4. 黄刺蛾

黄刺蛾别名毒毛虫、洋辣子，是一种杂食性的食叶害虫，为害刺槐、杨、茶花、柳、榆、枫杨、悬铃木等，常常会将苗木叶片全部吃光，如图 6-11 所示。

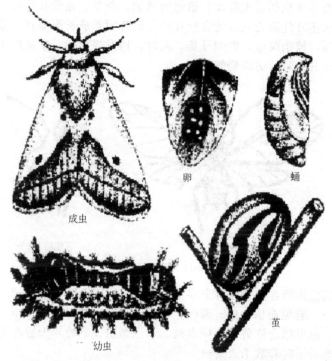

卵　　　　蛹

成虫

茧

幼虫

图 6-11　黄刺蛾示意图

防治措施：根据刺蛾结茧习性与部位的不同，结合修枝可以清除树上的虫茧，土层中的虫茧可以采用挖土的方式除去。也可将虫茧堆集于纱网中，让其天敌寄生蜂除去虫茧。

另外，由于初孵幼虫具有群集性，摘除带初孵幼虫的叶片，可防止扩大虫害。刺蛾成虫大都具有趋光性，成虫羽化期间可安置黑光灯诱杀成虫。幼虫为害严重时，可喷施 90% 晶体敌百虫 800～1000 倍液、细菌性杀虫剂灭蛾灵 1000 倍液或 50% 辛硫磷乳油 1500 倍液。也可用保护天敌如上海青蜂、姬蜂等进行去除。

5. 蚜虫

蚜虫属同翅目、蚜科。种类多，大多个体细小，繁殖力强，全国各地均有分布，主要为害倒挂金钟、扶桑、菊花、石榴、茶花、牡丹、常春藤、夹竹桃、玫瑰、月季等花木，如图 6-12 所示。

通常成虫和若虫群集在植物的嫩梢、花朵、花蕾和叶背以刺吸苗木根茎叶汁液为主，受害叶片叶缘向背面卷成长形瘤状，常使苗势减弱，枝梢畸形，影响开花，同时，诱发煤污病。常见的除桃蚜外，还有棉蚜、绣线菊蚜等。

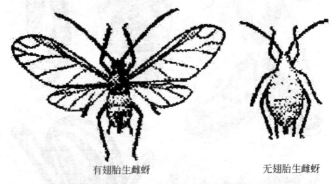

有翅胎生雌蚜　　　　　　　无翅胎生雌蚜

图 6-12　桃蚜示意图

防治措施：盆栽花卉上零星发生时，可用毛笔蘸水刷掉，刷时要小心。避免损伤嫩梢、嫩叶，刷下的蚜虫要及时处理干净，以防蔓延，也可结合修剪，剪掉虫枝。利用瓢虫、草蛉等天敌在大量人工饲养后适时释放杀灭蚜虫。

另外蚜霉菌等亦能人工培养后稀释喷施。尽量选用对天敌杀伤较小的、内吸和传导作用大的药物。在木本花卉发芽前，蚜虫密度大时，可喷施 10％吡虫啉可湿性粉剂 2000 倍液、3％啶虫咪乳油 2000～2500 倍液、50％辟蚜雾乳油 3000 倍液、10％多来宝悬浮剂 4000 倍液。

也可利用涂有黄色和胶液的纸板或塑料板，诱杀有翅蚜虫，或采用银白色锡纸反光，趋避迁飞的蚜虫。

6. 星天牛

星天牛食性杂，为害刺槐、悬铃木、杨、柳、柑橘、樱花、榆、乌桕、相思树、海棠等。成虫啃食枝干嫩皮，幼虫钻蛀枝干，破坏输导组织，影响正常生长和观赏，严重时被害树易风折枯死。成虫体黑色有光泽，前胸背板两侧有尖锐粗大的刺突，如图 6-13 所示。

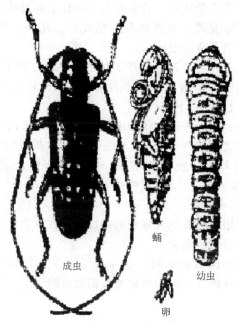

蛹

成虫

卵

幼虫

图 6-13　星天牛示意图

防治措施：天牛类害虫大部分时间生活在树干里，易被人携带传播，所以在苗木、繁殖材料等调运时，要加强检疫、检查。采取以预防为主的综合治理措施，对在天牛发生严重的绿化地，应针对天牛取食树种种类，选择抗性树种，避免其严重为害。除名贵古木外，伐除受害严重的虫源树，合理修剪，及时清除园内枯立木、风折木等，也可及时修补树洞，以减少虫口密度，保证其观赏价值。

利用成虫飞翔力不强和具有假死性的特点，可以人工捕杀成虫。用铁丝钩杀幼虫，特别是当年新孵化后不久的小幼虫，此法更易操作。可利用天敌如天牛肿腿蜂、人工招引啄木鸟等进行灭虫。

在幼虫为害期，先用镊子将有新鲜虫粪排出的排粪孔清理干净，然后塞入磷化铝片剂，并用泥堵死其他排粪孔，或用注射器注射 80% 敌敌畏，或采用新型高压注射器向树干内注射果树宝。

7. 白粉虱

白粉虱属同翅目、粉虱科，主要为害花卉、树木，全国各地均有发生。白粉虱大量成虫、若虫群集于植株上部嫩叶背面，刺吸汁液，使叶片褪绿变黄、萎蔫直至干枯死亡。此外，其大量分泌蜜露，导致煤污病严重发生。

白粉虱在南方可在自然条件下越冬，在北方则不能露地越冬，只能在温室为害。在南方可常年为害，在北方以生长季内为害为主，1年可发生8～10代。

防治措施：于为害初期将带虫的花卉放在温室内或者将苗床用塑料膜封闭严实，按每10平方米用80％敌敌畏乳油25～50毫升加150倍水稀释后，密闭熏蒸3～5小时即可杀除。也可以用2.5％溴氰菊酯乳油1500倍液喷杀幼虫，每隔7～10天喷施1次，连喷2～3次即可杀除。

也可以利用白粉虱具有强烈的趋黄性，在发生区设置黄板，并涂以重机油进行黄板诱杀。

园林苗圃还因地域不同，有许多其他种类害虫发生，如红蜘蛛、介壳虫、种蝇等，可参照相关知识加以防治。

园林花木扦插育苗实例

第七章

草本植物类的扦插育苗

第一节　一、二年生类

一、万寿菊

（1）科属　菊科，万寿菊属。

（2）别名　蜂窝菊、黄芙蓉、臭芙蓉、臭菊花。

（3）产地与习性　万寿菊原产于墨西哥。其性强健，生长迅速，喜阳光温暖，耐干旱，对土壤、水肥要求不严，耐移植，不耐寒，怕霜冻。栽培容易，病虫害较少。在多湿、酷暑季节里开花、生长不良。

（4）外观形态　万寿菊为一年生草本花卉。万寿菊花期长，花大色艳，是花坛、花境的良好材料。植株分矮、中、高三种。茎直立粗壮、光滑，有细棱线，基部常产生不定根，多分枝。叶互生或对生，羽状全裂，边缘有锯齿，叶缘背面有明显油腺点，有特殊浓烈臭味。头状花序单生于枝顶，花黄色或白色、橙黄色，花的直径6～10厘米。花形变化多，有平瓣形和长爪状瓣形等，以重瓣为主。花期6～9月，果熟期7～9月，瘦果黑色，种子长披针形，有膜质冠毛，千粒重4.0克左右，如图7-1所示。

目前深受欢迎的是矮生杂交种，株高仅25～35厘米，株形紧密，观赏价值较高，但采种后，后代易发生变化。

（5）扦插繁育

① 万寿菊一般在5～8月扦插。可利用万寿菊修剪下来的枝条进行扦插，一般留3～5节，有无顶芽均可。插穗基部的叶片要修

图 7-1　万寿菊

剪干净，以免散失过多的水分。修剪时伤口一定要光滑，插穗下部的伤口斜剪（斜面 45°），上部的伤口平剪。

②基质采用 40％的谷壳灰和 60％的河沙拌匀（谷壳灰既能疏松排水又能有效防止插穗腐烂）。基质拌匀后，适量喷水，使基质达 60％左右的含水量后使用。

③采用插穗大小的木棍在基质上打孔，株距 3 厘米，行距 5厘米。扦插时要将插穗插入孔中，深度以插穗的 1/3 为宜，并将插穗周围的沙稍微摁紧。扦插完后，用喷雾器将叶片喷湿，水分过多易导致插穗腐烂，在 80 厘米高的上方略微给予遮阴，以后每天10：00 和 15：00 左右各喷 1 次雾，刚好喷湿叶片为宜。插后 2 周生根，约 1 个月即可开花。

（6）栽培管理

①定植。当扦插苗生根成活有 5～7 枚真叶时进行定植，株距最少应在 30 厘米以上，对早播者应于花前设立支架，以防倒伏，为增加分枝，可在生长期内进行摘心。

②浇水。雨季注意排水防涝，水分过大生长不良，易发生植株枯萎、花絮腐烂的现象。

③施肥。尽管万寿菊对土壤要求不严格，但栽植万寿菊应以用树叶和草堆沤制的混合肥作基肥；如若盆栽，可在盆土中掺入少量的饼肥。生长期每隔 10 天施用加 10 倍水的人畜粪尿液 1 次。也

可用氮、磷、钾肥料每月追肥 1 次，但生长后期应注意控肥，特别是氮肥和磷肥。

④ 管理。万寿菊花期长，极少发生病虫害，幼苗强壮，但后期易倒伏，因此要注意通风，并在生长后期适当控制水肥，抑制徒长。

（7）病虫害防治 万寿菊的病虫较少，幼苗易感染猝倒病、立枯病，一定注意土壤消毒，发病后立即喷洒 1000 倍甲基托布津或 75％百菌清 600 倍液加以防治。但生长期易受红蜘蛛危害，可喷洒 1000 倍的敌敌畏液，每周喷 1 次，连续喷 3 次即可。

二、矮牵牛

（1）科属 茄科，矮牵牛属。

（2）别名 碧冬茄、番薯花、撞羽朝颜、矮喇叭、毽子花、灵芝牡丹。

（3）产地与习性 矮牵牛原产于南美洲阿根廷。现世界各地广泛栽培。矮牵牛耐寒性不强，喜凉爽的夏季，喜温暖和阳光充足的环境。较耐热和干旱，在 35℃下可正常生长。忌水湿，喜排水良好的砂质壤土，雨涝、过肥或阴凉天气则枝条徒长，易倒伏，影响开花。

矮牵牛花大而色彩丰富，花期长，酷暑季节也经久不败，因此可用于布置花坛也可盆栽观赏或作切花。

（4）外观形态 矮牵牛为多年生草本植物，通常作一、二年生花卉栽培。株高 30～60 厘米，全株被黏毛。上部叶对生，中下部叶互生，叶片卵形，全缘，无柄。茎较细，多分枝，稍丛生。花单生于叶腋或枝顶，花冠漏斗状，先端有波状浅裂，花瓣边缘有平瓣、锯齿状、波状等。花色变化多样，有白、粉、蓝、黄、红、紫等，另外还有星状、双色等。花期 4～10 月。蒴果尖卵形，成熟时开裂。种子细小，粒状，呈褐色，千粒约重 0.1 克，如图 7-2 所示。

（5）扦插繁育 矮牵牛以播种繁殖为主，但由于重瓣及大花的品种常不易结实，因此可采用扦插的方法繁育。扦插一般取嫩茎或茎基部侧枝，剪成 5～7 厘米长的茎段作插穗，扦插于湿沙床中，

图 7-2 矮牵牛

温度为 20～25℃，适当避光，保持湿润，约 15～20 天生根，根长 5 厘米时即可移植，成活率较高。

（6）栽培管理

① 定植。矮牵牛一般露地定植株距 30～40 厘米，定植时要带土团，以免伤根太多，难以恢复。

② 温度。扦插苗经一次移植以后，可在温室中越冬，冬季室温不能低于 10℃，到第二年春季即可开花，而且花可一直开到 10 月底。

③ 浇水。开花期特别是夏季要及时补充水分。

④ 施肥。在生长过程中每隔半月施用加 5 倍水的人畜粪尿液 1 次，或在生长期或开花期每 20～25 天施用氮、磷、钾复合液肥 1 次。

⑤ 管理。应注意控制植株高度。并进行整形修剪，促使开花。

（7）病虫害防治

① 花叶病、青枯病。预防这两种病害要注意在栽培植株时给盆土进行消毒处理。发现病株要立即拔除并用 10％抗菌剂 401 醋酸溶液 1000 倍液喷洒防治，也可用好生灵等农药的 800 倍液喷杀。

② 蚜虫。用 10％二氯苯醚菊酯乳油 2000～3000 倍液喷杀，也可用万灵 800～1000 倍液喷杀。

三、半枝莲

(1) 科属　马齿苋科，马齿苋属。

(2) 别名　太阳花、死不了、龙须牡丹、洋马齿苋。

(3) 产地与习性　半枝莲原产于巴西等美洲热带地区。现我国各地均有栽培。半枝莲属强阳性植物。喜欢温暖、阳光充足和稍干燥的环境。不耐寒，怕高湿和水涝，忌酷热。耐贫瘠和干旱，适宜疏松、肥沃和排水良好的干燥砂质壤土。

(4) 外观形态　半枝莲为一年生、肉质草本花卉。株高 10～20 厘米，茎肉质圆形，匍匐状或斜伸，多分枝。单叶互生或散生，叶片肉质圆柱形，银绿色。花一至数朵簇生于枝顶，花径 2.5～4.0 厘米，基部有 8～9 枚轮生的叶状苞片。单瓣、半重瓣或重瓣，花色鲜艳丰富，有红、黄、紫、白等色以及一些中间色。花、果期 6～9 月，蒴果圆形，盖裂，种子细小，具银灰色金属光泽，如图 7-3 所示。

图 7-3　半枝莲

半支莲其花朵于阳光充足的上午逐渐开放，午后至傍晚陆续凋谢，故而又称午时花、太阳花。半支莲适应性强，株形矮小，生长健壮，花色丰富，花朵娇美，是布置花坛、花台、花境、岩石园的常用植物。也可盆栽观赏，又是很好的阳台花卉。

(5) 扦插繁育 半枝莲扦插繁殖极易成活，春、夏、秋三季均能扦插育苗，其中以春季和晚秋扦插最好。生长期随意截取顶端一段 10~15 厘米的嫩茎，插入稍湿润的土壤中，1 周左右即可生根成活，故得名"死不了"，成活率高，半枝莲也可自播。盆栽或花坛均可直接插枝。夏秋扦插，土壤不可太潮湿，否则易腐烂。

(6) 栽培管理

① 定植。大田栽培时幼苗经间苗、移植，于 5 月中、下旬定植，株距 25~30 厘米。盆栽时每盆一般选用 3~5 根生根插穗。

② 浇水。栽后浇水不宜过多，保持土壤稍湿润和半阴。大苗期的半枝莲生长迅速，开花旺盛。较耐旱，怕积水，天旱时适当补充水分，防止湿度过大，引起烂茎现象。

③ 施肥每隔半月可施用加 5 倍水的人畜粪尿液 1 次，进入花期要注重追施磷钾肥，每 20~30 天追肥 1 次。

(7) 病虫害防治 半枝莲易发生白锈病和天蛾幼虫病虫害。

① 白锈病。可用等量式波尔多液喷洒。

② 猝倒病、腐烂病。应控制浇水，使其充分见光，及时分苗，并在患处施以百菌清防治。

③ 天蛾幼虫。可用稀释 2500 倍的 10%除虫精乳油喷杀。

④ 虫害。用 10%除虫精乳液 2500 倍液喷杀。

四、三色堇

(1) 科属 堇菜科，堇菜属。

(2) 别名 蝴蝶花、猫脸花、鬼脸花、人面花。

(3) 产地与习性 原产欧洲。现我国各地公园均有栽培。喜凉爽环境，较耐寒，略耐半阴，怕炎热，炎热多雨的夏季常发育不良，并且不能形成种子。生长最适宜温度为 7~15℃，春季温度白天在 10℃最好，晚间 4~7℃为宜。如果连续温度在 25℃以上，则花芽消失，无法形成花瓣。温度最低不能低于 -5℃，否则叶片受冻边缘变黄。

(4) 外观形态 三色堇为多年生草本植物，常作一、二年生栽培。株高 15~20 厘米。全株光滑无毛，茎长，从根际生出分枝，呈丛生状匍匐生长。叶互生，基生叶圆心脏形，茎生叶狭长，边缘浅波状。托叶大而宿存，基部有羽状深裂。花梗从叶腋间抽生出，梗上单生一花，花不整齐，花大，直径 4～6 厘米，花有五瓣，两侧对称、侧向，花瓣近圆形，排列成复瓦状，花色有红黄黑紫白等，每朵花上都同时有三种颜色，故名"三色堇"，如图7-4所示。

图 7-4 三色堇

（5）扦插繁育 扦插繁殖可保持母株的优良性状，插穗需剪取植株基部抽生的枝条。

（6）栽培管理

① 定植。11月当幼苗长至5～6片真叶时开始移植，移植时要带土球。定植距离一般为20～30厘米。第二年4月下旬开花。定植后施肥要勤，使之茂盛和耐寒，每周1次为宜。

② 施肥。三色堇喜肥不耐贫瘠，在肥沃湿润的砂壤土适宜生长，贫瘠土地会显著退化。发芽力可保持2年。上盆时要在土壤中加入一些腐熟的有机肥或氮磷钾复合肥作基肥，此外，还要在其生长期薄肥勤施，7～10天施肥1次即可。

苗期可适当施氮肥，开花前施用加3倍水的人畜粪尿1次，现蕾期、花期应施用腐熟的有机液肥或氮磷钾复合肥。同时控制氮肥使用量，如果单施或多施氮肥会造成枝叶徒长，茎干变软，叶多花少。切忌缺肥，否则不仅开不好花，还会造成退化。

③ 浇水。三色堇喜湿润，忌涝、怕旱。盆土稍干时浇水，保

持盆土偏湿润、不渍水为好。并且经常向茎叶喷水，保持周围空气的湿润，以利其生长。如果在花期多湿就会造成茎叶腐烂，开花缩短，结实率低。

（7）病虫害防治

① 灰霉病。三色堇在春季雨水过多时易发生灰霉病，用 65% 代森锌可湿性粉剂 500 倍液喷洒。

② 蚜虫。在生长期常受蚜虫危害，5～7 月危害期可用 40% 氧化乐果乳油 1500～2000 倍液喷洒，每隔 1 周喷 1 次，连喷两次效果好。一般家庭栽培的，可用香烟头泡水至茶色喷布或浇于根部土壤，每周浇 1 次，连续浇 3 次，能得到较好的防治效果。

五、石竹

（1）科属　石竹科，石竹属。

（2）别名　中国石竹、洛阳花、洛阳石竹。

（3）产地与习性　原产于我国东北、西北及长江流域。石竹喜阳光充足、凉爽的气候，耐干旱、耐寒但不耐酷暑，怕潮湿和黏质土壤，怕水涝，喜排水良好、疏松、肥沃的土壤和干燥、通风的栽培环境，尤喜富含石灰质的肥沃土壤。喜肥，但在稍贫瘠的土壤上也可生长开花。

（4）外观形态　石竹为宿根性不强的多年生草本花卉，通常多作一、二年生栽培。株高 20～45 厘米，茎丛生，直立。叶对生，互抱茎节部。条状宽披针形，灰绿色。花顶生枝端，单生或成对簇生，有时呈圆锥状聚伞花序，花径约 3 厘米，散发香气，花瓣 5 枚，有紫、红、粉白等色，花瓣尖端有不整齐的浅齿。花期 4～5 月，果熟期 6 月，果实为蒴果。蒴果成熟时顶端 4～5 裂，如图 7-5 所示。

石竹的园艺栽培品种很多，常见的有以下几种：须苞石竹（又名五彩石竹）、美国石竹、十样锦、锦团石竹（又名繁花石竹）。石竹及其他石竹类花卉，植株低矮，多为丛生状，适宜做花坛镶边材料、自然花境或布置岩石园。

石竹花朵繁密，花色艳丽，常用来布置花坛或花境，或做节日用花。也可栽植花径、岩石园作点缀或盆栽作切花栽培。

图7-5 石竹

（5）扦插繁育 石竹的一些重瓣品种结实率低，通常采用扦插繁殖。石竹虽属多年生花卉，但多年生习性不强，一般栽培2年后，芽丛密而细弱，生长不良。

扦插时间为10月至第二年3月。扦插是利用生长季或春季茎基部萌生的丛生芽条进行繁殖。在花期刚过时，将丛生芽条中粗壮者剪下，去掉部分叶片，剪成5～6厘米长的小段，插于沙床或露地苗床，插后注意遮阴并保持空气湿度，一般2～3周便能生根，生根后再行移植。一般多用于繁殖某一特殊变种。

（6）栽培管理

① 定植。石竹幼苗经间苗后，于11月初定植，使其冬前发棵。定植时株距20厘米×40厘米。

② 施肥。定植后每隔10天施用加5倍水的人畜粪尿液1次，次年3月施用加3倍水的液肥1次，以后停止施肥。也可在旺盛生长期每隔半月施1次稀薄液肥。但石竹栽培不宜过肥，尤其对氮肥敏感，应控制其施用量。

③ 管理。生长期内进行2～3次摘心，以使其多分枝，因蒴果成熟期不一致，先开裂者往往因雨水渗入而导致霉烂，所以应分批采收。采种用母株应隔离栽培以免种内或品种间杂交。

（7）病虫害防治

① 立枯病。石竹在幼苗期常因排水不良而患立枯病，因此，要注意雨后排涝，并可施用少量草木灰预防立枯病，病株应立即拔除。

② 锈病。用 50％萎锈灵可湿性粉剂 1500 倍液喷洒，红蜘蛛用 40％氧化乐果乳油 1500 倍液喷洒。

六、福禄考

（1）科属　花荵科，草夹竹桃属。

（2）别名　福乐花、福禄花、五色梅。

（3）产地与习性　福禄考原产北美南部。现世界各国广为栽培。主要栽培地是东北，如辽宁台安。福禄考喜温暖、湿润和阳光充足的环境。不耐寒，耐半阴，怕高温、干旱和水涝。对土壤要求不严，在肥沃、湿润的壤土中生长更好。在华北一带可冷床越冬。

（4）外观形态　福禄考为一年生草本植物，茎直立，高 15～45 厘米，单一或分枝，被腺毛。上部叶互生，下部叶对生，宽卵形、长圆形和披针形，长 2～7.5 厘米，顶端锐尖，基部渐狭或半抱茎，全缘，叶面有柔毛；无叶柄。圆锥状聚伞花序顶生，有短柔毛，花梗很短，花萼筒状，萼裂片披针状钻形，长 2～3 毫米，外面有柔毛，结果时开展或外弯，花冠高脚碟状，直径 1～2 厘米，有紫、深红、白、淡红、淡黄等多色，裂片圆形，比花冠管稍短；雄蕊和花柱比花冠短很多。蒴果椭圆形，长约 5 毫米，下有宿存花萼。种子长圆形，长约 2 毫米，褐色，如图 7-6 所示。

（5）扦插繁育　福禄考的扦插繁殖主要有根插、茎插、叶插三种方式，成活率很高。

① 根插。通常在春、秋季结合分株栽植进行根插。将部分根截成 30 厘米左右长的小段，平埋于素沙中，在 15～20℃的条件下，保持土壤湿润，30 天左右即可生长出新芽。

② 茎插。一般在春、夏、秋季的花后进行。茎插适用于大批量生产，结合整枝打头，取生长充实的枝条，截取 3～5 厘米长的插穗，插入干净无菌素沙中，株行距为 2～3 厘米，保持土壤湿度即可，30 天左右可生根。夏季注意喷 1～2 次 800～1000 倍 50％的

图 7-6　福禄考

多菌灵溶液，防止插穗腐烂。

③ 叶插。在夏季取带有腋芽的叶片，叶片保留 1/2 左右，同时带 2 厘米长茎，插于干净无菌素沙中，注意遮阴，并保持土壤湿润，30 天左右可生根。

（6）栽培管理

① 定植。福禄考小苗不耐移植，因此宜早不宜晚，而且尽量保持小苗的根系完好。常在苗高 12 厘米时定植于 12 厘米盆中，要求排水良好、疏松透气的盆栽壤土。陆地栽植过程中必须保持良好的株行距，防止拥挤而影响株形及产生病虫害。

② 温度。移植上盆的初期最好能保持 18℃，一旦根系伸长，可以降至 15℃左右生长，这样 9～10 周可以开花。保持较低的温度可以形成良好的株形，福禄考可以耐 0℃左右的低温，但其生育期相对较长。夏季需要凉爽的气候。长江中下游及以南地区，由于夏季炎热，常采用秋播，小苗越冬在 0 度以上，这样可以在春季开花。

③ 施肥。当在生长期内每月施肥 1 次，第一批花后，进行摘心，促进萌发新芽，继续开花。花期及雨后注意排水，有利于生长和开花。由于植株矮生，枝叶被毛，因此浇水、施肥应避免沾到叶

面，以防枝叶腐烂。

（7）病虫害防治 常见叶斑病、白粉病、锈病和小绿炸锰、叶蝉为害。

① 叶斑病。用稀释 1500 倍的 65%代森锌可湿性粉剂喷洒。

② 锈病。用扶桑 2000 倍的 50%萎锈灵可湿性粉剂喷洒。

③ 虫害。用稀释 1000 倍的 50%杀螟松乳油喷杀。

七、美女樱

（1）科属 马鞭草科，马鞭草属。

（2）别名 草五色梅、四季绣球、铺地马鞭草、铺地锦。

（3）产地与习性 原产于南美巴西、秘鲁、乌拉圭等地。现世界各地广泛栽培。喜温暖湿润气候，喜阳，不耐阴亦不甚耐寒，不耐干旱，在疏松肥沃、较湿润、排水良好的土壤中生长健壮，开花亦繁茂，适合温度 10～25℃。稍耐微碱性土壤。在我国上海等暖地可作二年生栽培，露地越冬。

美女樱植株低矮，分枝繁茂，花期甚长，适合做花坛、花径和盆栽的材料，也可在林缘、草坪成片栽植，还可作切花材料，此外直立丛生品种可作盆栽。

（4）外观形态 美女樱为多年生草本花卉，常作一、二年生栽培。株高 20～50 厘米，茎四棱、低矮，匍匐状外展。全株被灰色柔毛。叶对生，有柄，长圆形或卵圆形，边缘有整齐的圆钝锯齿。穗状花序顶生，花小，呈漏斗状，密集成伞房状排列，全长 6～9 厘米。花萼细长筒状。花色多，有白、深红、粉红、蓝、紫等，且有复色品种，花略具芬香。花期长，6 月至霜降不断开花，蒴果 9 月、10 月成熟，坚果呈棒状，长 4～5 毫米，浅黄色，如图 7-7 所示。

（5）扦插繁育 扦插可在气温 15℃左右的季节即 5～7 月进行为宜，剪取稍成熟硬化的新梢，切成 8～10 厘米的插穗，插于温室沙床或露地苗床。室温在 15～18℃，扦插后即遮阴，2～3 天以后可稍受日光，促使生长。插后 14～21 天发出新根，当幼苗长出 5～6 枚叶片时可移植，长到 7～8 厘米高时可定植，30 天后移栽上盆。

（6）栽培管理

① 定植。幼苗 7～8 厘米高时定植于 12～15 厘米的盆中，每

图 7-7 美女樱

盆可栽 3 株。吊盆栽培时用 25 厘米盆，栽植 5 株苗。对分枝性强的优良品种不需摘心，对分枝性差的品种在苗高 10～12 厘米时进行 1 次摘心，促使分枝。

② 土质。栽培美女樱应选择疏松、肥沃及排水良好的培养土、泥炭土和粗沙组成的混合基质，pH 值在 6.0～6.5。

③ 温度。美女樱是较耐寒的草本，适应性较强。生长适宜温度为 5～25℃，最适宜温度 16℃。冬季温度可耐−5℃，荷兰和美国已育成耐−10℃的美女樱品种。夏季高温对美女樱生长不利，温度超过 30℃，植株生长停滞。

④ 光照。从幼苗生长到开花均需充足的阳光，茎叶生长健壮，花枝密集，开花不断，花色鲜艳。若长期处于半阴状态或光照不足，茎叶容易徒长，开花减少，花朵变小，花色不鲜艳。

⑤ 浇水。因其根系较浅，生长过程中对水分比较敏感，怕干旱又忌积水。夏季应注意浇水，干旱则长势弱，分枝少。雨季生长旺盛，茎节着地极易生根，但水分过多会引起徒长，开花减少。幼苗时盆土必须保持湿润，有利于幼苗生长。

成苗后耐旱性加强，如气温高，耗水量大要注意保证植株能获得充足的水分。若阴雨天较多时，轻者枝蔓徒长细弱，开花减少，重者茎叶逐渐萎蔫，甚至死亡。若缺少肥水，植株生长发育不良，有提早结籽现象。

⑥ 施肥。每半月施薄肥 1 次，用 10～15 倍水稀释的人畜粪尿液喷施，或使用"卉友" 20-20-20 通用肥，以使新梢发育良好。花前增施磷、钾肥 2～3 次。如花枝过长可适当修剪，控制株形。7 月末种子开始陆续成熟，当花序枯黄时，采下整个花序，晾晒后脱粒。

(7) 病虫害防治　美女樱露地生长期不需特殊管理，生长健壮，抗病能力较强，很少病虫害。

① 白粉病、根腐病、霜霉病。疾病危害时可用 70%甲基托布津可湿性粉剂 1000 倍液喷杀。

② 蚜虫、粉虱。可用 2.5%鱼藤精乳油 1000 倍液喷杀。

八、孔雀草

(1) 科属　菊科，万寿菊属。

(2) 别名　红黄草、藤菊、小万寿菊。

(3) 产地与习性　原产墨西哥。孔雀草喜温暖、稍干燥和阳光充足的环境，较耐寒，耐干旱，也耐半阴，怕水湿，喜疏松肥沃和排水良好的砂壤土。

孔雀草花大色艳，植株较矮，花期长，耐旱，最宜作花坛边缘材料或花丛、花境等栽植，也可作盆栽观赏。

(4) 外观形态　孔雀草为一年生草本花卉。株高 20～50 厘米，茎直立，带紫色，多分枝，植株呈丛生状。叶对生或互生，羽状全裂，线状披针形，有异味。头状花序单生，花径 3～5 厘米；舌状花黄色，基部或边缘红褐色，花期 6～9 月。果熟期 9～10 月。孔雀草一般可从 7 月开花直到降霜。种子黑色，披针形，具膜质冠毛，千粒重 3.0 克左右，品种间有差异。由于花期长，育苗开花早，一些矮生品种常用作盆花栽培布置花架，如图 7-8 所示。

(5) 扦插繁育　扦插通常 5～6 月进行，剪取嫩枝植株下部长 5～8 厘米的嫩枝作插穗，插于湿沙土中，插后 12～15 天生根，1 个月后即可开花。因扦插繁殖不适于大量生产，一般生产上不用此法。

(6) 栽培管理

① 定植。扦插苗 60～70 天开花幼苗生长快，需及时间苗，具

图 7-8 孔雀草

5～7 片叶时定植或盆栽。

② 管理。株高 15 厘米时应摘心，促使分枝。花后及时摘除残花，修枝疏叶，可再次开花。

③ 施肥。生长期每半月施肥 1 次，可施用 10～15 倍水的人畜粪尿。开花前增施 1 次磷、钾肥。

(7) 病虫害防治　常见有叶斑病和红蜘蛛危害。

① 叶斑病。用 65％代森锌可湿性粉剂 500 倍喷洒。

② 红蜘蛛。可用 50％马拉松乳油 2000 倍液喷杀，或可喷1000 倍三氯杀螨醇防治。

九、波斯菊

(1) 科属　菊科，秋英属。

(2) 别名　大波斯菊、秋樱、扫帚梅、秋英。

(3) 产地与习性　波斯菊原产于墨西哥和南美等地。喜阳光、凉爽的气候。不耐寒，也怕酷热，是短日照植物，在秋季短日照条件下开花，但要求充足的光照。性强健不择土质，可耐贫瘠土壤，常见在路旁瘠薄土地上生长，但以疏松及多含腐殖质的土壤为宜。如栽植地施以基肥则生长期间不需再施肥，以防植株徒长，开花不良。波斯菊原本多在秋后开花，现杂交种可由 6～7 月开至 9～10 月。

（4）**外观形态**　波斯菊为一年生草本花卉，株高 1.2～1.5 米。茎光滑、纤细，多分枝。叶对生，长约 10 厘米，二回羽状全裂，裂片稀疏，细线形，全缘。头状花序单生于枝梢，具卵状披针形的总苞，舌状花多单轮，也有重瓣品种，有红、粉、紫、白等色，盘心管状花黄色。瘦果先端有芒刺状喙，果面平滑、线形。花果期 7～11 月，如图 7-9 所示。

图 7-9　波斯菊

波斯菊生性强健，株形疏散，飘逸，植株高、枝杈多，花蕾繁密，常用作自然式花坛、花境的背景材料或群植于草坪周围。近年来多实行直播，粗放管理，用于树丛边缘及高速公路两旁绿化，颇具野趣，也可作切花。

（5）**扦插繁育**　波斯菊在生长期内采用嫩枝扦插成活率很高。剪取 15 厘米左右的健壮枝梢插于砂壤土内，适当遮阴及保持湿润，5～6 天即可生根。

（6）**栽培管理**　波斯菊植株高大，在迎风处栽植应设置支柱以防倒伏及折损。一般多培育成矮化植株，即在小苗高 20～30 厘米时摘心，以后再对新生顶芽连续数次摘除，植株便可矮化，同时也增多了花数，增加了观赏价值。栽植圃地适合稍施基肥。因为种子成熟后容易脱落，所以应在清晨湿度较高时，采收瘦果稍变黑色的花序，防止中午高温、干燥时，瘦果散成放射状，一触即落。

（7）病虫害防治

① 叶斑病、白粉病：在高温、高湿季节易发生，可用 50％托布津可湿性粉剂 500 倍液喷洒。

② 蚜虫、金龟子：用 10％除虫精乳油 2500 倍液喷杀。

十、非洲菊

（1）科属　菊科，大丁草属。

（2）别名　扶郎花、猩猩菊、日头花。

（3）产地与习性　原产非洲南部，少数分布在亚洲。随着国内温室技术的进步及国外新型温室技术的引进，在我国的栽培量也明显增加，华南、华东、华中等地区皆有栽培。现在商业生产在台湾、广东也有。喜温暖、湿润和阳光充足的环境。喜肥沃、疏松的腐叶土和 pH 值为 6～7 的微酸性土壤。

（4）外观形态　非洲菊为多年生草本，全株具细毛，多数叶为基生，羽状浅裂，头状花序单生，高出叶面 20～40 厘米，花径 10～12 厘米，总苞盘状，钟形，舌状花瓣 1～2 或多轮呈重瓣状，花色有大红、橙红、淡红、黄色等。通常四季有花，以春秋两季最盛，如图 7-10 所示。

图 7-10　非洲菊

(5) 扦插繁育　扦插繁殖时将健壮植株挖出，截取根部粗壮部分，去除叶片，切去生长点，保留根颈部，栽在泥炭中，保持室温 22～24℃，相对湿度 70%～80%，用根颈部长出的叶芽和不定芽作插穗。一株母株可反复剪取插穗 3～4 次，可采插穗 10～20 个。插入沙床中，3～4 周后生根。当年扦插的新株当年能开花。

(6) 栽培管理

① 土质。喜肥沃、疏松的腐叶土和 pH 值 6～7 的微酸性土壤。切忌酸重土壤，在中性或微碱性土壤中也能生长，但在碱性土壤中，叶片易产生缺铁症状。冬季大棚或日光温室栽培时，注意保温和通风，随时起盖草帘。

② 光照。非洲菊是喜光性植物，盆栽必须安排在光线充足的位置，这样叶片生长健壮，花梗挺拔，花色鲜艳。光线不足，叶片瘦弱发黄，花梗柔细下垂，花小色淡。对光周期反应不敏感，自然日照的长短对开花数量和花朵质量没有影响。

③ 浇水。生长期应多浇水，保持盆土湿润，但不能积水，否则易发生烂根现象。浇水时应注意叶丛的中心不能沾水，否则易使花芽腐烂。

④ 施肥。每半月施肥 1 次，花芽形成至开花前增施 1～2 次磷钾肥，也可在生长期使用 20-8-20 四季用高硝酸钾肥。

⑤ 温度。生长适温白天为 20～25℃，夜间 14～16℃，开花适温不低于 15℃，冬季休眠期适温为 12～15℃，低于 7℃ 则停止生长。非洲菊的花期调控比较容易，只要保持室温在 12℃ 以上，植株就不进入休眠，能继续生长和开花。

(7) 病虫害防治

① 枯萎病、叶斑病和白粉病：在室内盆栽时易发生，可用稀释 600 倍的 65% 代森锌可湿性粉剂喷洒。

② 红蜘蛛、蚜虫：危害叶片和花茎，可用稀释 2000 倍的 40% 氧化乐果乳油喷杀防治。

十一、红点草

(1) 科属　嫣红蔓科，枪刀药属。

(2) 别名　溅红草、粉点木、枪刀药、鹃泪草、嫣红蔓。

（3）产地与习性　原产于马达加斯加。不耐寒，耐半阴。红点草春季能开花，花色淡紫不显眼，通常以观叶为主，适合庭园点缀或小盆栽作室内植物观赏。

（4）外观形态　红点草为多年生草本植物，株高可达60厘米，盆栽为10～15厘米高。枝条伸长后呈半蔓性，茎节容易发根。叶对生，卵形或长卵形，叶面橄榄绿，叶腋易生短侧枝，布满粉红色或白色斑点，极似人工喷洒了油漆彩墨，风格异雅。有"粉霜""红霜""玫瑰红霜"及"白霜"等多个品种，如图7-11所示。

图7-11　红点草

（5）扦插繁育　在华南地区采用扦插育苗成活率高，全年均能育苗，但以春、秋两季为佳，发根适温为20～25℃。剪取顶芽或枝条，每段2～3节，扦插于河沙或以河沙、珍珠岩与细蛇木屑调制的培养土中，保持阴凉及湿度，3～4周时间发根。亦可将扦穗直接插入盆土中，使其成长，每5寸盆可插3～5枝。

（6）栽培管理

① 土质。栽培以排水良好的腐殖质壤土或沙质壤土为佳，若能用细蛇木屑50%、壤土30%、蛭石20%调制更理想。

② 浇水。红点草性喜高温多湿及半阴的环境，培养土要保持湿润。

③ 温度。生长适宜温度为 20～28℃，不耐寒，越冬温度需 12℃以上。

④ 施肥。红点草应预埋长效性肥料作基肥。追肥可用油粕、氮、磷、钾肥，每月施用 1 次。

⑤ 光照。红点草喜光照、部分遮阴或部分光照，栽培红点草时处于 50%～70% 的日照条件下最佳，忌强烈日光直射，但光线过分阴暗易徒长，叶色逐渐变绿，斑点逐渐淡化，失去美感。适当增加直射光还可增加叶片色彩。当植株老化时应施以强剪，促其萌发枝叶，矮化较美观。

（7）病虫害防治　红点草病虫害较少。

十二、藿香蓟

（1）科属　菊科，藿香蓟属。

（2）别名　藿香蓟、胜红蓟、一枝香。

（3）产地与习性　原产中南美洲，墨西哥。生于山谷、山坡林下或林缘、河边或山坡草地、田边或荒地上。由低海拔到 2800 米的地区都有分布。作为杂草已广泛分布于非洲全境、印度、印度尼西亚、老挝、柬埔寨、越南和中国等地，有栽培，也有归化野生分布的。藿香蓟喜光照充足环境，不耐寒，怕高温。排水良好的沙质壤土为好。

（4）外观形态　藿香蓟是一年生草本植物，高 50～100 厘米，有时又不足 10 厘米。无明显主根。茎部粗壮，基部直径 4 毫米，少有基部不足 1 毫米的纤细径，不分枝，常生不定根。全部茎枝淡红色，被短柔毛。叶对生，中部茎叶卵形或椭圆形，长 3～8 厘米，宽 2～5 厘米。全部叶基部钝或宽楔形。头状花序，花序径 1.5～3 厘米，少有排成松散伞房花序式的。花梗长 0.5～1.5 厘米，被尘球短柔毛。花冠长 1.5～2.5 毫米，外面无毛或顶端有尘状微柔毛，檐部 5 裂，淡紫色。瘦果黑褐色，5 棱，长 1.2～1.7 毫米，有白色稀疏细柔毛。冠毛膜片 5 或 6 个，长圆形，顶端急狭或渐狭成长或短芒状，或部分膜片顶端截形而无芒状渐尖；全部冠毛膜片长 1.5～3 毫米。花果期全年，如图 7-12 所示。

（5）扦插繁育　为了早成型早开花，可以采用扦插繁育。扦插

图 7-12　藿香蓟

育苗要准备大母株，冬天放温室内，早春采取健壮枝条，5～6 月剪取顶端嫩枝作插穗，插穗要求保留 2～4 片真叶，不留生长点，枝条长度为 5～6 厘米，剪口应在节下，随剪随插。扦插深度为插穗长的 1/3～1/2 高温季节，扦插后放阴凉处，防止高温和日晒。插后 15 天左右生根，可以分苗。扦插育苗除冬天低温外，其他生长季节均可进行，成活率高。

（6）栽培管理

① 湿度。喜欢湿润、半干燥的气候环境，要求生长环境的空气相对湿度在 50%～70%，空气相对湿度过低时下部叶片黄化、脱落，上部叶片无光泽。

② 温度。由于藿香蓟原产于亚热带地区，因此对冬季的温度的要求很严，当环境温度在 8℃ 以下时停止生长。藿香蓟不耐寒，在霜冻来临前要移入室内，放阳光充足地方，夜间温度应在 5℃ 以上，白天温度 10～15℃ 便能正常生长开花。

③ 光照。对光线适应能力较强。放在室内养护时，尽量放在有明亮光线的地方，如采光良好的客厅、卧室、书房等场所。在室内养护一段时间后（1 个月左右），就要把它搬到室外有遮阴（冬季有保温条件）的地方养护一段时间（1 个月左右），如此交替调

换，有利于生长。

④ 定植。藿香蓟幼苗出现 2～4 个分枝或 7～8 厘米时进行定植盆栽。4 寸花盆栽 1 株，盆土以农肥、园田土和细砂各 1/3，混合后过筛。小苗栽完后，盆土应压实，浇足水，放阴凉处，7～10天后移至阳光处。这时基本缓苗，开始正常生长。

⑤ 水肥。盆土表层发白见干时浇水或每隔 3～5 天浇 1 次水，每次浇水要足，不能浇半截水。进入高温季节，植株生长旺季，每天浇 2 次水。每 10～15 天浇 1 次稀饼肥水，并适当增施磷、钾肥。这样可使植株矮化，花多色艳，提高观赏价值。

⑥ 管理。藿香蓟花期长，要保持株形矮、紧凑，多花美观，必须进行多次摘心，一般要摘心打尖 3～4 次。如果需要形成圆整、饱满的株形，各分枝顶端都能形成花蕾，同期开花，使其枝叶繁茂，花多色艳。第一批花开过后，要及时整枝修剪，一般老枝保留5～6 厘米高，上部剪掉，同时疏剪过密枝条。然后要保证充足水分和肥料，促其萌发新枝，才能叶绿花鲜。

(7) 病虫害防治　常有根腐病、锈病和夜蛾、粉虱为害。

① 根腐病。用稀释 1000 倍的 10%抗菌剂 401 醋酸溶液喷洒。

② 锈病。用稀释 2000 倍的 50%萎锈灵可湿性粉剂喷洒。

③ 虫害。用稀释 1000 倍的 90%敌百虫喷杀。

十三、金莲花

(1) 科属　毛茛科，金莲花属。

(2) 别名　旱荷、旱地莲、旱莲花、寒荷、金疙瘩、陆地莲、金梅草。

(3) 产地与习性　原产南美秘鲁。在我国分布于东北、西北等地，河北、山西、河南北部，甘肃南部，四川西部、云南西北部和西藏东北部也有分布。喜温暖、湿润和阳光充足的环境。

金莲花是很好的装饰用花卉，也可构成窗景。具药用功能，可清热解毒，主治扁桃体炎、中耳炎。可用于急、慢性扁桃体炎，急性中耳炎，急性鼓膜炎，急性结膜炎，急性淋巴管炎等效果较好。

(4) 外观形态　金莲花为一、二年生草本植物。株高 30～100厘米。茎干柔软攀附。叶圆形似荷叶，花形近似喇叭，萼筒细长，常见黄、红、橙色。有变种矮金莲，株形紧密低矮，枝叶密生，株高仅达 30 厘米，极适宜盆栽观赏，花期 2～5 月，如图 7-13 所示。

图 7-13　金莲花

（5）扦插繁育　扦插繁殖常用于重瓣花品种，以春季 4～6 月室温 13～16℃时进行为宜。剪取充实健壮、带有 2～3 个叶片，长10 厘米的嫩茎枝蔓插入沙床，留顶端叶片，并遮阴喷雾，保持湿润，插后 15～20 天后开始生根。

（6）栽培管理

① 定植。插后 30 天后当真叶 3～4 片时便可定植移栽于 10～15 厘米盆中，吊盆以 15～25 厘米盆为宜，每盆分别栽 3～5 株苗。

② 土质。以疏松、中等肥力和排水良好的沙质壤土为宜。盆栽土以培养土和粗沙各半为好。

③ 温度。生长期适温为 18～24℃，冬季温度不低于 10℃，露地栽培时，10 月至第二年 3 月的适温为 4～10℃，3～6 月为 13～18℃。而室内栽培时，9 月至第二年 3 月的适温为 10～16℃，3～9 月需 18～24℃。夏季高温时，开花减少，冬季温度过低，易受冻害，甚至整株死亡。

④ 浇水。金莲花喜湿怕涝。生长期茎叶繁茂，需充足的水分，向叶面和地面多喷水以保持较高的空气湿度，有利于茎叶的生长。如果浇水过量、排水不好，根部容易受湿腐烂，轻者叶黄脱落而重者全株蔫萎死亡。同时雨季要及时开沟排水以防烂根。

⑤ 光照。金莲花属喜光性植物，冬季在室内栽培时，在充足的阳光下，开花不断，花色诱人。但夏季开花时，适当遮阴可延长观赏期。同时，金莲花的花、叶趋光性强，栽培或观赏时要经常更换位置，使其均匀生长。

⑥ 施肥。生长期时每半月施肥 1 次，或用"卉友" 20-20-20 通用肥。施肥不能过量，否则枝蔓徒长，反而影响开花。对已经衰老的植株，当气温达 10℃ 以上时，可在基部剪去上部枝叶，施入 20% 腐熟的人粪肥，放入 7℃ 左右的温室内，促使重新发枝，形成新株丛。

⑦ 整形。随着金莲花茎蔓的生长，可以造型，必须立支架，当幼苗长到 3～4 片真叶时进行摘心，使其多发侧枝，上架前除留主枝及粗壮侧枝外，绑扎枝蔓，并结合摘心，促使多分枝、多开花，扎成各种装饰形式。当茎蔓生长达 30～40 厘米时，可用 100 毫克/升多效唑叶面喷洒，促使矮化。花后把老枝剪去，待发出新枝开花。

(7) 病虫害防治

① 叶斑病、萎蔫病和病毒病。防治方法可用 50% 托布津可湿性粉剂 500 倍液喷洒。

② 蝼蛄、金针虫等地下害虫。易咬食其根状茎，造成断苗时，可用 50% 敌百虫乳油 30 倍液 1 千克与 50 千克炒香的麸皮拌匀撒于畦面诱杀。

③ 粉虱、红蜘蛛。危害时可用 40% 氧化乐果 1500 倍液喷杀。

④ 粉纹夜蛾、粉蝶。危害时用 90% 敌百虫原液 1000 倍喷杀。

十四、金鱼草

(1) 科属　玄参科，金鱼草属。

(2) 别名　龙头花、洋彩雀、狮子花、龙口花。

(3) 产地与习性　原产地中海一带。广西南宁有引种栽培。金鱼草喜阳光，也能耐半阴。阳光充足条件下，植株矮生，丛状紧凑，生长整齐，高度一致，开花整齐，花色鲜艳。较耐寒，不耐酷暑。适生于疏松肥沃、排水良好的土壤，在石灰质土壤中也能正常生长。

（4）外观形态 金鱼草为直立草本，茎基部有时木质化，高可达80厘米。茎基部无毛，中上部被腺毛，有时基部分枝。叶下部的对生，上部的常互生，具短柄；叶片无毛，披针形至矩圆状披针形，长2～6厘米，全缘。顶生总状花序，密被腺毛；花梗长5～7毫米；花萼与花梗基本等长，5深裂，裂片卵形，钝或急尖；花冠颜色丰富，从红色、紫色至白色，长3～5厘米，基部在前面下延成兜状，上唇直立，宽大，2半裂，下唇3浅裂，在中部向上唇隆起，封闭喉部，使花冠呈假面状；雄蕊4枚，2强。蒴果卵形，基部强烈向前延伸，被腺毛，顶端孔裂，如图7-14所示。

图7-14 金鱼草

（5）扦插繁育 扦插繁殖初夏剪取健壮嫩枝为插穗，用泥炭苔藓作基质，扦插时温度保持在20℃左右，扦插10～12天后生根。

（6）栽培管理

① 盆栽。盆栽金鱼草常用10厘米盆，播种苗发芽后6周即可移栽上盆。生长期温度保持在16℃左右，盆土湿润，且处于阳光充足的条件下。有些矮生品种播种后60～70天开花。高秆和中秆品种通过摘心促使多分枝、多开花。

② 土质。宜用肥沃、疏松和排水良好的微酸性沙质壤土。

③ 温度。9月至第二年3月的生长适温为7～10℃，3～9月为

13～16℃。在 5℃条件下幼苗完成春化阶段。高温对金鱼草生长发育不利，开花适温为 15～16℃。有些品种处于超过 15℃的环境中，植株不分枝，其株态发生变化。

④ 光照。金鱼草喜光，在阳光充足的条件下，植株矮生，丛状紧凑，生长整齐，高度一致，开花整齐，花色鲜艳。在半阴的条件下，植株生长偏高，花序伸长，花色较淡。对光照长短的反应不敏感，如花雨系列金鱼草对日照长短几乎无反应。

⑤ 浇水。金鱼草对水分比较敏感，盆土必须保持湿润，盆栽苗需充分浇水。但盆土排水性要好，不能积水，否则根系腐烂，茎叶枯黄凋萎。

⑥ 施肥。生长期每半月施肥 1 次，或使用"卉友"15-15-30 盆花专用肥。花后及时打顶，并增施肥料，气温在 13～16℃，能继续开花不断。

⑦ 花期调节通过喷洒生长调节物质来矮化植株和调节花期，在摘心后 10 天喷洒 $0.05\%\sim0.1\%$ 维生素 B_9，有显著矮化效果。幼苗期喷洒 $0.25\%\sim0.4\%$ 维生素 B_9，可提早开花，花朵紧密。若喷洒 $0.4\%\sim0.8\%$ 维生素 B_9 2～4 次，可推迟开花。

（7）病虫害防治

① 立枯病。苗期易发生，可用稀释 600 倍的 65% 代森锌可湿性粉剂喷洒或用稀释 500 倍的甲基托布津浇灌防治。

② 叶枯病、炭疽病。生长期易发生危害，可用稀释 800 倍的 50% 退菌特可湿性粉剂喷洒。

③ 蚜虫、夜蛾。用稀释 1000 倍的 40% 氧化乐果乳油喷杀。

十五、蓝花鼠尾草

（1）科属　唇形科，鼠尾草属。

（2）别名　一串兰、蓝丝线、粉萼鼠尾草。

（3）产地与习性　原产北美南部。喜温暖、湿润和阳光充足的环境。耐寒性较强，怕炎热、干燥，宜疏松、肥沃和排水良好的沙质壤土或腐叶土。

蓝花鼠尾草盆栽适用于花坛、花境和园林景点的布置。也可点缀岩石旁、林缘空隙地，显得幽静。摆放于自然建筑物前和小庭院，更觉典雅清幽。

（4）外观形态　兰花鼠尾草为草本植物，高度 30～60 厘米，植株呈丛生状，植株被柔毛。茎呈四角柱状，且有毛，下部略木质化，呈亚低木状。叶对生长，椭圆形，长 3～5 厘米，灰绿色，叶表有凹凸状织纹，且有折皱，灰白色，香味刺鼻浓郁。具有长穗状花序，长约 12 厘米，花小，紫色，花量大，花期夏季，如图 7-15 所示。

图 7-15　蓝花鼠尾草

（5）扦插繁育　春、夏季选取顶端嫩枝长 5～6 厘米，插于沙床，扦插后 15～20 天生根。

（6）栽培管理

① 土质。栽培土质以排水良好的肥沃壤土或砂壤土为佳。

② 定植。苗高 15 厘米时定植于 10 厘米盆内。

③ 温度。上盆后温度降至 18℃，过 1 个月可至 15℃。15℃ 以下叶黄或脱落，30℃ 以上则花叶小，停止生长。

④ 湿度。盆栽介质保持稍干非常重要，应设法保持叶面干燥，防止病害。

⑤ 管理。定植后 3 对真叶时留 1～2 对真叶摘心，促发侧枝。

⑥ 施肥。定植前若土壤混合有机肥，生长将更佳。1 周后正

常水肥管理，每 7～10 天浇 1 次复合肥液 $150×10^{-6}$（相当于 10 千克水放 1.5 克肥），每次浇水加入稀薄的有机肥液，保持盆土湿润。

生长期施用稀释 1500 倍的硫铵，以改变叶色，效果较好。低温下不要施用尿素。花前增施磷、钾肥 1 次，花后摘除花序，植株仍能抽枝继续开花。为使植株根系健壮和枝叶茂盛，不断施肥非常重要，用含钙镁的复合肥料 $100×10^{-6}$ 半个月施 1 次。

（7）病虫害防治　常有霜霉病、叶斑病和粉虱、蚜虫为害。

① 病害。用稀释 500 倍的 50% 托布津可湿性粉剂喷洒。

② 虫害。用稀释 1200 倍的 2.5% 鱼藤精乳油喷杀，也可每 10～15 天喷 1 次 2000 倍敌杀死或 1000 倍敌敌畏防虫。

十六、一串红

（1）科属　唇形科，鼠尾草属。

（2）别名　西洋红、爆竹红、墙下红、炮仗花、象牙海棠、象牙红。

（3）产地与习性　原产南美巴西。我国各地庭园中广泛栽培。喜温暖和阳光充足的环境。耐寒性差，耐半阴，忌霜雪和高温，怕积水和碱性土壤，生长适温 20～25℃。

（4）外观形态　一串红为多年生草本，常作一、二年生栽培，株高 30～80 厘米，方茎直立，光滑。叶对生，卵形，边缘有锯齿。轮伞状总状花序着生枝顶，唇形共冠，花冠、花萼同色，花萼宿存。变种有白色、粉色、紫色等，花期 7 月至霜降。小坚果，果熟期 10～11 月。因花呈小长筒状，色红艳而热烈，轮伞花序，花开时，总体像一串串红炮仗，故又名炮仗花，如图 7-16 所示。

（5）扦插繁育

① 扦插时间。一般于 5～6 月进行（根据用花需要，除严寒、酷暑季节外，在保护栽培下随时均可进行）。

② 插穗选择。从母株上剪取粗壮充实的枝条长 5～6 厘米，摘去顶端。

③ 扦插方法。将插穗插入消毒的腐叶土中，插穗所在的环境保持在 20℃ 左右，插入深度 1～2 厘米。

图 7-16　一串红

④ 扦插管理。插后浇透水，注意遮阳网遮阳，覆盖率在 80％以上。经常保持床土温润，插后 10 天发根，发根后用 50％覆盖率的遮阳网遮阳至秋凉。插后 1 个月后上盆定植。

10 月间在大棚内或温室内扦插，可提供春季或"五一"用花，此时的扦插苗在棚内度过严寒的冬天，与播种苗一样要做好保暖工作。

（6）栽培管理

① 定植。当扦插苗具 2 片真叶、已生根且叶腋间长出新叶时应及时盆栽。常用 10～12 厘米盆，移栽后 15～20 天时用 0.1％维生素 B_9 水溶液喷洒叶面，控制植株高度。同时，施用"卉友"20-20-20 通用肥。这样，正常生长 30～40 天即可开花。

② 土质。要求疏松、肥沃和排水良好的沙质壤土。对用甲基溴化物处理的土壤和碱性土壤反应非常敏感，适宜于 pH 值 5.5～6.0 的土壤中生长。

③ 温度。对温度反应比较敏感。种子在 21～23℃温度下发芽，低于 15℃很难发芽，20℃以下发芽不整齐。幼苗期在冬季以 7～13℃为宜，在 3～6 月生长期时以 13～18℃最好，温度超过 30℃，植株生长发育受阻，花、叶变小。因此，夏季高温期需降温或适当遮阴，来控制一串红的正常生长。长期在 5℃低温下，易受冻害。

④ 光照。一串红是喜光性花卉，栽培场地必须光照充足，这对一串红的生长发育十分有利。若光照不足，植株易徒长，茎叶细长，叶色淡绿，如长时间光线差，叶片变黄脱落。如开花植株摆放在光线较差的场所，往往花朵不鲜艳、容易脱落。对光周期反应敏感，短日照促进一串红花的开放。

⑤ 摘心。传统栽培中用摘心来控制花期、株高和增加开花数。幼苗盆栽后，待 6 片真叶时进行第一次摘心，促使分枝。生长过程中需进行 2～3 次摘心，使植株矮壮，茎叶密集，花序增多。但最后一次摘心必须在离盆花上市前 25 天结束。每次摘心后应施肥，见花蕾后增施 2 次磷钾肥。一串红种子易脱落，待花筒由红转白时采收种子，充分干燥后，放室内贮藏。

(7) 病虫害防治

① 叶斑病、霜霉病。可用稀释 500 倍的 65％代森锌可湿性粉剂喷洒。

② 银纹夜蛾、粉虱和蚜虫。可用稀释 2000 倍的 10％二氯苯醚菊酯乳油喷杀。

第二节　多年生类

一、天竺葵

(1) 科属　牻牛儿苗科，天竺葵属。

(2) 别名　石腊红、日烂红、绣球花、入腊红、洋绣球。

(3) 产地与习性　原产非洲南部。我国各地均有栽培。性喜阳光，喜温暖、湿润的环境，忌炎热，忌水湿，耐旱不耐寒。适宜肥沃、排水良好、疏松、富含腐殖质的微酸性土壤，在高温、积水条件下生长不利。对二氧化硫等有害气体有一定抗性。生长适温在 3～9 月为 13～19℃，冬季温度为 10～12℃，适应性较强，能耐 0℃低温。北方需在室内越冬，南方需置于阴棚下越夏。在 6～7 月呈半休眠状态，应严格控制浇水。单瓣品种需人工授粉，才能提高结实率。花后 40～50 天种子成熟。

天竺葵花色丰富花期又长，是优良的观赏植物，常用作盆栽、花坛或用于室内装饰。

（4）外观形态　亚灌木状多年生草木，全株有强烈气味，密被细柔毛和腺毛。茎直立、肉质、粗壮，基部稍木质化。单叶互生，稍被柔毛，稍带肉质，圆形或肾形，基部心形，边缘有锯齿并带有一马蹄形的暗红色环纹，稍揉之有鱼腥气味，易识别，掌状脉，叶缘 7～9 浅裂或波状具钝锯齿。顶生伞形花序，有总苞，花序柄长，有小花数朵至数十朵，花萼绿色，花瓣 5 或更多。有红、深红、桃红、玫红、白等色，花期 10 月至次年 6 月，如图 7-17 所示。

（5）扦插繁育

① 扦插时间。天竺葵除在 6 月、7 月植株处于半休眠状态外，均可进行扦插。扦插也可春秋两季结合修剪进行，夏季高温，插穗易发黑腐烂，以秋冬扦插为好。

② 插穗选择。插穗选长 10 厘米、生长势强、开花勤、无病虫害的植株顶端部嫩梢最好，去掉基部大叶，晾干数日使切口干燥形成薄膜。

③ 扦插方法。将插穗扦插于沙床或膨胀珍珠岩和泥炭的混合

图 7-17　天竺葵

基质中，注意勿伤插穗茎皮，且土壤不可太湿，以免腐烂。

④ 扦插管理。扦插后放于半阴处，室温保持在 20℃ 左右时，插后 1 个月就可生根。扦插过程中用 0.01％ 吲哚丁酸液浸泡插穗基部，可提高扦插成活率和生根率。

（6）栽培管理

① 定植。扦插苗根长 3～4 厘米时可盆栽，定植于 12 厘米或 15 厘米盆。

② 浇水。盛夏高温时，天竺葵处于半休眠状态，应严格控制浇水，如盆土过湿，叶片常发黄脱落。

③ 光照。定植后每天光照 14～18 小时，这样可以有效地控制天竺葵的高度，提供优质的商品盆花。冬春花期，植株应放在阳光

充足处，否则叶片易下垂转黄。雨雪天增加人工辅助光照，对开花更为理想。

④ 摘心。天竺葵苗高 12～15 厘米时进行摘心，促使产生侧枝。花谢后应立即摘去花枝，以免消耗养分，有利于新花枝的发育和开花。

⑤ 施肥。定植后 2 周，用 0.15％矮壮素或维生素 B_9 喷洒叶面，每周 1 次，喷洒 2 次。在茎叶生长期内每隔 10 天追施加 5 倍水的人畜粪尿液 1 次，夏季每天喷水 1～2 次，春秋季每天浇水 1 次。

茎叶过于繁茂时，需停止施肥，并适当摘去部分叶片，有利于开花。在花芽形成期，每 2 周加施 1 次磷肥，或"卉友"15-15-30盆花专用肥。

⑥ 管理。每年换 1 次盆，一般在 9 月进行。在换盆前进行修剪，剪后 1 周内不浇水一面剪口处腐烂。

（7）病虫害防治

① 红蜘蛛、粉虱。危害叶片和花枝，可用稀释 1000 倍的 40％氧化乐果乳油喷杀。

② 毛虫小羽蛾。可用 50％辛硫磷 800～1000 倍液或 10％～20％菊酯类 1000～2000 倍液喷洒杀灭。

③ 叶斑病、花枯萎病。生长期内如果通风不好或盆土过于潮湿时易发生，发现后应立即摘除以防感染蔓延，并喷洒等量式波尔多液防治。

二、四季秋海棠

（1）科属 秋海棠科，秋海棠属。

（2）别名 瓜子海棠、玻璃海棠、洋秋海、四季海棠、虎耳海棠。

（3）产地与习性 原产南美巴西。现我国各地均有栽植。四季秋海棠喜温暖湿润和阳光充足的环境，耐半阴，喜凉爽，怕干燥，忌积水，宜在疏松肥沃和排水良好的砂壤土中生长，夏天注意遮阴，通风排水。冬季温度不低于 5℃，生长适温 18～20℃。四季海棠对阳光十分敏感，夏季进行遮阳处理。室内培养的植株，应放在有散射光且空气流通的地方，晚间需打开窗户，通风换气。

四季秋海棠姿态优美，叶色娇嫩光亮，花朵成簇，四季开放，花叶竞艳，清丽高雅，且稍带清香，适合布置花坛或盆栽。

（4）外观形态　四季秋海棠为多年生肉质草本植物。株高15～30厘米。根纤维状，茎叶均为肉质，直立，无毛，有光泽，基部多分枝，多叶。叶互生，卵圆形或歪心形，长5～8厘米，叶缘有不规则缺刻，着生有细绒毛，两面光亮，绿色，但主脉通常微红。叶色因品种而异，有绿、红、铜红、褐绿等色，变化丰富，并具有蜡质光泽。花顶生或腋生，雌雄异花，雌花有倒三角形子房，雄花较大，有花被片4，雌花稍小，有花被片5，蒴果绿色，有带红色的翅。花期特长，几乎全年开花，但以秋末、冬、春三季较盛，如图7-18所示。

图7-18　四季秋海棠

（5）扦插繁育　春、秋季为扦插的最好时机，成长速度快，剪取顶端10厘米长嫩枝作为插穗，将插穗一半插于细沙或膨胀珍珠岩的沙床中，保持较高的空气湿度和20～22℃的室温，扦插后两周即可生根，若用0.005％吲哚丁酸处理插穗，可促进插穗生根。

（6）栽培管理

① 土质。盆栽宜用肥沃、疏松和排水良好的腐叶土或泥炭土，

pH 值 5.5～6.5 的微酸性土壤。

②温度。生长适宜温度为 18～25℃。冬季温度不低于 5℃，否则生长缓慢，易受冻害。夏季温度若超过 30℃，茎叶生长较差，呈半休眠状态。将枝条强剪并置于通风凉爽的半阴处过夏，秋季气温降低即进入生育期。但耐热品种前奏曲、鸡尾酒和安琪等系列，在高温下仍能正常生长。

③光照。对光照的适应性较强。四季秋海棠既能在半阴环境下生长，又能在全光照条件下生长。绿叶类在强光下生长，叶片边缘易发红，叶片紧缩；铜叶类则叶色加浓，具有光泽。

幼苗期或开花期如从弱光地区转移到强光地区需要一个适应过程，否则叶片容易卷缩，出现焦斑。光线不足，花色显得暗淡，缺乏光彩，茎叶易徒长、柔弱。

④浇水。生长期对水分的要求较高，保持温暖湿润和阴湿的环境，除浇水外，通过叶片喷水增加空气湿度是十分必要的。但盆内积水或空气过于干燥对生长发育极为不利，特别在苗期阶段，易招致幼苗腐烂和病虫危害。盆土需经常保持湿润或叶面多喷水。

⑤换盆。当真叶长到 1～2 片叶或根长 2～3 厘米时可上盆，盆栽每 4～5 寸盆植 1 株，花坛株距 20～30 厘米。四季秋海棠根系发达，生长快，每年春季需换盆，加入肥沃疏松的腐叶土。

⑥施肥。定植前，土中施足基肥。盆土用腐殖土砻糠灰、园土等量混合，加适厩肥、骨粉或过磷酸钙。在生长期 7～10 天施稀薄肥料 1 次，可用加 10～15 倍水稀释的人畜粪尿。初花出现后，增施一两次磷、钾肥。在生长期内需保持盆土湿润，每半月施肥 1 次。在花芽形成期，增施 1～2 次磷钾肥，或使用 20-20-20 通用肥，无土栽培时长期使用 15-15-18 无土栽培肥。

⑦整形。一般四季秋海棠作二年生栽培，2 年后需进行更新。通常要摘心 2～3 次，促其多生分枝。当苗高 10 厘米时开始第一次打顶摘心，压低株型，促使萌发新枝。同时，摘心 10～15 天后，喷洒 0.05%～0.1% 维生素 B_9 2～3 次，控制植株高度在 10～15 厘米。

(7) 病虫害防治

①叶斑病。可用 75% 百菌清可湿性粉剂 800 倍液喷洒。

② 白粉病。夏季通风不良是易发生，可用代森锌防治。

③ 虫害。蓟马、介壳虫和卷叶蛾，危害茎叶，可用 50% 杀螟松乳油 1500 倍液喷杀。

三、何氏凤仙

（1）科属　凤仙花科，凤仙花属。

（2）别名　苏丹凤仙、非洲凤仙、温室凤仙、玻璃翠、瓦勒凤仙、苏氏凤仙。

（3）产地与习性　原产非洲东部热带地区。现广泛栽培于世界各地。何氏凤仙喜冬季温暖、温润，夏季凉爽通风、日照充足的环境，不耐高温和烈日曝晒，不耐旱，不耐寒，不耐涝。越冬温度为 5℃ 左右，适宜生长的温度为 13～16℃，适宜疏松、肥沃、排水良好的腐殖砂壤土。

何氏凤仙枝叶碧绿，花朵繁多，色彩绚丽明快，周年开花，适合盆栽观赏，是目前园林中优美的盆栽和露地花卉，在国际上流行，是著名的装饰性盆花，也是常见的城市绿化景观用花。

（4）外观形态　多年生常绿草本，株高 30～100 厘米，全株光滑。茎直立，多汁，绿色或淡红色，半透明状，多分枝，无毛或稀在枝端被柔毛。单叶互生，叶片卵形至卵状披针形，两端尖，叶缘具圆齿，各锯齿间有 1 刚毛，叶柄长。花单生或 2 朵簇生叶腋，花形扁平，花径 4～4.5 厘米，花色丰富，花萼后延形成细长的距。花期 5～9 月。蒴果，椭圆形，如图 7-19 所示。

（5）扦插繁育　何氏凤仙室内栽培时，全年均可进行扦插繁殖，剪取健壮的枝条顶端 10～12 厘米，插入沙床，室温在 20～25℃ 条件下，插后 20 天即可生根，30 天可盆栽。插后注意庇荫、保湿。

（6）栽培管理

① 温度。何氏凤仙对温度的反应比较敏感，生长适温为 17～20℃。冬季温度要求在 10℃ 以上，越冬温度在 16℃ 以上可以开花；低于 12℃ 叶片变黄，下部脱落，5℃ 以下植株易受冻害。冬季应放在向阳的窗边，5～10 月可移至室外阳光下。夏季在阴棚下栽培，栽培花期室温高于 30℃，会引起落花现象。

图 7-19　何氏凤仙

②浇水。何氏凤仙对水分要求比较严格，幼苗期必须保持盆土湿润，切忌脱水和干旱。夏秋空气干燥时，应经常喷水，保持一定的空气湿度，对茎叶生长和分枝十分有利。但盆内不能积水，否则植株受涝死亡。

③光照。何氏凤仙在生长过程中，特别在夏季高温期和花期，要防止强光直射，应设遮阳网防止强光曝晒。冬季在室内栽培时，需充足阳光，但中午强光时适当遮阴，这有利于非洲凤仙叶片的生长和延长开花观赏期。

④土质。土壤宜用疏松、肥沃和排水良好的腐叶土或泥炭土，pH 值在 5.5～6.0 最合适。

⑤施肥。生长期可施用"卉友" 20-20-20 通用肥、15-15-30 的盆花专用肥或施用加水 10～15 倍稀释的腐熟饼肥澄清液。生长期常规栽培每半月施肥 1 次，花期增施 2～3 次磷钾肥。苗高 10 厘米时，摘心 1 次，促使萌发分枝，幼苗经 2～3 次适当摘心，使株形更加丰满、优美，促使其多开花。花后及时摘除残花，以免影响观赏性，若残花发生霉烂还会阻碍叶片生长。

(7) 病虫害防治　何氏凤仙易患白粉病、叶斑病、茎腐病。最好是以提前预防为好，环境要通风，有散射光或是半光。在春夏秋三季各用三唑酮 1000 倍液进行叶面喷雾，可有效防止白粉病的发生。如果已经发生病害，可每隔 7～8 天喷 1 次，连续 2～3 次即可痊愈。茎腐病可用 50％多菌灵可湿性粉剂 1000 倍液喷洒防治。虫害中最主要的是螨，即常说的红蜘蛛。红蜘蛛是一种刺吸式害虫，一旦发现虫害，可用扫螨净或螨虫清灭杀。何氏凤仙也易受蚜虫危害，可用稀释 3000 倍的 10％除虫精乳油喷杀。

四、虎尾兰

（1）科属　百合科，虎尾兰属。

（2）别名　虎耳兰、千岁兰、虎皮掌、虎皮兰。

（3）产地与习性　原产北非。现分布于非洲及亚洲的热带及亚热带地区。虎尾兰喜光照充足、湿润的气候，也耐阴，较耐旱，忌夏季曝晒。喜温暖，不耐寒，适温 20～30℃，低于 4℃受冻。能忍耐久旱的恶劣环境，但不耐寒。要求疏松、肥沃、排水良好的砂质壤土，黏土中也可生长。

虎尾兰叶片丛生，斑纹美丽，四季青翠，叶片竖挺、雅致，是优良的室内装饰盆栽花卉。

（4）外观形态　多虎尾兰为多年生常绿草本。具匍匐根状茎，地上无茎，叶自地下根状茎长出，簇生，叶片倒披针形或剑形，革质，高达 50 厘米，直立，狭长如剑，基部渐狭形成有槽的叶柄，先端渐尖，两面具浅绿和暗绿色相间的横带状斑纹，像虎尾，故称虎尾兰。表面具白粉。花淡绿色或白色，3～8 朵簇生，花葶与叶等长，可高达 80 厘米，排成总状花序，有香味。花期春夏季，浆果，如图 7-20 所示。

（5）扦插繁育　虎尾兰一般采用叶插法繁殖。5～6 月选取健壮叶片剪成长 6～10 厘米叶段，剪下后放置一段时间，使切口处阴干，待萎蔫后垂直插入沙土中，放遮阴处养护，保持湿润约经 1 个月生根成活。切记叶片有方向性，插叶时不可颠倒生长方向，若扦插反方向，则不能生根发芽。

（6）栽培管理

① 上盆。虎尾兰 3 月上盆或换盆。叶丛长满盆后及时换盆，并适当分株，以利生长。

② 土质。培养土以沙土和腐叶土按 1∶1 比例配制，可加入占

图 7-20 虎尾兰

盆土 3%的腐熟饼肥拌混合均匀使用。

③ 光照。常年可放于室内明亮处陈设，每天最好 3～4 小时光照，夏季避免中午阳光曝晒。

④ 温度。冬季入中温温室养护，室温不能低于 10℃。

⑤ 浇水。露天养护定期向叶面洒水。

⑥ 施肥。生长期可追施 1～2 次蹄角片液与麻渣液混合的液肥。

(7) 病虫害防治 虎尾兰生长期气温过高或湿度过大时易受叶斑病危害，在发病初期可喷施 1：1：100 波尔多液或 50%托布津可湿性粉剂 700 倍液，同时注意通风，降低空气湿度。

五、红掌

(1) 科属 天南星科，花烛属。

(2) 别名 哥伦比亚花烛、安祖花、火鹤花、红鹤芋、烛台花。

(3) 产地与习性 原产哥伦比亚西南部热带雨林。现欧洲、亚洲、非洲皆有广泛栽培。红掌性喜温暖、湿润及半阴环境。生长最低温度为 15℃，20～30℃生长最好。空气相对湿度应在 80%以上，忌阳光直射，夏季需遮光 50%，光线过强会使叶片泛黄乃至变白。

要求排水、通气良好的环境，不耐盐碱、不耐寒。春、夏季正值生长旺季，有利于小苗快速生长；秋冬季室温如能保持在 20℃ 也可进行。

红掌花苞艳丽，植株美观，观赏期长，宜盆栽观赏，可在室内的茶几、案头做装饰花卉，亦是良好的切花材料。

（4）外观形态　红掌为多年生常绿草本，株高 30～70 厘米，具肉质根，无茎，叶自短茎中抽生，革质，单生，心形，叶片长圆状心形或卵圆形，深绿色，叶柄坚硬细长，叶脉凹陷。花顶生，佛焰苞片具有明亮蜡质光泽，肉穗花序圆柱形，直立。同类品种繁多，花色有红、桃红、朱红、白、红底绿纹、鹅黄色等，苞片有大小等变化。花期持久，全年均可开花，但以春至秋季较盛。初看好像人造假花，花姿奇特美妍，切花寿命长达 30 天以上，为插花的高级花材，如图 7-21 所示。

图 7-21　红掌

（5）扦插繁育

① 插前准备。红掌扦插前先更换盆、土，以便储存更多的养分，为以后繁殖打下良好基础。

② 插穗选择。选取不少于 5 片叶的一年生无病虫害、生长健壮的小苗，将其从原盆中扣出，去掉原土，选择花根多的为好，根太少或烂根者不宜选用。

③ 扦插过程。用新的 4.5 寸素烧泥盆，浸透水后待用，可用 1 份腐熟的马粪土、1 份腐叶土、1 份河沙或细炉渣混合的培养土。盆底用瓦片垫孔，放稍大些的沙粒或炉渣以利于透气排水，再放少量培养土，然后栽植选好的小苗，浇透水。

④ 扦插管理。置于背阴处或散射光下养护 3～5 天，然后见光转为正常养护。换盆 2 周后，如小苗能够正常生长，即可进行平削繁殖，平削前少浇水，盆土以偏干为好。

⑤ 扦插方法。平削繁殖是将换土后生长良好的小苗，用利刀从叶柄下端距离根部 2～3 毫米处平行削下全部的叶片，如位置太高影响新芽萌出，太低会损坏根部。将备好的两根木条平行放在盆口上，再将玻璃或薄膜覆盖在木条上，不要封紧，以利于通风。用玻璃覆盖的目的主要是防治灰尘或其他污物落入平削的伤口上，引起感染腐烂。如在花房内平削，因湿度大、粉尘少，可以不盖玻璃。

小苗平削后，将花盆放在散射光下，注意控水、控肥，盆土以偏干为好，水大容易烂根，但也不能失水。浇水时沿盆边浇入，切勿把水淋在平削的伤口上，可先在大一点的盆中装入水，然后将花盆坐入，浸透后拿出，这样效果更好。平削 1 周后，伤口愈合，可把盖在盆口上的玻璃或薄膜去掉。再经 20 天左右的养护，在愈合的伤口处长出新的芽点，即已成活，可适当增加浇水量，多见光，同时施 1 次以氮肥为主、磷钾肥兼顾、经充分发酵的稀薄液肥，宁稀勿浓，宁少勿多，以后每隔一周施 1 次，促其快速生长。

(6) 栽培管理

① 土质。栽培质可用园土、腐熟的松针叶土和珍珠岩等混合配制。

② 施肥。生长季节每月施 0.2% 的尿素水溶液 1 次。

③ 浇水。红掌栽培成功的关键在于保持适宜环境湿度，栽培质应经常保持湿润。除正常浇水外，每天应喷水 1～2 次，10 月移温室弱光处，控制浇水。

(7) 病虫害防治　常见病虫害有疫病、根腐病、红蜘蛛。

① 疫病。用阿特菌防治。

② 根腐病。用普克菌防治。

③ 红蜘蛛。用三氯杀螨醇、遍地克、氧化乐果和氟氯菊酯、杀蜻剂等喷杀。

六、虾衣花

(1) 科属　爵床科，麒麟吐珠属。

(2) 别名　虾夷花、麒麟吐珠、虾衣草、虾黄花、狐尾木。

(3) 产地与习性　原产墨西哥。现在世界各地皆有栽培。虾衣花性喜温暖湿、光照充足、通风良好环境，稍耐阴，忌阳光曝晒，喜湿润，具有一定耐寒性，宜富含腐殖质的砂壤土。最低温度需要在 5～10℃，适合生长温度 18～28℃。

虾衣花花形奇特、常年开花，是室内盆栽的佳品。在长江以南地区可露地栽培，用于花坛、路边、林缘等处。

(4) 外观形态　虾衣花为常绿亚灌木，株高 1～2 米，全株具毛。茎柔弱，多分枝，圆形，细弱，茎节部膨大，嫩茎节基红紫色。单叶对生，卵圆形或椭圆形，先端尖，基部楔形，全缘，有毛。顶生穗状花序，长 6～15 厘米，侧垂，苞片多数而重叠，具棕色、红色、黄绿色、黄色的宿存苞片，形色如同虾衣，是主要观赏部位。花冠细长，超出苞片之外，白色，唇形，下唇 3 浅裂，具 3 条紫色斑纹，上唇稍 2 裂，花萼白色，具稀疏柔毛。花期长，四季开花不断，虾衣花常年开花不断，以 4 月、5 月最盛。蒴果。果期全年，如图 7-22 所示。

(5) 扦插繁育　虾衣花蒴果不易成熟，种子难得，少用播种繁殖，常用扦插繁殖。只要温度适宜，全年均可进行，一般在 6 月花后，结合修剪进行。选取当年生健壮的 2～3 个节间的穗条作插穗，截为 10 厘米左右，插入洁净河沙中，老枝或嫩枝扦插均可，在同等温度条件下，嫩枝生根较快。黄沙、蛭石或珍珠岩均可作为扦插基质，嫩枝扦插要对基质严格消毒。在 20～25℃下，约半月后生根。

(6) 栽培管理

① 土质。盆土用园土 6、腐叶土 2 和沙土 2 的比例配制。

② 上盆。插穗生根后，及时移栽上盆，将盆摆放于稍阴、通风良好的地方。待新叶长出后，移向阳光充足的地方，次年即可开花。

图 7-22　虾衣花

③ 温度。10 月移入温室栽培。室温保持 15℃，冬季可继续开花。

④ 施肥。生长期每 2 周施 1 次加 5 倍水的人畜粪尿液或加 20 倍水稀释的腐熟饼肥上清液，并合理增施 5％磷酸二氢钾，以控制植株徒长。

⑤ 修建。花期之后，应及时修剪，剪除花序，避免养分损耗，并促发新枝。盛夏忌阳光曝晒。为使植株饱满，可多次摘心。

(7) 病虫害防治　虾衣花抗性强，其病虫害少。温室栽培中应注意防治介壳虫、红蜘蛛危害。

① 红蜘蛛。可用柑橘皮加水 10 倍左右浸泡 24 小时，过滤之后用滤液喷洒植株。

② 介壳虫。可用白酒兑水，比例为 1∶2，治虫时，浇透盆土的表层。

七、爆竹花

(1) 科属　玄参科，爆仗竹属。

(2) 别名　爆仗花、鞭炮花、吉祥草。

(3) 产地与习性　原产美洲热带墨西哥。爆竹花性喜温暖、湿润环境，喜好阳光，光照越强开花越好。不耐寒，忌涝。对土壤要求不严，但以排水良好、疏松肥沃的土壤为宜。温室栽培越冬最低温度 12℃。

爆竹花红色筒状花形如吊挂的成串鞭炮，美丽悦目，主要用于盆栽观赏。

（4）外观形态　爆竹花为常绿半灌木，株高 0.6～1 米，直立，全体无毛，茎细，柔韧、多分枝，枝上具纵棱，绿色，全株披散状。单叶对生或轮生，常退化成鳞片状，聚伞花序着生枝顶，有时花单生，小花下垂，花 5 裂，花冠筒状柱形，边缘呈唇形，红色，由于花筒下垂，密挂于枝头上、不见绿爆竹花叶，只见红筒成串，如爆竹状，故名。花期 5～11 月。蒴果近球形，如图 7-23 所示。

图 7-23　爆竹花

（5）扦插繁育　爆竹花可扦插、压条、分株繁殖，其中以扦插繁殖为主。扦插繁殖宜在春、夏两季进行。多选取 1 年生的粗壮枝条作插穗，将枝条剪成 10～15 厘米的段扦插于沙床上喷雾保湿，湿度保持在 80%～90%，庇荫，温度保持在 20℃ 以上时，20～30 天即可生根发芽成活。当长出 3 片真叶后移入苗圃培育。1 年生苗即可定植，第二年可开花。也可用老茎扦插，选用基部抽生粗壮、长达 2 米以上的老茎，扦插于肥沃的沙壤土中，保持半阴，50～60 天开始发根，当年秋、冬即可带土定植。

（6）栽培管理

① 浇水。爆竹花怕水涝，稍耐旱，移栽后不宜多浇水，浇水做到见干见湿，既不能长期积水，也不能过于干旱，以保持盆土湿润而不积水为佳。空气干燥时可向植株喷水，以增加湿度。

② 光照。生长期应保持充足光照，盛夏也不必遮阴。

③ 温度。秋末入温室，越冬温度维持 8℃以上即可。

④ 施肥。夏季每 20 天追施 1 次 5%的磷酸二氢钾，生长期每10 天左右施 1 次腐熟的薄饼肥。

（7）病虫害防治　爆仗花主要的病虫害有蚜虫、圆形盾蚧和黑毛虫等危害。

八、水竹

（1）科属　禾本科，刚竹属。

（2）别名　伞草、风车草。

（3）产地与习性　原产西印度群岛。现各地广泛栽培。水竹性喜温暖、潮湿及通风透光良好的环境，不耐寒，耐阴性极强，忌曝晒，对土壤要求不严，喜腐殖质黏性湿润土。生长适温 15～20℃，冬季适温为 7～12℃。

水竹姿态优美，叶形奇特，是较好的观叶花卉，比较适合室内栽培。除一般盆栽外，还可以制作盆景，也可用作插花的常用配材。温暖地区可丛植于水池中、溪岸边，极富自然情趣。

（4）外观形态　水竹多年生常绿草本，株高 60～120 厘米。具块状地下茎，茎秆丛生，三棱形，直立无分枝，叶退化为鞘状，棕色，包裹茎秆基部，总苞叶伞状着生秆顶，带状披针形，穗状花序着生于茎顶，花淡紫色，花期 6～7 月，花小，无花被，果熟期 9～10 月。变种花叶伞草，叶和茎上具白色条纹，如图 7-24 所示。

（5）扦插繁育　水竹扦插繁殖四季均可，且简单易操作。在4～5 月剪取健壮顶生茎，留茎 3 厘米，对伞状叶略加修剪，并将轮生的叶剪短一半，以减少水分蒸发，然后扦插于沙或蛭石中，使叶片贴在基质上，叶上略盖一层沙，浇透水，以后保持基质湿润，插后约 10 天开始生根，再移栽上盆。用水插也容易成活。

图 7-24 水竹

（6）栽培管理

① 施肥。生长期每 2 周施 1 次腐熟的饼肥水澄清液加水 50 倍配制的稀释饼肥水。

② 浇水。并经常保持盆土潮湿，盆土水分不足叶易变黄枯萎。

③ 光照。刚上盆的植株要予以庇荫。夏季避免强光直晒。要经常修剪枯枝败叶。

④ 温度。冬季应移入不低于 5℃ 的室内越冬。

（7）病虫害防治　常发生叶枯病和红蜘蛛危害。

① 叶枯病。可用 50% 托布津 1000 倍液喷洒。

② 红蜘蛛。用 40% 乐果乳油 1500 倍液喷洒。

九、西瓜皮椒草

（1）科属　胡椒科，草胡椒属。

（2）别名　无茎豆瓣、绿豆瓣绿椒草。

（3）产地与习性　原产美洲和亚热带地区。西瓜皮椒草喜温暖、多湿及半阴环境。喜疏松、排水透气良好的土壤，耐寒性稍弱，冬季温度应保持在 8℃ 以上。生长适温 20～25℃，超过 30℃ 和低于 15℃ 则生长缓慢。

西瓜皮椒草株形矮小，生长繁茂，宜作盆栽摆设或吊挂欣赏。

(4) 外观形态 西瓜皮椒草为多年生常绿草本植物。茎短，丛生，叶柄红褐色。叶卵圆形，尾端尖，长约 6 厘米，叶脉由中央向四周辐射，主脉 8 条，浓绿色，脉间为银灰色，状似西瓜皮，故而得名。穗状花序，花小，白色，如图 7-25 所示。

图 7-25 西瓜皮椒草

(5) 扦插繁育 西瓜皮椒草常用叶插法繁殖。叶插于春夏季选取生长成熟、健壮充实的叶片，将叶柄斜插于沙床中，叶柄与苗床的角度为 35°～45°，基质用洗净的河砂配上 20%～30% 的蛭石。保持湿润，置于半阴处，气温 25～28℃ 条件下，约 1 个月可发根出苗。也可将叶片纵切成 2 片直接插入苗床。

(6) 栽培管理 夏秋高温干旱季节应注意经常给叶面喷雾，以保持叶面湿润。浇水过多，茎叶易腐烂。宜施用三要素等量的肥料，氮肥过多易造成斑纹不显著而影响观赏价值。

(7) 病虫害防治 西瓜皮椒草病虫害较少。叶斑病较为常见，虫害主要有红蜘蛛、介壳虫多见。应注意栽培场所、盆罐等和用土的消毒。

① 叶斑病。可喷施多菌灵、敌力脱等防治。

② 根颈腐烂病、栓痂病可喷波尔多液控制病害蔓延。

③ 红蜘蛛。可用三氯杀螨醇、尼索朗喷杀。

④ 介壳虫。可用杀扑磷、毒死蜱喷杀。

十、瓜叶菊

(1) 科属 菊科，瓜叶菊属。

(2) 别名 黄瓜花、富贵菊。

(3) 产地与习性 原产欧洲地中海沿岸。大西洋加那利群岛也有分布。中国各地公园或庭院广泛栽培。性喜温暖、湿润和阳光充足的环境。不耐高温，怕霜雪，怕强光直射或光照不足。宜疏松、排水良好的腐叶土。

瓜叶菊花色美丽鲜艳，色彩多样，是一种常见的盆景花卉和装点庭院居室的观赏植物。园艺品种极多，大致可分为大花型、星形、中间型和多花型四类，不同类型中又有不同重瓣和高度不一的品种。

(4) 外观形态 瓜叶菊为多年生草本植物。茎直立，高 30～70 厘米，被密白色长柔毛。叶具柄，叶片大，肾形至宽心形，长 10～15 厘米，宽 10～20 厘米，基部深心形，顶端急尖或渐尖，上面绿色，下面灰白色，被密绒毛；叶脉掌状，在上面下凹，下面凸起，叶柄长 4～10 厘米，基部扩大，抱茎；上部叶较小，近无柄。头状花序直径 3～5 厘米，在茎端排列成宽伞房状，多数；花序梗粗，长 3～6 厘米；总苞钟状，长 5～10 毫米，宽 7～15 毫米；总苞片 1 层，披针形，顶端渐尖。瘦果长圆形，长约 1.5 毫米，具棱，初时被毛，后变无毛。冠毛白色，长 4～5 毫米。花果期 3～7 月。小花呈紫红色、淡蓝色、粉红色或近白色，如图 7-26 所示。

(5) 扦插繁育 瓜叶菊重瓣品种以扦插为主，在植株上部剪去后，取茎部萌发的强壮枝条或嫩芽，在粗沙中扦插。

(6) 栽培管理 扦插苗生根后于 10 月左右可定植于 10～12 厘米盆中，定植时应施足基肥。养护过程中注意转盆，使植株不偏向生长，并随着植株长大调整盆距，使其通风透光。盆栽瓜叶菊每半月施肥 1 次，并放在 10℃条件下，让其花芽分化，当花蕾出现后，增施 1～2 次磷、钾肥。室温不宜过高，以 15～18℃为宜。湿度不可太高，否则叶片易徒长。花期适当遮阳，降低室温，可延长观赏期。

图 7-26　瓜叶菊

（7）病虫害防治　常见白粉病和蚜虫为害。

① 白粉病。用稀释 600 倍的 65％代森锌可湿性粉剂喷洒。

② 蚜虫。可用稀释 1500 倍的 40％乐果乳油喷杀。

十一、钓钟柳

（1）科属　玄参科，钓钟柳属。

（2）别名　象牙红。

（3）产地与习性　原产墨西哥和危地马拉。喜温暖、空气湿润、阳光充足和通风良好的环境。耐寒性差、耐半阴，忌炎热干燥和酸性土壤，宜肥沃、疏松和排水良好的石灰质沙质壤土。喜凉爽、湿润，适宜在北方生长。

（4）外观形态　钓钟柳为多年生草本植物，具有圆锥形花序，钟状花，混色。茎光滑，稍被白粉。全株被绒毛，叶披针形。花单生或 3～4 朵生于叶腋与总梗上，呈不规则总状花序，花冠筒长约 2.5 厘米，组成顶生长圆锥形花序，花紫、玫瑰红、紫红或白等色，具有白色条纹。花期 5～6 月或 7～10 月。钓钟柳常作一年生栽培，株 30～50 厘米。茎光滑，稍被白粉。叶对生，基生叶卵形、茎生叶披针形，全缘。聚伞圆锥花序顶生，花冠筒状唇形，花为红、蓝、紫、粉等颜色。枝条直立，丛生性强，基部常木质化，单叶对生，卵形窄卵状披针形，叶缘有细锯齿。圆锥状总状花序。小花钟状唇形花冠，上唇 2 裂，下唇 3 裂，花朵略下垂，如图 7-27 所示。

图 7-27　钓钟柳

（5）扦插繁育　钓垂柳的优良品种于秋季 10 月左右选取生长强健的花后嫩枝梢，剪成长 10～12 厘米的插穗，切口部位用多菌灵或克菌丹消毒后，插入已消过毒的素沙插床或塌盆内。保持湿度并适当遮光，插后 30 天左右即可生根。

（6）栽培管理

① 上盆。生根的植株可上盆定植于 10 厘米盆中，若作花坛地栽，可在第二年解冻后 3～4 月脱盆定植于地。

② 施肥。生长期时每半月施肥 1 次，花前增施磷、钾肥 1～2 次。

③ 浇水。盆土保持湿润，防止积水。

④ 修剪。秋、冬季剪除枯枝，并进行换盆或重新栽植。

（7）病虫害防治　常发生叶斑病、锈病为害，春季首先对病枝进行环状剥皮，能防止病原体向其他部位转移、扩散，达到防治效果。

① 叶斑病。用稀释 600 倍的 65％代森锌可湿性粉剂或四环素族抗生素 4000 倍液喷洒。

② 锈病。用稀释 2000 倍的 50％萎锈灵可湿性粉剂喷洒。

③ 蚜虫、象甲。用稀释 1500 倍的 40％氧化乐果乳油喷杀。

十二、蒲包花

(1) 科属　玄参科，蒲包花属。

(2) 别名　荷包花。

(3) 产地与习性　蒲包花原产墨西哥、秘鲁、智利等地区。印度东北、孟加拉、不丹、中南半岛、马来西亚、日本以及我国江南、西南地区也有分布。性喜凉爽、湿润和通风的气候环境，惧怕高热、忌寒冷、喜光照，但栽培时需避免夏季烈日曝晒，需蔽荫，在 7～15℃条件下生长良好。15℃以上营养生长，10℃以下经过 4～6 周即可花芽分化。

(4) 外观形态　蒲包花属多年生草本植物，在园林上多作一年生栽培花卉，全株茎、叶、枝上均有细小茸毛，叶片对生卵形。花形别致，花冠二唇状，上唇瓣较小且直立，下唇瓣膨大似蒲包状，中间形成空室，柱头着生于两个囊状物之间。花色变化丰富，单色品种有红、黄、白等深浅不同的花色，复色则在各底色上着生褐红、橙、粉等斑点，如图 7-28 所示。

图 7-28　蒲包花

(5) 扦插繁育　剪取嫩枝，插入泥炭和蛭石基质中，12～15 天后生根，成活率较高。扦插生根成活后定植在 10～15 厘米盆中。

（6）栽培管理

① 土质。蒲包花对土壤要求严格，以富含腐殖质的砂土为好，忌土湿，有良好的通气、排水的条件，以微酸性土壤为好。常用培养土、腐叶土和细沙组成的混合基质，pH 值在 6.0～6.5 之间比较适宜。

② 温度。蒲包花喜冷凉、怕高温，在幼苗期白天温度 20℃，晚间温度 10℃。盆栽苗在冬季的生长温度为 7～10℃，春季温度为10～13℃。冬季温度不低于 3℃。温度超过 20℃时对蒲包花的生长和开花不利。植株最佳的花期温度在 10℃左右时可延长蒲包花的观赏期。为适当降低温度，中午常采取遮阴措施。

③ 光照。蒲包花属长日照花卉，对光照的反应比较敏感。幼苗期需明亮光照，叶片发育健壮，抗病性强，但强光时适当遮阴保护，创造通风凉爽的环境。特别是春季开花后到 5～6 月种子成熟时，更要做好通风工作，并于中午遮阴，利于种子发育成熟。如需要促成栽培，每天补充光照 6～8 小时，可提早开花。在生长期内注意通风和遮阴，防止虫害发生和灼伤叶片。

④ 浇水。盆栽蒲包花对水分比较敏感，盆土必须保持湿润，特别在茎叶生长期，若盆土稍干，叶片很快萎蔫，但盆土过湿再遇室温过低或开花时浇水过多，根系容易腐烂。一般在盆土干时才浇水，如果在温室内，经常喷水增加空气湿度则更好。浇水切忌洒在叶片上，如水积聚在叶片及芽上，极易造成烂叶。抽出花枝后，盆土可稍干燥，但不能脱水，这有助于防止茎叶徒长。

⑤ 施肥。花前生长季节每 10～15 天施腐熟饼肥水 1 次（稀释10 倍），初花期增施以磷为主的肥料，氮肥不能过量，否则易引起茎叶徒长和严重皱缩。当抽出花枝后增施 1～2 次磷钾肥。同时，及时摘除叶腋间的侧芽，否则侧生花枝过多，不仅影响主花枝的发育，还造成株型不正，缺乏商品价值。施肥不可让肥水污染叶片，以免烂心烂叶。

⑥ 整形。在规模化生产时，当主芽由基生开始转向高生长时，可用 0.2%～0.3%矮壮素喷洒叶面 1～2 次，来控制植株徒长，压低株型。盛花期，严格控制浇水，室温维持在 8～10℃，并进行人工授粉，可提高结实率。结实期气温渐高，采取通风、遮阴等降温

措施，使果实充分成熟，否则高温多湿，未等果实成熟，植株已枯萎死亡。

（7）病虫害防治

① 根叶腐烂病。在高温多湿条件下易引起此类生理性病害，可用等量式波尔多液喷洒预防。生长期必须注意通风和遮阴。

② 蚜虫、红蜘蛛。危害花枝和叶片，可用40％乐果乳油稀释1500倍喷杀防治。

十三、网纹草

（1）科属　爵床科，网纹草属。

（2）别名　银网草、费道花。

（3）产地与习性　原产南美秘鲁的热带地区。在南亚、中南半岛、非洲、巴西和中美洲等地区也有分布。网纹草喜高温多湿和半阴环境。网纹草属高温性植物，对温度特别敏感，生长适温为18～24℃。冬季温度不低于13℃网纹草以散射光最好，忌直射光。土壤宜用含腐殖质丰富的砂质壤土。冬季或阴雨天，盆土可稍干燥些，空气湿度可适中些。

（4）外观形态　网纹草为多年生常绿草本。植株低矮，高5～20厘米，呈匍匐状蔓生。匍匐茎节易生根。叶十字对生，卵形或椭圆形，叶柄、茎枝、花梗均密被茸毛，叶面密布红色或白色网脉。红色叶脉纵横交替，形成网状。顶生穗状花序，花黄色，如图7-29所示。

（5）扦插繁育

① 扦插时间。网纹草在适宜温度条件下，全年均可以扦插繁殖，其中以5～9月温度稍高时扦插效果最好。

② 扦插方法。从长出盆面的匍匐茎上剪取长10厘米左右、带有3个叶节、去除下部叶片的枝条作为插穗，也可以用顶梢作为插穗，稍晾干后插入沙床。

③ 扦插管理。扦插时温度控制在24～30℃，插后7～14天可生根。若温度过低时，插穗生根困难。通常在插后1个月左右可以移栽上盆。

（6）栽培管理

图 7-29 网纹草

① 上盆。盆栽网纹草用 8～10 厘米盆或 12～15 厘米吊盆。上盆用的基质可以选用以下任意一种。a. 锯末＋蛭石＋中粗河沙＝2 份＋2 份＋1 份；b. 菜园土＋炉渣＝3 份＋1 份；c. 草炭＋珍珠岩＋陶粒＝2 份＋2 份＋1 份。也可用椰壳、珍珠岩混合基质进行无土栽培。其中以富含有机质、通气保水的沙质壤土最佳，用泥炭种植也很好，有助于根部经常保持湿润。在 10 厘米盆中栽 3 棵扦插苗，在 15 厘米吊盆中栽 5 棵扦插苗。

② 基质。家庭扦插限于条件很难弄到理想的扦插基质，建议使用已经配制好并且消过毒的扦插基质；用中粗河砂也行，但在使用前要用清水冲洗几次。但海砂及盐碱地区的河砂不能使用，它们不适合花卉植物的生长。

③ 温度。网纹草属高温性植物，对温度特别敏感，生长适温为 18～24℃。冬季温度不低于 13℃，13～16℃可维持正常生长，当温度在 13℃以下，植株停止生长，部分叶片开始脱落，但茎干不会受冻，如温度回升到 18℃以上，可继续萌发新叶。若温度低于 8℃，植株受冻易死亡。

④ 光照。以散射光最好，忌直射光。夏季需设遮阳网，以 50％～60％遮光率最适宜。冬季需充足的阳光，中午时稍遮阴保

护，雨雪天应增加辅助光。生长在适宜光照条件下的植株叶片生长健壮，叶色鲜艳。

⑤ 施肥。网纹草对肥水要求多，但怕乱施肥、施浓肥和偏施氮、磷、钾肥，要求遵循"淡肥勤施、量少次多、营养齐全"的施肥原则。生长期每半月施肥 1 次。由于枝叶密生，施肥时注意肥液勿接触叶面，以免造成肥害。也可施用"卉友"20-20-20 通用肥，对网纹草生长更为有利，植株更加干净清洁。

（7）病虫害防治　网纹草常见病害有根腐病和叶腐病。虫害有蜗牛和介壳虫、红蜘蛛危害。

① 根腐病。用链霉素 1000 倍液浸泡根部杀菌。

② 叶腐病。用 25％多菌灵可湿性粉剂 1000 倍液喷洒防治。

③ 蜗牛。可以人工捕捉或用灭螺丁诱杀。

④ 介壳虫、红蜘蛛。可用 40％氧化乐果乳油 1000 倍液喷杀。

十四、旋果苣

（1）科属　苦苣苔科，旋果苣属。

（2）别名　好望角苣苔、扭果花。

（3）产地与习性　旋果苣原产非洲南部。喜凉爽、湿润和半阴环境。旋果苣的生长适温为 10～18℃，旋果苣对水分比较敏感，叶片生长期可多，浇水，保持盆土稍湿润。旋果苣属耐阴性花卉，生长期需遮阴 50％～60％，强光直射往往叶片灼伤。土壤以肥沃、疏松和排水良好的腐叶土最适宜。盆栽可用腐叶土或泥炭土加少许粗沙。

（4）外观形态　旋果苣为多年生草本植物，无茎，莲座状叶丛，基生。叶片卵状长圆形，有圆齿，叶面起皱，两面多毛。花 1～2 朵，筒状，有白、蓝、粉红等色，深色条纹直达喉部。蒴果扭曲。旋果苣花形别致，花色清雅，是著名的室内小型盆栽观赏植物。常见品种有蓝天使，花蓝色，花径 3 厘米，适用吊盆栽培，室内周年开花，如图 7-30 所示。

（5）扦插繁育　旋果苣繁殖常以叶插为主。除夏季高温和盛花期外，均可扦插。选择健壮成熟叶片插于沙床，1/3 插入沙中，保持室温 16～18℃和较高空气湿度，播后 20～30 天开始生根，40 天

图 7-30　旋果苣

后可栽于 10 厘米盆中。

（6）栽培管理

① 定植。当苗高 7～8 厘米时定植于 10～12 厘米盆中。

② 土质。以肥沃、疏松和排水良好的腐叶土最适宜。盆栽可用腐叶土或泥炭土加少许粗沙。

③ 温度。旋果苣生长适温为 10～18℃，其中在 4～10 月为 13～18℃，10 月至第二年 4 月为 5～10℃。冬季温度不低于 5℃，否则容易受冻害。夏季温度超过 25℃，叶片停止生长、不开花。

④ 光照。旋果苣属耐阴性花卉，在生长期需遮阴 50%～60%，强光直射往往容易引起叶片灼伤，轻者叶片边缘呈红色，重者叶片焦枯。但如果遮阴过度，会使开花减少，花色暗淡不鲜艳。

⑤ 浇水。旋果苣对水分比较敏感，在叶片生长期可多浇水，保持盆土稍湿润。但冬季植株处于半休眠状态时，应严格控制水分，如果盆内水分过大，容易根部腐烂，甚至造成全株死亡。

⑥ 施肥。旋果苣在生长期内应每 10 天施肥 1 次，施肥时应将叶片提起，不能施入叶面或者叶丛中央，否则叶片容易产生焦斑和腐烂。施肥也可使用"卉友"15-15-30 盆花专用肥。

⑦ 管理。旋果苣室内栽培时应注意通风，否则容易遭受病虫

害。每 2～3 年后需要用新株替换旋果苣的老株。

（7）病虫害防治　褐斑病和介壳虫为常见病虫害。褐斑病用等量式波尔多液喷洒 2～3 次防治。介壳虫可用稀释 2000 倍的 40％氧化乐果乳油喷杀。

第三节　宿根类

一、菊花

（1）科属　菊科，菊属。

（2）别名　黄花、秋菊、节花等。

（3）产地与习性　菊花原产于我国北部地区，华中及华东地区也有分布。适应性强，耐寒，喜凉爽，在深厚肥沃、排水良好的砂质壤土生长良好。喜阳光充足的环境，不耐高温和干旱，炎热中午应适当遮阴。怕积水和多雨。菊花为短日照植物，如果人为控制光照，可延长花期，周年开花。稍耐阴，较耐旱，不耐积水，忌湿涝、连作。生长发育最适温为 18～22℃，夜间温度下降到 10℃ 左右有利于花芽分化。

菊花是我国传统十大名花之一，栽培历史悠久，园艺品种繁多，花型、花色丰富多彩，可用于布置花坛、花境。大型品种可造成多种形状，也可作切花。

（4）外观形态　菊花位多年生宿根草本，茎基部半木质化，株高 0.6～2 米，多分枝，花后地上茎大都枯死。单叶互生，卵形至披针形，羽状浅裂至深裂，边缘有粗锯齿。小枝绿色或带灰褐色，全株被灰色柔毛。茎顶生单个或多个头状花序，有香气。舌状花为雌性花，色、形、大小多变，筒状花为两性花，密集成盘状，多黄色或黄绿色。花色有白、粉红、玫红、雪青、紫红、墨红、淡黄、黄、棕黄至棕红，此外，还有复色。种子浅褐色，扁平楔形，长 1～3 毫米，千粒重约 1 克。花期 10～12 月，如图 7-31 所示。

（5）扦插繁育　菊花主要采用嫩枝插和芽插的方法进行繁育。

① 芽插。在秋冬切取植株外部的脚芽扦插。选择距植株较远、芽头丰满的脚芽。将所选芽的下部叶片剥去，按株距 3～4 厘米、

图 7-31　菊花

行距 4～5 厘米要求，插于温室或大棚内的花盆或插床粗沙中，保持 7～8℃的室温，春暖后方可栽于室外。

②嫩枝插。菊花嫩枝扦插应用广泛。一般在头年入冬后，将植株残花剪去，移植到背风向阳处越冬，第二年春天加强肥水管理，于 4 月、5 月中上旬，剪取植株上顶梢或中部生长的粗壮嫩枝，截成 8～10 厘米长作插穗，扦插于培养土和沙各半的基质中，保持土壤的湿润，插后第一周遮阴，第二周时中午遮阴，以后全日照。在 18～22℃温度下，插后 15～20 天生根，当新株根系较为发达时即可移植。扦插前若用 0.2%吲哚丁酸处理插穗，能提早生根，且根系更加发达。

(6) 栽培管理

①土质。土壤选择疏松、肥沃和排水良好的微酸性或中性沙质或泥炭土、盆内，pH 值以 6.2～6.5 为好。盆栽菊花盆土用园土 5 份、草木灰 1 份、腐叶土 2 份、厩肥土 2 份加少量石灰、骨粉配制而成。露地插床的基质为园土混合 1/3 糠灰的混合土。

②温度。菊花生长适温为 18～22℃，在最高温度 32℃、最低温度 10℃也能成活。地下根茎能耐－10℃低温。植株进入花芽分化期后温度维持在 20℃左右，期间温度不低于 17℃。夜间温度在

15℃左右，有利于花芽分化。盛花期温度下降到 13～15℃，可以延长观赏花期。

③ 浇水。菊花根系发达，茎叶茂盛，花朵密集硕大，水分蒸发量较大。应随植株的生长发育逐渐增加供水量。但盆内不能过湿，积水易引起根部腐烂和茎叶凋萎。菊花现蕾后需水量增大，此时应浇足水，保证植株生长良好，花大色艳。

④ 光照。菊花为短日照植物。12 小时以上的黑暗与 15℃的夜间温度下，有利于花芽的发育。菊花虽喜光，但在盛夏中午的烈日下适当遮阴对菊花生长十分有利。全光照的插床，如有自动喷雾设备在高床上搭芦帘不需遮阴。根据市场需花的时间，进行长日照处理可延迟菊花的开花时间。而短日照处理菊花，例如经 14 小时的黑暗处理，即可提前上市。一般盆菊在产业化生产过程中，从定植至开花需 8～50 周的时间不等。

⑤ 施肥。菊花喜肥，定植后每隔 10～15 天施稀薄饼肥水肥 1次，由淡渐浓。到花蕾初绽时停止施用。含苞待放时加施 1 次 0.2％磷酸二氢钾溶液可使花色正、花期长。每次施肥的第二天一定要浇水，并及时松土。为了使菊花多开花，要多次摘心，促生分枝，苗高 10 厘米时第 1 次摘心。9 月花蕾出现后，则要进行多次的摘除侧芽工作，保留每枝顶端的正蕾，同时剔去侧蕾，使养分集中，以促进留下来的花的生长。待新芽继续长出后，施用 0.5％维生素 B$_9$ 喷洒植株，每 10 天喷洒 1 次，前后喷 2～3 次，促使菊花矮化健壮。花朵开放后，应设立支柱扶植枝条，以免花朵歪斜。

⑥ 定植。可先将菊花移植到口径为 15 厘米的瓦盆中，8 月后再定植到口径为 25 厘米的盆中。移植上盆后放在阴凉处，4～5 天后移至阳光充足处。

(7) 病虫害防治

① 菊花白粉病。可用 50％退菌特 1000 倍液喷洒。

② 菊花锈病、灰霉病。可危害叶和茎，以叶受害为重，可用 65％代森锌可湿性粉剂稀释 500 倍喷洒。

③ 菊花叶斑病。主要危害叶片，可在幼苗期用高锰酸钾或福尔马林进行消毒，或喷洒石灰等量 100～160 倍波尔多液于叶面。

④ 蚜虫、红蜘蛛。发现此类常见虫害时可用 40％乐果乳剂

1500 倍液喷杀，或用 30～40 倍的烟草水喷杀也可。

二、广东万年青

（1）科属　天南星科，广东万年青属。

（2）别名　亮丝草、大叶万年青、井干草、竹节万年青、粗肋草。

（3）产地与习性　原产于印度、马来西亚。中国广东佛山南海区，菲律宾也有少量分布。广东万年青性喜温暖、多湿和半阴环境，耐阴性强，忌强光直射。植株生长健壮，抗性强。不耐寒，冬季越冬温度不得低于 12℃。生长温度为 25～30℃，相对湿度在 70%～90%。适宜疏松、肥沃、排水良好的微酸性土壤。

广东万年青是良好的室内盆栽观叶植物，也可作插花配叶。我国华南地区可露地栽于水边及林下阴湿之处作地被植物。

（4）外观形态　广东万年青为多年生常绿草本植物，茎直立，根茎粗短，有节，节处有须根。高 0.6～1.0 米。单叶互生，叶椭圆状卵形，先端长尖，基部浑圆，叶柄长，基部以下具阔鞘，叶基部丛生，宽倒披针形，质硬而有光泽。花梗自叶鞘内抽出，顶生肉穗花序，佛焰苞长 5～7 厘米，黄绿色，花小，单性，雌雄花同一花序，雄花在上，雌花在下，花期夏、秋季。浆果球形，鲜红色，经冬不落。花期 5 月，果 10～11 月成熟，如图 7-32 所示。

（5）扦插繁育

① 扦插时间。广东万年青的扦插繁殖通常在春、夏的 4 月、5 月进行。

② 扦插过程。剪取带芽的粗壮嫩茎，保留顶端 2 片叶，茎段长 12～15 厘米做插穗，插入沙床。庇荫、保湿。

③ 扦插管理。保持较高的空气湿度，在气温 18℃ 的条件下，插后半个月左右生根。

④ 水插。广东万年青也可用水插的方法进行扦插繁殖。接穗可稍长，以 15～20 厘米为好，直接插在盛清水的玻璃瓶内，每 2 天换 1 次水，约 15～20 天后即可长出新根，根长 3～4 厘米时盆栽。

在规模化生产中，将广东万年青茎节切成小段，但必须带节

图 7-32 广东万年青

间,用新鲜水苔包扎起来放进育苗箱,保持 20~25℃ 的室温,20~25 天后从茎节上生根萌芽。

(6) 栽培管理

① 土质。广东万年青宜肥沃、疏松和保水力强的酸性壤土,不耐盐碱土。盆栽土壤以培养土、腐叶土、泥炭土和沙等为混合基质。常用 15~20 厘米盆。在盆底垫碎瓦片、碎砖或火山块石,以利于排水透气,有益于根系生长。

② 温度。广东万年青生长适宜温度为 18~30℃,在 3~9 月间以 21~30℃ 为好,9 月至第二年 3 月以 18~21℃ 为宜。广东万年青忌寒冷霜冻,秋冬入温室养护,越冬温度需要保持在 10℃ 以上,如果温度降到 8℃ 以下,叶缘和叶尖会受冻枯萎。当冬季气温降到 4℃ 以下则进入休眠状态,如果环境温度接近 0℃ 时,会因冻伤而死亡。

③ 光照。广东万年青耐阴、怕强光,在明亮和散射光下,叶片生长和叶色表现最佳。盛夏如遇强光曝晒,叶面变白黄枯,易引起叶片灼伤。同样,在低光照的条件下虽能正常生长,但叶色变差,缺乏光泽和层次。

④ 浇水。广东万年青喜湿怕干,初上盆时浇水要适当控制,在茎叶生长期内植株需充足的水分,除正常浇水外,每天要早晚喷

水各 1 次，夏季空气湿度保持在 60％～70％，冬季保持在 40％左右。但当冬季室温较低时，浇水和喷水量也要相应减少，否则盆土过湿，容易造成根部腐烂、叶片变黄枯萎。夏季置阴棚下并向叶面洒水，适当修剪保持株形。

⑤ 施肥。在生长期内每半月施肥 1 次，也可用"卉友"20-8-20、浓度为 0.7％的氮肥液或四季用高硝酸钾肥。

⑥ 换盆。生长多年的母株，常呈匍匐状，姿态欠佳，应重新扦插更新。当叶片在盆内过于拥挤时，要及时换盆。一般情况下 2～3 年换盆 1 次。

(7) 病虫害防治

① 红蜘蛛、介壳虫。可在若虫孵化期用 40％乐果乳油 1000 倍液或 40％氧化乐果乳油 1000 倍液喷洒，还可以喷洒 5％亚胺硫磷乳油 1000 倍液杀除。

② 叶斑病。应及时清除病残叶片，发病初期或后期均可用 0.5％～1％的波尔多液或 50％多菌灵 1000 倍液喷洒。

③ 炭疽病。可用 0.3％～0.5％等量式波尔多液或 60％代森锌 800～900 倍液，或 70％托布津 1500 倍液喷洒。

三、荷兰菊

(1) 科属　菊科，紫菀属。

(2) 别名　柳叶菊、纽约紫菀、老妈散。

(3) 产地与习性　原产北美。现广泛栽培于北半球温带地区。荷兰菊耐严寒，也较耐旱，适应性强，喜阳光充足、通风良好和夏季凉爽的环境。生性强健，不择土壤，但夏季忌干燥，栽于肥沃、湿润、排水良好的砂质土壤上，生长更好。

荷兰菊为典型的秋花类宿根花卉，因耐修剪，可以做修剪绿篱、花篱，也可用于花境、花台、草地边缘、丛植或切花、花篮。矮生品种可做花坛或盆栽。

(4) 外观形态　荷兰菊为宿根花卉多年生草本。株高 40～80 厘米，主茎粗壮直立，多分枝，被柔毛。茎基部木质化。叶互生，长圆形至线状披针形。全株光滑，嫩茎时常紫红色，有地下横走茎。头状花序伞房状着生，直径 2～3 厘米，舌状花平展，条形花瓣，筒状花黄色。花色有紫红、蓝紫或白色。花期 7～9 月。瘦果具冠毛，9 月、10 月成熟，如图 7-33 所示。

图 7-33　荷兰菊

（5）扦插繁育　荷兰菊的扦插是于秋季剪去植株地上部分，移至阳畦或塑料大棚过冬，其基部蘖芽长约 10 厘米、具 8 片叶时，扦插于 22～24℃的苗床上，20 天后生根。大棚扦插以 2～5 月上旬为好，露地扦插 5～8 月为宜。

（6）栽培管理　荷兰菊在露地栽培较简易，一般不需特殊管理。目前以盆栽最为多见，取嫩枝扦插，作宿根栽培，一般 2 年就得更新 1 次。

① 施肥。荷兰菊生长期每半月施肥 1 次，可施用腐熟的饼肥澄清液加入水 10 倍。花前需适当追肥，可用磷酸二氢钾以 0.1%～0.3%浓度或少量人畜粪尿以 10 倍水稀释后施用。

② 摘心。生长期需适当摘心，这样可以使株形圆整、丰满，开花多。生长期可进行 4～6 次摘心整形，以形成整齐的绿篱或花篱状，摘心以后 40 天左右开花，一般在 8 月中下旬为最后一次摘心，则可在国庆节期间大量开花。

（7）病虫害防治

① 白粉病、褐斑病。株行距过密，萌蘖多，生长拥挤，通风

不良的环境下或者在空气湿度大的季节易发生此类疾病。应及时用65%托布津粉剂 600 倍液，75%百菌清可湿性粉剂 1000 倍液喷洒。

② 蚜虫。可用80%敌敌畏乳油 1000～1500 倍液喷洒防治。

四、花叶万年青

（1）科属　天南星科，花叶万年青属。

（2）别名　细斑粗肋草、黛粉叶、银斑万年青。

（3）产地与习性　原产南美巴西。中国广东、福建各热带城市普遍栽培。花叶万年青喜高温、湿润及半阴环境。耐阴，怕干旱，忌强光直射，畏寒。花叶万年青在黑暗状态下可忍受 14 天，在15℃和 90%相对湿度下储运。生长适温为 20～30℃，越冬温度不应低于 10℃。要求疏松、肥沃和排水良好的土壤。

花叶万年青色彩明亮，四季青翠，是高雅的室内观叶植物，适合盆栽陈设于厅、堂观赏和居室装饰。

（4）外观形态　花叶万年青多年生常绿灌木状草本植物，株高0.6～1.5 米。茎干粗壮，节间短。下部的叶柄具长鞘，中部的叶柄达中部具鞘，上部叶柄长，鞘几达顶端，有宽槽。叶片大而光亮，着生于茎干上部，椭圆状卵圆形或宽披针形，深绿色，其上镶嵌有密集、不规则的白色、乳白、淡黄等色彩不一的斑点、斑纹或斑块。佛焰苞长圆披针形，狭长，骤尖。肉穗花序，花单性。浆果橙黄绿色，如图 7-34 所示。

常见的园艺栽培品种有大王黛粉叶（叶面沿侧脉有乳白色斑条或斑块）、暑白黛粉叶（浓绿色叶面中心乳黄绿色，叶缘及主脉深绿色，沿侧脉有象牙白斑）、白玉黛粉叶（叶片中心部分全为乳白色，叶缘和少数叶脉呈不规则的银色）等。

（5）扦插繁育

① 扦插时间。花叶万年青以 7～8 月高温期扦插最好。

② 扦插过程。剪取茎的顶端 2～3 节、长 7～10 厘米的茎干，切除部分叶片，减少水分蒸发，切口用草木灰或硫黄粉涂敷，插于沙床或用苔藓包扎切口。

③ 扦插管理。保持较高的空气湿度，置半阴处，室温 25～30℃，1 个月左右即可生根，待茎段上萌发新芽后移栽。

图 7-34　花叶万年青

（6）栽培管理

① 温度。花叶万年青的生长适温为 25～30℃，控制环境温度白天在 30℃左右，晚间温度在 25℃左右。花叶万年青生长的温度范围，在 2～9 月为 18～30℃，在 9 月～次年 2 月为 13～18℃。冬季温度不能低于 10℃，否则叶片易受冻害。

② 浇水。花叶万年青在 5～9 月生长旺盛期间应充分浇水，并向叶面喷水。如果久不喷水，则叶面粗糙，失去光泽。土壤湿度以干湿有序最宜，夏季应多浇水，冬季需控制浇水。

③ 光照。花叶万年青耐阴怕晒，应注意遮阴，避免阳光直射。光线过强，叶面变得粗糙，叶缘和叶尖易枯焦，甚至大面积灼伤。光线过弱，会使黄白色斑块的颜色变绿，以明亮的散射光下生长最好，叶色鲜明更美。

④ 土质。土壤以肥沃、疏松和排水良好的壤土为宜。盆栽土壤常用腐叶土或泥炭土加少量河沙和基肥配制。

⑤ 施肥。生长期每月追施加 5 倍水稀释的饼肥澄清液 1～2次，盆栽 2 年以上的植株茎干较长，可适度整形修剪，剪下的茎干可用作扦插繁殖使用。

（7）病虫害防治　花叶万年青易发生病害。

① 根腐病、茎腐病。除注意通风和降低湿度外，可喷洒 75％

百菌清 800 倍液喷洒防治。

② 细菌性叶斑病、褐斑病、炭疽病。可喷洒 50%多菌灵可湿性粉剂 500 倍液防治。

五、非洲紫罗兰

（1）科属　苦苣苔科、非洲紫罗兰属。

（2）别名　非洲堇、非洲大花苦苣苔、非洲紫苣苔、圣保罗花。

（3）产地与习性　原产非洲东部热带地区。近年我国各地多有栽培。非洲紫罗兰生长在热带雨林，性喜温暖、湿润、半阴的环境，但不耐高温，夏季怕强光，宜通风良好，一年四季开花不断。

非洲紫罗兰植株矮小，雅致，是室内极好的观赏花卉。

（4）外观形态　多年生常绿宿根草本花卉。全身具绒毛，茎极短，叶基生，蓬座状，卵圆形肉质，叶长 6～7 厘米，叶面绿色，叶背呈淡紫红色，叶柄圆柱状较长而肥大。花序生于叶腋，花径约3 厘米，花冠裂片卵圆形，有单瓣与重瓣之分。花色有淡紫、粉红色、深蓝紫等，因花像紫罗兰，又像三色堇，故名非洲紫罗兰、非洲堇，如图 7-35 所示。

图 7-35　非洲紫罗兰

（5）扦插繁育　非洲紫罗兰多用叶插繁殖。

①扦插过程。花后选用健壮充实带有 2～3 厘米长叶柄的叶片，稍晾干，将叶柄斜插于经高温消毒的沙床或盆中，保持较高的空气湿度，叶片直立于沙面上。

②扦插管理。扦插密度以叶片不互相接触即可。插后浇透水，盖上玻璃注意遮阳，保持 18℃ 以上温度和较高湿度，月余即可生根，2～3 个月产生幼苗，可移入 6 厘米盆中。

③促进生根。扦插过程中，用激动素处理叶柄有利于不定芽的形成和生根后幼苗的生长。

（6）栽培管理

①土质。非洲紫罗兰盆土用马粪土或腐叶土与园土各半加适量沙子配制而成。

②温度。生长适温为 18～25℃，15℃ 以下停止生长，叶卷曲下垂。低于 8℃ 时叶片可能受冻害。温度过高，则容易徒长，花少，使植株受到损害，花瓣也易萎蔫。室内温度要稳定，温差变化大时，易落叶、落花，甚至枯死。

③光照。非洲紫罗兰虽喜荫蔽，但在冬季一定要放在有光照及通风良好处，否则光线不足，叶柄伸长，开花延迟，花色暗淡，甚至不开花。除冬季外，都要遮去中午的直射日光，夏季更要防止阳光直射，光照过强，会使幼嫩叶片灼伤、变白出现黄斑，应放置荫蔽处。

④浇水。栽培非洲紫罗兰，浇水十分重要，早春低温，浇水不宜过多，否则茎叶容易腐烂，影响开花。夏季高温、干燥浇水可稍多，并喷水增加空气湿度，否则花梗下垂，花期缩短。但喷水时叶片溅污过多水分，也会引起叶片腐烂。冬季气温下降，浇水应适当减少。盆内不可有积水，并用与室温相同的水浇灌。用水过凉，叶片易生褐色斑点，空气湿度要高，空气干燥，则叶片无光泽。

⑤施肥。生长过程中可每周施 1 次稀薄液肥，要少施氮肥，不然叶多，花少。要注意氮、磷、钾的配合或施颗粒复合肥料。花期增施磷、钾肥 2 次，如肥料不足，则开花减少，花朵变小。非洲紫罗兰叶面有绒毛，所以施肥时切勿使肥水溅到叶面上，以免叶片起斑、腐烂。花后应随时摘去残花，防止残花霉烂。非洲紫罗兰虽

为多年生植物，但生长 2 年后，植株开始衰弱，生长不良，要及时更新。

（7）病虫害防治

① 枯萎病、白粉病和叶腐烂病。在高温多湿条件下易发生此类疾病。可用稀释 1000 倍的 10％抗菌剂 401 醋酸溶液喷雾或灌注盆土中，也可用稀释 600 倍的 65％代森锌可湿性粉剂喷洒。同时要更换消过毒的土壤，注意室内通风，并降低室内湿度。

② 介壳虫和红蜘蛛。可用稀释 1000 倍的 40％氧化乐果乳油喷杀。

六、天蓝绣球

（1）科属 花葱科、天蓝绣球属。

（2）别名 宿根福禄考、锥花福禄考、圆锥福禄考、草夹竹桃。

（3）产地与习性 原产十北关的东部。天蓝绣球喜阳光充足而凉爽的环境，早花品种稍耐阴。耐寒性较强，忌暑热，忌水涝，生性强健，不择土壤，宜在疏松、肥沃、排水良好的中性或碱性的沙壤土中生长。生长期要求阳光充足，但在半阴环境也能生长。夏季生长不良，应遮阴，避免强阳光直射。较耐寒，可露地越冬。

天蓝绣球花期长，色彩丰富，花序大，是花坛、花境的良好材料。某些矮生品种可丛植或片植于草坪边缘，或者做盆栽观赏。

（4）外观形态 天蓝绣球为多年生草本花卉，根呈半木质化，多须根。株高 0.6～1.2 厘米，茎粗壮，直立，通常少分枝，粗壮，无毛或上部散生柔毛。叶披针形，单叶呈十字状对生，有时三叶轮生，叶缘具细硬毛，上部叶基抱茎。圆锥花序，顶生，小花呈高脚碟状，花色有白、粉、红、紫及复合色。花期 6～9 月。蒴果小卵形，8～10 月成熟，黑色及深绿色，有粗糙皱纹。栽培品种很多，矮型丛生福禄考，是常见栽培的种类，如图 7-36 所示。

（5）扦插繁育 天蓝绣球扦插可分茎插或根插。

① 茎插。可以于 4～5 月进行茎插，当新茎长出 5～10 厘米高时，剪成 3～6 厘米长的枝段插于湿沙中，在 15～20℃的条件下，1 个月后生根。

图 7-36 天蓝绣球

② 根插。可在分株繁殖时进行根插，挖出老根后截取 3 厘米左右的根段，平埋于沙土中，保持湿润，1 个月就能发出新芽。需要注意的是，在取根段时要选择健壮的根，过老和过细弱的根不易成活。

（6）栽培管理

① 栽植。天蓝绣球成株春植或秋植都可以，北方寒冷地区应在春季移植，栽培地应选择背风、向阳、小气候较好的地块，否则在严寒季节可能死亡。栽后 3～5 年分株移植 1 次，以防衰老。栽植株行距为（40～50）厘米×（40～50）厘米。

② 施肥。生长期追肥 1～3 次，保持土壤湿润。

③ 温度。天蓝绣球不耐高温，在南方温暖地区 5～7 月和 8～9 月会出现两个最佳观赏期，在冷凉地区不明显。但在夏季高温多雨季节，也有时生长不旺，开花减少，而秋凉后又恢复生长。

（7）病虫害防治

① 叶斑病。在夏季高温、高湿环境中易发生，可在夏初喷施 50% 多菌灵 1000 倍液进行防治。另外，栽植株行距不可过小，否则影响通风，容易发病。

② 蚜虫。可用毛刷蘸稀洗衣粉液刷掉，发生量大时可喷洒 40% 氧化乐果乳油 1500 倍液。

七、翡翠景天

（1）**科属** 景天科，景天属。

（2）**别名** 串珠草。

（3）**产地与习性** 翡翠景天原产墨西哥干旱、阳光充足的亚热带地区。现世界各国多有栽培。喜温暖、干燥和阳光充足的环境。不耐寒，耐干旱，怕强光曝晒，不耐水湿。宜肥沃、疏松和排水良好的腐叶土或培养土。室内盆栽，多选用草炭土、细沙等量混合配制的培养土。冬季温度不得低于 10℃。

（4）**外观形态** 景天科景整个植株呈浅绿色，只要栽培得当，串珠状的茎、叶悬垂在花盆四周，显得格外雅致，如图 7-37 所示。

图 7-37 翡翠景天

（5）**扦插繁育** 翡翠景天多用扦插繁殖。通常在茎叶生长期时扦插最好。剪取 5～10 厘米长的茎叶插入沙床，或用肉质小叶撒落在湿沙上，插后 30～40 天生根，待长出新枝叶后，移栽到 8 厘米盆中。

（6）**栽培管理**

① 土质。盆土保持稍干燥，不宜多浇水，如果盆土过湿或通风不好，极易引起叶子脱落或腐烂。

② 温度。夏季高温期呈半休眠状态。

③ 光照。翡翠景天适应性强，盆栽在阳光充足和散射光下生长快，阳光不足，茎叶容易徒长，影响观赏效果。

④ 管理。盆栽观赏时要少搬动，其小叶极易碰撞脱落，影响株态。每年换盆时要修剪整形。

（7）病虫害防治

① 白绢病。可用稀释 500 倍的 50%托布津可湿性粉剂喷洒。

② 蚜虫。可用 1000 倍的 2.5%鱼藤精乳油喷杀。

八、龙船花

（1）科属　茜草科，龙船花属。

（2）别名　仙丹花、百日红、英丹。

（3）产地与习性　龙船花原产中国、缅甸和马来西亚。在 17 世纪末被引种到英国，后传入欧洲各国。我国主要分布于福建、广东、香港、广西。越南、菲律宾、马来西亚、印度尼西亚等热带地区也有。龙船花喜温暖、湿润和阳光充足的环境。不耐寒，耐半阴，不耐水湿和强光。

龙船花植株低矮，花叶秀美，花色丰富，终年有花可赏，有白、橙、黄、红、双色等。在中国南方露地栽植，适合宾馆、庭院、风景区布置，高低错落，景观效果极佳，是重要的盆栽木本花卉。广泛用于盆栽观赏。

（4）外观形态　龙船花高 0.8～2 米，无毛，小枝初时深褐色，老时呈灰色，具线条。叶对生，披针形、长圆状披针形至长圆状倒披针形，长 6～13 厘米，宽 3～4 厘米，基部短尖或圆形，顶端钝或圆形。中脉上面扁平略凹下面凸起，侧脉纤细，近叶缘处彼此连结，横脉松散。叶柄极短而粗或无，基部阔，合生成鞘形，顶端长渐尖，渐尖部分成锥形，比鞘长。花序顶生，多花，具短总花梗，总花梗长 5～15 毫米，与分枝均呈红色，苞片和小苞片微小，生于花托基部的成对；花有花梗或无，花冠红色或红黄色，盛开时长 2.5～3 厘米，花丝极短，花柱短伸出冠管外，盛开时叉开，略下弯。果双生，近球形。花期 5～7 月，如图 7-38 所示。

（5）扦插繁育

① 扦插时间。以 6～7 月进行为最好。

图 7-38　龙船花

②扦插过程。在春夏季剪取 8～12 厘米且未着花时的嫩枝作为插穗，时间以晴天的傍晚为好，选择长势健壮无病，插穗大小整齐的枝条。插穗直径为 0.3 厘米以上，剪取部位为半硬化的枝条，一般是剪取侧枝或结合强修剪时剪下的主枝。插入沙床，扦插室温为 24～30℃，插后 40～50 天即可生根。若在扦插前使用 0.5％吲哚丁酸溶液浸泡插穗基部 3～5 秒钟，可促使其快速生根。

③扦插管理。一般情况下，自然光照能基本满足插穗发根的需要，但处在热带夏季高温期间，由于插穗容易萎蔫，最好使用喷雾育苗，且扦插数日内要采取遮光处理，由开始 50％～60％ 的遮光率，渐渐降到 40％～50％，发根后要除去遮光物。

（6）栽培管理

①土质。以肥沃、疏松和排水良好的酸性沙质壤土为佳。盆栽用培养土、泥炭土和粗沙的混合土壤，pH 值在 5～5.5 为宜。如土壤偏碱性，龙船花则生长受阻，发育不良。盆栽常用 10～20 厘米盆，根据苗的大小和栽植株数而选择盆的尺寸。

②温度。生长适温为 15～25℃，3～9 月时为 24～30℃，9 月～次年 3 月为 13～18℃。当气温低于 20℃后，其长势减弱，开花明显

减少，其生理活性降低，生长缓慢。冬季温度不能低于 0℃，易遭受冻害。龙船花耐高温，32℃以上照常生长。冬季室内盆栽时，必须保持 15℃以上，若温度过低，会引起植株落叶。

③ 光照。龙船花喜阳光充足，尤其是在茎叶生长时期。在阳光充足的条件下，叶片翠绿有光泽，有利于形成花序，开花整齐，花色鲜艳。在半阴环境下也能生长，但叶片淡绿，缺乏光泽，开花少，花色较浅。夏季强光时适当遮阴可延长观花期。

④ 浇水。龙船花喜湿怕干，在茎叶生长季节内植株需充足的水分，保持盆土湿润，有利于枝梢萌发和叶片生长。但长期过于湿润，容易引起部分根系腐烂，影响生长和开花。如土壤过于干燥或时干时湿、水分供给不及时，会产生落叶现象。

⑤ 施肥。在生长季节内每半月施肥 1 次，或用"卉友"21-7-7 酸肥，如发现叶黄时，可施矾肥水。

⑥ 管理。幼苗定植后，苗高 25 厘米时需摘心，以促使多萌发侧枝。盆栽老株过冬后进行换盆，并加以修剪、整形，保持优美株形。

（7）病虫害防治 龙船花的常见病害为炭疽病和叶斑病。常见虫害为介壳虫和蚜虫。

① 叶斑病。由镰刀菌引起，病原菌在病花上或随病叶落在土壤中越冬，第二年借风雨或淋水传播。

药剂可选用 50%多菌灵可湿性粉剂 500 倍液或 10%抗菌剂 401 醋酸 1000 倍液喷洒。

② 炭疽病。主要危害叶片，病原菌在病部或病叶残体上越冬，条件适宜时借风雨传播，从伤口侵入，进行初侵染。除清除病叶、减少侵染源外，花盆或植株应间距适当，保证通风透光良好。

药剂可选用 50%多菌灵可湿性粉剂加 75%百菌清可湿性粉剂 800 倍液；或 25%炭特灵可湿性粉剂 500 倍液。

上述药剂隔 10 天左右喷 1 次，连续防治 3～4 次。

③ 介壳虫。可用 40%氧化乐果乳油稀释 1500 倍喷杀。

④ 蚜虫。危害幼嫩茎叶，可用 2.5%鱼藤精乳油稀释 1200 倍喷杀。

九、绿化菊

（1）**科属** 菊科，绿化菊属。

（2）**产地与习性** 绿化菊是花卉研究所利用从国内外大量菊花种质资源中筛选出的国外优良菊花种质资源作试材，通过辐射诱变选育出的适于在城乡绿化美化中大规模应用和易于普及推广的绿化型菊花系列新花种，是优良的露地宿根花卉。喜凉爽，对土壤要求不严，耐盐碱，耐霜寒，抗旱、抗病虫性较强，对二氧化硫有一定的抗性。

绿化菊的枝茎、叶片、花蕾和花朵绚丽多彩、姹紫嫣红，具有很好的观赏效果，是城乡绿化道路、美化公园、装饰大厅和点缀庭院的理想花卉。在北方越冬性不稳定，需加以保护方能确保越冬。

（3）**外观形态** 绿化菊为喜光、短日照草本花卉。茎干直立或铺散，长势强壮，分支力强，自然形成原球状株形。茎干绿色或褐色，单叶互生，卵形至长圆形，边缘有缺刻及锯齿。叶片较大，花小而密，全株被灰色柔毛或绒毛，头状花序，生于枝顶，花冠多为半圆形或伞形，平均冠幅 49 厘米，形态美观。花最大，每株开花几十朵，最多可达 300 朵左右。花期 9～10 月。花色以红、黄、粉、白、橙、棕和胭脂红色为主，共有 15 种颜色，花色配套，香味浓郁，如图 7-39 所示。

（4）**扦插繁育** 绿化菊以嫩枝扦插为好。

① 扦插时间。在每年 4～7 月或 10～12 月扦插。

② 插穗选择。插穗长度以 5～8 厘米为宜，将其嫩梢采下后，截去叶片上部即可扦插。

③ 扦插基质。采用疏松的基质，扦插深度为插穗长度的 1/3。

④ 扦插管理。插后精细管理，盖帘遮强光，充分浇水，每天喷雾。在气温 15～20℃时生根较快，一般 1～2 周便可生根。

（5）**栽培管理** 绿化菊的栽培管理很容易。生根后要及时移栽，否则菊苗老化，不利发棵。栽后要防止碰坏土坨，要适当浇水，中耕除草 2～3 次，在生长期间一般不需要施肥和喷药，而后多年粗放管理即可。

（6）**病虫害防治** 绿化菊病虫害很少。

图 7-39 绿化菊

十、西洋滨菊

（1）科属　菊科，滨菊属。

（2）别名　大滨菊。

（3）产地与习性　原产欧洲。喜温暖、湿润和阳光充足的环境。耐寒性较强，耐半阴。宜疏松、肥沃和排水良好的壤土。在长江流域冬季基生叶仍常绿。

西洋滨菊开花繁茂，花瓣洁白具香气，花梗挺拔。适用于花坛、花境布置，还可盆栽和作切花用，也可点缀于岩石园、湖岸、树群及草地的边缘。

（4）外观形态　西洋滨菊为多年生宿根草本，株高 30～70 厘米。基生叶较大，匙状倒卵形，基部狭窄成长柄状，中部及上部叶片椭圆状披针形，无柄，叶缘均具粗锯齿。头状花序单生，花白色，花期 5～6 月，果熟期 6～7 月，如图 7-40 所示。

（5）扦插繁育　在花前剪取顶端嫩枝，长 5～7 厘米，插后 10～12 天生根。

（6）栽培管理

① 温度。幼苗期温度不宜过高，以 13～16℃为宜，否则易徒长催病。

② 定植。并注意要及时间苗，当苗高 10 厘米时定植于 10 厘

图 7-40 西洋滨菊

米盆中。

③ 施肥。在生长期每月施肥 1 次，控制用量，否则花期推迟。

④ 修剪。花后剪除地上部，有利基生叶的萌发。

（7）病虫害防治

① 叶斑病和茎腐病。可用稀释 600 倍的 65％代森锌可湿性粉剂喷洒来防治。

② 盲蝽和潜叶蝇。用稀释 500 倍的 25％西维因可湿性粉剂喷杀。

十一、红苋草

（1）科属 苋科，红苋草种。

（2）别名 法国苋、红地毯草。

（3）产地与习性 红苋草为苋科多年生草本植物，原产于中、南美洲热带。性喜高温，生长适温为 20～30℃。

红苋草生性健旺，栽培容易，耐旱。全日照或半日照均佳，荫蔽易徒长、叶色不良，因此不宜作室内植物，可用作花坛边缘栽植。

（4）外观形态 红苋草植株低矮，高约 5～20 厘米。茎多分枝，伸长后呈半匍匐性或半蔓性。叶对生小形，呈匙状长披针形，稍卷曲，叶色随季节生长而变化，呈褐红色或绯红。花生于叶腋小形，灰白色。叶小，长披针形，叶脉明显，叶面略卷曲。叶面淡绿色，叶背呈红色或桃红色，如图 7-41 所示。

图 7-41　红苋草

（5）扦插繁育　红苋草大量育苗以扦插为主，春至秋季均能育苗。剪取顶芽或未老化的枝条，每段 5～10 厘米，扦插于河沙，接受 60%～70% 的日照，经 10～15 天后发根长苗。大面积栽培，可先行整地，再剪取枝条，每 3～5 枝为 1 簇，直接扦插于培养土，保持适当的湿度，经 10～15 天后发根。

（6）栽培管理

① 土质。栽培以肥沃的壤土或沙质壤土为佳，排水需良好。

② 光照。栽培地点需要日照充足，日照不足时茎叶易徒长，无法密致矮化，叶色不良。

③ 定植。栽植时一般以 2～3 株合植一穴，穴距 3～5 厘米呈条状，栽植后应灌水，植株过高宜修剪，以利分枝。

④ 施肥。每月施肥 1 次，追肥可用有机肥料或氮、磷、钾肥。

⑤ 修剪。枝条伸长或不够密集，应作适度修剪，促使萌发新叶。成株后耐旱性增强，应减少水分，抑制长高。老化的植株更新栽培。

（7）病虫害防治 红苋草少见病虫害。

十二、勋章花

（1）科属 菊科，勋章菊属。

（2）别名 勋章菊、非洲太阳花。

（3）产地与习性 勋章花原产非洲南部和莫桑比克。喜温暖、湿润和阳光充足的环境。不耐寒，耐高温，怕积水。勋章花喜阳光，喜生长于较凉爽的地方，耐旱，耐贫瘠土壤，半耐寒，因此在冬季较温和的地区可顺利越冬。

勋章花花性健壮，冬天只要温度不要太低都可以轻易过冬，夏天不怕太阳，但是以凉爽的环境为佳。勋章花适宜布置花坛和花境，是很好的园林花卉，也是很好的插花材料。

（4）外观形态 勋章花为多年生宿根草本植物，叶丛生，披针形、倒卵状披针形或扁线形，全缘或有浅羽裂，叶背密被白绵毛。花径7～8厘米，舌状，花呈黄、白、橙红色，有光泽，花期大概为春末至夏初。因其整个花序如勋章，故名勋章花。勋章花花瓣亮泽，绚丽多彩，早晨开放，晚上闭合，持续10余天，如图7-42所示。

图 7-42　勋章花

（5）扦插繁育

① 扦插时间。勋章花的扦插繁殖常在春、秋季进行，室内栽

培全年均可进行。

②扦插过程。剪取带茎节的芽，保留顶端 2 片叶，如果叶片过大，可以剪去一半，以减少叶面水分蒸发，插入沙床。

③扦插管理。室温维持在 20～24℃，并且室内保持较高的空气湿度，插后 20～25 天生根。扦插前，用 0.1%吲哚丁酸处理插穗 1～2 秒钟，生根更快。

（6）栽培管理

①定植。勋章花生根后通常使用 8～12 厘米的花盆栽植。当幼苗长有 3～4 片叶时可从 4 厘米育苗盘内取出定植于 12 厘米的花盆中。

②土质。选择疏松、肥沃和排水良好的沙质壤土。盆栽土壤可用腐叶土、培养土和粗沙等量的混合土。

③温度。勋章花的生长适宜温度 15～20℃，3～9 月为 13～24℃，9 月至次年 3 月为 7～13℃。但勋章花对 30℃以上的高温也有较强的适应性，只是叶片生长迟缓，开花减少。冬季温度不低于5℃，但能耐短时间的 0℃低温，如时间过长易发生冻害。

④光照。勋章花属喜光性草本花卉，在生长期和开花期需要充足的阳光。如果栽培场所光照不足，则叶片柔软，花色变淡，花蕾减少，花朵变小。当阳光充足时，花色鲜艳，开花不断。如不留种，花谢后要及时剪除残花，可减少营养消耗，促其形成更多花蕾，持续开花。冬季将勋章花放在室内栽培，仍可继续开花。

⑤浇水。勋章花对水分比较敏感，在茎叶生长期时植株虽然需要土壤保持湿润，但在梅雨季土壤水分过多时，植株容易受涝造成全株死亡。同时，夏季高温时，空气湿度不宜过高，盆土不宜积水，否则对勋章花的生长和开花不利。

⑥施肥。生长期每半月施肥 1 次，或用"济友"15-15-30 盆花专用肥。

（7）病虫害防治 勋章花的常见病虫害有叶斑病、蚜虫和红蜘蛛，可通过控制湿度，并及时用杀虫剂、杀菌剂便能有效防治。

①叶斑病。可用稀释 1000 倍的 25%多菌灵可湿性粉剂或百菌清每 7～10 天喷洒 1 次来防治。

②蚜虫。可每 10～15 天喷 1 次 2000 倍敌杀死或 1000 倍敌敌

畏防治。

③ 红蜘蛛。可用稀释 1500 倍的 40%氧化乐果乳油或稀释 1000 倍的 2.5%鱼藤精乳油喷杀。

十三、豆瓣绿

（1）科属　胡椒科，草胡椒属。

（2）别名　青叶碧玉、翡翠椒草、豆瓣如意、椒草。

（3）产地与习性　原产于多米尼亚和巴西。在热带和亚热带地区均有分布，豆瓣绿在我国主要分布在西南部和中部。豆瓣绿性喜湿润、温暖、半阴的环境，耐高温，要求腐殖质丰富、排水良好、疏松的土壤环境。

（4）外观形态　豆瓣绿为多年生常绿草本植物，株高 15～20 厘米，无主茎。叶簇生，茎肉质较肥厚，倒卵形，灰绿色并带深绿色脉纹。穗状花序，灰白色。栽培种有花叶型，其叶中部绿色，边缘为一阔金黄色镶边；斑叶型，其叶肉质有红晕；亮叶型，叶心形，有金属光泽；皱叶型，叶脉深深凹陷，形成多皱的叶面，极为有趣，如图 7-43 所示。

图 7-43　豆瓣绿

（5）扦插繁育　豆瓣绿的扦插繁殖可采用茎插和叶插两种方法。

① 茎插。在早春或晚秋（中午气温最高不超过 28℃、夜晚最低不低于 15℃）的生长旺季，选取充实枝条截取 5 厘米左右，带叶插入沙床中。茎插在较高温度和湿度的条件下容易生根。在晚春至早秋气温较高时，插穗极易腐烂，最好不进行扦插。

② 叶插。剪取生长饱满、带有叶柄的叶片 1～2 厘米，待伤口晾干后插入沙床或蛭石床中，把插穗和基质稍加喷湿，只要基质不过分干燥或水渍，约 3 周后可长出根系和新芽，1 个月即可长出幼株，4～5 片叶子时就可以上盆。

（6）栽培管理　豆瓣绿的栽培管理比较简单。

① 土质。要求疏松、肥沃、排水良好的土壤，家庭扦插限于条件很难弄到理想的扦插基质，建议使用已经配制好并且消过毒的扦插基质，可用河砂、泥面料、腐叶土混合配制。用中粗河砂也行，但在使用前要用清水冲洗几次。盆栽时选用腐叶土、园土、混合培养土，通常 2～3 年更新 1 次。

② 上盆。小苗装盆时，先在盆底放入 2 厘米厚的粗粒基质或者陶粒来作为滤水层，其上撒上一层充分腐熟的有机肥料作为基肥，厚度为 1～2 厘米，再盖上一层基质，厚 1～2 厘米，然后放入植株，以把肥料与根系分开，避免烧根。上完盆后浇 1 次透水，并放在遮阴环境养护。

③ 温度。豆瓣绿喜温暖，忌寒冷霜冻，生长适宜温度 25℃左右，冬季在 10～15℃ 也可以正常生长。在冬季气温降到 4℃ 以下进入休眠状态，如果环境温度接近 0℃ 时，会因冻伤而死亡。

④ 光照。忌直射阳光，宜在半阴处生长。夏季植株在阴棚下栽植或在具有散射光的地方栽培养护。

⑤ 浇水。豆瓣绿喜湿润的气候环境，5～9 月的生长旺季要充分浇水，天气炎热的高温季节，浇水量更大，应对叶面喷水或淋水，以维持 60%～75% 较大的空气湿度，保持叶片清晰的纹样和翠绿的叶色。

⑥ 施肥。生长期每 2 周追施 1 次腐熟的液肥，直至越冬。

（7）病虫害防治

① 环斑病毒病。受害植株易出现矮化、叶片扭曲等症状，可用等量式波尔多液喷洒。

② 栓痂病、根颈腐烂病。用 50％多菌灵可湿性粉剂 1000 倍液喷洒。

③ 介壳虫和蛞蝓。可用 40％氧化乐果乳油稀释 1500 倍喷杀防治。

十四、伞莎草

（1）科属　莎草科。

（2）别名　九龙吐珠。

（3）产地与习性　原产于非洲、西印度群岛及马达加斯加。在我国东南部至西南部均有栽培，多作为观赏植物。伞莎草性喜温暖、湿润、隐蔽的环境，不耐寒，要求腐殖质丰富、保水力强、通风良好的土壤条件。

（4）外观形态　伞莎草为莎草科植物风车草的茎叶。风车草为多年生草本，高 30～150 厘米。根茎粗短，须根坚硬。秆粗壮，丛生，近圆柱形。无叶片，茎基部长有棕色叶鞘。苞片 20 枚左右，线形，长于花序 2 倍，辐射展开，宽 0.2～1 厘米。长侧枝聚伞花序多次复出，第 1 次 4～10 个辐射枝，最长可达 7 厘米，第 2 次辐射枝最长可达 15 厘米。小穗于顶端密集成近头状的穗状花序，小穗长圆或椭圆披针形，宽 0.1～0.3 厘米，长 3～8 厘米。鳞片紧密排列，卵形，膜质，长约 0.2 厘米，黄褐色或白色，3～5 脉，具锈色斑点。小坚果椭圆形，近三棱状，褐色，如图 7-44 所示。

（5）扦插繁育

① 扦插时间。伞莎草一年四季都可以进行扦插繁殖。

② 扦插过程。剪取距离顶端 3～5 厘米长的插穗，去除部分总苞片，将部分插入沙床中，将总苞片能够平放并紧贴在沙土上。

③ 扦插管理。保湿、庇荫，20～25℃的温度下，3～4 周后能发出许多苞叶丛和新根。

（6）栽培管理　伞莎草植株健壮，耐阴耐湿，栽培管理比较容易。

① 湿度。在生长期间要保持较高的湿度，也可以直接栽在浅水中。

② 温度。冬季放在温室中栽培，室温保持在 5～10℃即可，春

图 7-44　伞莎草

季到来后移到室外放在阴棚下栽培。冬季适当控温控水，温度在5℃以上可以安全越冬。

③换盆。生长健壮的植株应在春季 4~5 月进行换盆。

④施肥。生长旺季每隔 2 周施 1 次肥料，适当增加磷钾肥，能够加强株色。

（7）病虫害防治　伞莎草病虫害较少。

第四节　球根类

一、大丽花

（1）科属　菊科，大丽花属。

（2）别名　大理花、大丽菊、地瓜花、西番莲、天竺牡丹。

（3）产地与习性　原产于墨西哥海拔 1500 米以上的热带高原地带。现世界各地均有栽培。我国东北地区栽培最盛，南方地区因高温多雨生长不良。

大丽花喜阳光充足、温暖、湿润的环境，既不耐寒，也怕高温酷暑高湿，不耐干旱又忌积水。一般单瓣品种（俗称小丽花）、矮型品种可布置花坛或花境；花型较大者供盆栽观赏；还可作切花、花篮、花圈等。

（4）外观形态 多年生草本花卉。株高为0.4～1.5米。具地下粗大、多汁、肥厚的纺锤形肉质块根。茎光滑柔软多汁，多分枝。羽状复叶对生，小叶卵形，叶缘锯齿粗钝，总柄微带翅状。头状花序，长总梗，顶生。花径大小因品种而异，在5～25厘米之间，舌状花，花瓣大，花色丰富，有黄、红、白、粉、紫、墨等单色及各种复色。花型有单瓣型、领饰型、芍药型、装饰型、蟹爪型、球型、蜂窝型等。花期5～10月。瘦果，长椭圆形，黑色。大丽花品种多，花型多，花期长，色彩丰富，应用范围广，如图7-45所示。

图7-45 大丽花

（5）扦插繁育 扦插用全株各部位的顶芽、腋芽、脚芽均可，但以脚芽作为插穗效果最好。

① 扦插时间。大丽花只要有合适的温度、湿度条件，一年四季均可进行扦插，但以3、4月份为最好。

② 扦插过程。大丽花块根于11月中旬掘取，使其外表充分干燥，埋藏于干沙内，维持5～7℃，相对湿度50%，待第二年早春栽植。将块根栽在腐叶土中，顶芽露出土面。为提高扦插成活率可雨前将根丛放温室催芽，待嫩芽长至8～9厘米时，留基部1对叶，

剪取插穗，转插于沙床中。

③扦插管理。室温保持 15～20℃的温度，插后 2 周左右即可生根，30 天后盆栽，当年开花。为扩大生产，可进行多次扦插。也可在茎叶生长期，剪取带腋芽的茎节，插入沙床，插后 15～25天生根，成活率高。

(6) 栽培管理

①定植。露地栽植于 4 月上旬晚霜后进行。栽植深度以 6～12厘米为宜。发芽后 18 天左右移栽在 5 厘米口径的育苗盘内，30～35 天后定植于 12～15 厘米盆中。栽植株距，一般为（40～60）厘米×（40～60）厘米。生长期要注意除蕾和修剪。

②温度。大丽花生长适合温度为 10～30℃。在夏季气候凉爽、昼夜温差在 10℃以上的北方地区对生长发育开花更为理想。夏季温度若高于 30℃，生长不正常，开花少。冬季温度低于 0℃时，易发生冻害。

③浇水。大丽菊对水分比较敏感，忌积水，适合于年降雨量在 500～800 毫米的地区栽培。生长过程中要严格控制浇水，防止茎叶徒长，又能促使茎粗、花朵大。夏季高温时，叶面应多喷水，有利于茎叶生长，但盆土不能过湿。

④光照。大丽花喜光，但光照不宜过强，忌强光长时间直射，需适当遮阴，可延长观花期。

⑤土质。喜排水及保水性能好、肥沃、疏松、含腐殖质较丰富的砂壤土，以腐叶土或泥炭土和培养土的混合土壤为好。要求土层深厚。盆栽土壤不宜重复应用，需轮作，否则块根品质易退化，且易发生病虫害。

⑥施肥。大丽花喜肥，尤其对大花品种更应注意施肥。基肥不需过多，否则枝高、叶面粗糙，花期延迟且花朵不正。基肥多穴施于植株根系四周，注意切勿与块根接触。生长期间每 7～10 天施用加 8 倍水的人畜粪尿液 1 次或用"卉友"15-15-30 盆花专用肥。最好加施一些草木灰、饼肥和过磷酸钙，在定植后使用 0.05％～0.1％矮壮素喷洒叶面 1～2 次，来控制大丽菊的植株高度。但夏天，植株处于半休眠状态，一般不施肥。

⑦管理。待苗高 15 厘米时摘心 1 次，增加分枝，使多开花。

6月底7月初第一次开花后需及时摘除，减少养分消耗，选留的基部侧芽以上扭折下垂，留高20～30厘米，待伤口干缩后再剪，以免雨水灌入中空的茎内，引起腐烂，可促使新花枝形成，延长观花时间。做切花栽培者，主干或主侧枝顶端之花朵，往往花梗粗壮，不适作切花观赏，故应除去顶蕾，使侧蕾或小侧枝的顶蕾开花，用作切花。要注意及时剥去无用的侧蕾。霜前植株稍枯萎时，剪去茎叶，放半阴处，数天后挖起块根，室内沙藏。

（7）病虫害防治　大丽花夏季常发生红蜘蛛、脐螬、钻心虫等害虫危害，应注意通风。

① 脐螬。用3％呋喃丹喷杀。

② 红蜘蛛。用杀螨剂喷杀。

③ 钻心虫。喷洒40％的氧化乐果1000～1500倍液防治。

④ 白粉病和褐斑病。发病时可喷洒石硫合剂、稀释1000倍的50％托布津可湿性粉剂，也可喷1500～2000倍的波尔多液预防。

二、球根海棠

（1）科属　秋海棠科，秋海棠属。

（2）别名　秋海棠、茶花海棠、球根秋海棠、玻璃海棠、牡丹海棠。

（3）产地与习性　产于亚热带及热带林下沟溪边的阴湿地带。性喜温暖湿润、夏季凉爽、光照不太强和通风良好的半阴环境。忌高温、强光。生长适温15～20℃，夏季不可太热，以不超过25℃为宜，32℃以上则茎叶枯落，冬季栽培温度不得低于10℃。生长期要求较高的空气湿度，白天约75％，夜间80％以上。球根海棠春季块茎萌发生长，夏秋开花，冬季休眠。栽培土壤以疏松、肥沃、排水良好的微酸性砂壤土为宜。

球根海棠植株秀丽优美，花形大，数量多，色彩丰富，花期长，春夏间开花，有极高的观赏价值，是世界著名的夏秋盆栽观赏花卉。球根海棠在我国云南栽培较多，东北地区的夏季凉爽，冬季室内温暖，适于栽培秋海棠，是理想的室内盆栽观赏花卉。

（4）外观形态　球根海棠为多年生草本花卉植物，地下茎为不规则扁球形、褐色。株高30厘米左右，茎直立或铺散、侧展，有分枝，肉质，有毛。叶互生，呈不规则的心脏形，先端锐尖，基部偏斜，叶缘有齿及纤毛，聚伞形花序着生叶腋。球根海棠花大而美丽，每梗有花 3～6 朵，花有单瓣、半重瓣、重瓣之分。花单性同株，雄花大而美丽，径 5 厘米以上，雌花小型。雄花有单瓣、半重瓣和重瓣，花色有大红、紫红、白、淡红、橙红、黄及复色。花期 7～10 月，如图 7-46 所示。

图 7-46　球根海棠

（5）扦插繁育　扦插法可保持品种的优良性状，但球根海棠发根比较困难。具体方法可采用春季球根栽植后，块茎顶端常萌发多个新芽，只保留一个壮芽，其余都可用来扦插。插穗长为 7～10 厘米，插于河沙中，保持温度 23℃，空气湿度 80%，15～20 天即可生根。

（6）栽培管理

① 温度。生长适温为 16～25℃，但冬季不低于 10℃，夏季不高于 28℃，球根海棠最喜欢昼夜温差大的环境条件。

② 光照。球根海棠虽喜光照，但温度不能太高，且夏季需要用遮阳网，否则易造成病害流行。在高温、光照不足条件下，易造成植株徒长。

③ 湿度。整个生长期将空气湿度控制在 60%～80% 即可。养护过程中，土壤保持适度湿润，但水分不可过量，否则会阻碍茎叶

生长和引起块茎腐烂。

④ 施肥。上盆时应施以基肥，每 7～10 天追施 1 次腐熟液肥，可用腐熟的饼肥澄清液加水 15 倍或施入 10 倍水的人畜粪尿，不可浇在叶片上。肥料浓度比例控制生长期氮：磷：钾为 1：1：1，催花期氮：磷：钾为 1：2：2。叶片如果为淡绿色表明缺肥。叶片如果呈淡蓝色并出现卷曲，说明氮肥过多，应减少施肥量或延长施肥间隔时间。夏季高温季节停止施肥，并避免雨淋、积水。为保证花期延长，花后修剪去老茎残花，保留 2～3 个壮枝，追肥，可促进二次开花。秋季茎叶枯黄后，将枝叶从基部剪掉，连盆放置于 5～10℃干燥处储存越冬。

⑤ 土质。球根海棠喜肥沃、排水良好的砂壤土，可采用 3 份草炭土、1 份珍珠岩、1 份蛭石的混合土壤。

（7）病虫害防治　夏季高温条件下，球根海棠容易受介壳虫、卷叶蛾幼虫和蓟马等害虫的危害。

① 介壳虫。可用 40％氧化乐果乳油 1000 倍液喷杀。

② 蓟马。可用 4000 倍高锰酸钾进行喷杀。

③ 卷叶蛾。可用 10％除虫菊酯乳油和鱼藤精 2000 倍液喷杀。

④ 茎腐病和根腐病。生长期（6～8 月）内如遇高温多湿、通风不良环境时易发生此类疾病，应拔除病株，控制室温和浇水量，并喷 25％多菌灵 250 倍液防治。

三、百合

（1）科属　百合科，百合属。

（2）别名　番韭、山丹、山蒜头、强瞿倒仙。

（3）产地与习性　全球已发现有百多个品种，中国是其最主要的起源地，原产五十多种，是百合属植物自然分布中心。也分布于亚洲东部、欧洲、北美洲等北半球温带地区。百合喜冷凉湿润、阳光充足的半阴环境，忌干旱、忌酷暑，耐寒性稍差，要求肥沃、腐殖质丰富、排水良好的微酸性砂壤土。

百合花品种繁多，姿态美丽，花大有芳香，可作切花，也可布置花坛或花境。

（4）外观形态　百合为多年生鳞茎类球根草本花卉，地上茎直立不分枝或少数上部有分枝，高 0.5～1.5 米，茎直立，不分枝，光滑或有棉毛、绿色，茎秆基部带红色或紫褐色斑点。散生叶披针形，螺旋状着生于茎上，全缘，无柄或具短柄，少数种类叶对生，叶脉平行。地下具鳞茎，鳞茎扁球形，白色或淡黄色，由 20～30 瓣重叠累生在一起，外无皮膜。总状花序，花着生于茎秆顶端，单生或簇生，呈总状花序，花大，漏斗状或喇叭状或杯状等，六裂无萼片。花直立，平展或下垂，花被片 6 片，2 轮，花呈喇叭形、钟形或碗形。花色有橙、淡绿、白、粉、橘红、洋红及紫色。花期 5～10 月。花落结长椭圆形蒴果，如图 7-47 所示。

图 7-47　百合

（5）扦插繁育　百合可用扦插鳞片进行繁殖。

① 扦插过程。秋天挖出鳞茎，将老鳞上肥厚、充实的鳞片逐个分掰下来，要求每个鳞片的基部带有一小部分茎盘，经消毒后，稍阴干，然后再按照 4 厘米×4 厘米的株行距，扦插于盛好河沙（或蛭石）的花盆或浅木箱中。

② 扦插管理。在 20℃左右条件下，保持一定的基质湿度，经 1 月左右鳞片伤口处可生根。冬季河沙不宜过湿。培养到次年春天，鳞片即可长出小鳞茎，将新生小鳞茎栽入盆中，加以精心管理，培养 3 年左右即可开花。

（6）栽培管理

① 定植。百合于 9～11 月定植，种植宜较深，一般 18～25 厘米。

② 浇水。生长期应适当灌溉，忌积水。

③ 温度。百合生长、开花适合温度为 16～24℃，低于 5℃ 或高于 30℃ 生长几乎停止，10℃ 以上植株才正常生长，超过 25℃ 时生长又停滞，如果冬季夜间温度低于 5℃ 持续 5～7 天，花芽分化、花蕾发育会受到严重影响，推迟开花甚至盲花、花裂。

④ 光照。喜阳光充足，但大多数不耐烈日，稍有这样有利生长。

⑤ 土质。百合喜肥沃、腐殖质多深厚土壤，最忌硬黏土，排水良好的微酸性土壤为好，土壤 pH 值为 5.5～6.5。

⑥ 施肥。种植前 1 个月先施足充分腐熟的堆肥和少量骨粉及为作基肥。喷涂宜用腐叶土、砂土、园土以 1∶1∶1 的比例混合配制。生长期内追施 2～3 次加 5 倍水的稀薄人畜粪尿液，并适量配合施用磷肥和钾肥，如堆肥、饼肥和草木灰等最宜，注意切勿将肥水浇在叶片上，应离茎基稍远。但忌碱性和含氟肥料，以免引起烧叶。通常情况下可使用尿素、硫酸铵、硝酸铵等酸性化肥，切勿施用复合肥和磷酸二氨等化肥。

⑦ 管理。百合定植栽好后，于种植穴上覆盖枯草落叶，并用枯枝压盖。及时中耕、除草、防治病虫害，花数较多且茎秆较细弱的植株，应设立支柱，以防花枝断折。百合开花后，地上部分枯萎，鳞茎从此进入休眠阶段，休眠期一般较短，解除休眠需 2～10℃ 低温即可。百合秋季种植秋凉后萌发新芽，但新芽不出土，翌春回暖后方可破土而出，并迅速生长和开花。

（7）病虫害防治 百合的病虫害较多，也较严重，如危害鳞茎的有马陆幼虫、脐螬、病毒病和腐烂病等，茎叶上也有叶斑病等。

① 叶斑病。要摘除病叶，并用 65% 代森锌可湿性粉剂 500 倍稀释液喷洒或定期喷洒波尔多液，适当进行轮作，并进行土壤、鳞茎和盆土消毒，还应用无病鳞茎作种植材料，防止蔓延。

② 鳞茎腐烂病。发病初期，可浇灌 50% 代森铵 300 倍液防治。

③ 发生叶枯经病时，注意通风透光，发病初期摘除病叶，第

7～10 天喷洒 1%等量式波尔多液 1 次，或 50%退菌特可湿性粉剂 800～1000 倍液，连喷 3～4 次即可。

④ 虫害多用敌敌畏 500～600 倍液浇灌根部来防治。

四、大岩桐

（1）科属　苦苣苔科，大岩桐属。

（2）别名　落雪泥，六雪泥。

（3）产地与习性　原产巴西。现在栽植的大多是经过多次杂交育种的园艺品种。适生于夏季凉爽、冬季温暖的热带高原地区。性喜温暖、高湿和荫蔽的环境，忌阳光直射，不耐寒。通风不宜过多，喜轻松，肥沃，排水良好又有保水能力的富含腐殖质土壤。要求冬季休眠期保持干燥温度。

大岩桐花大而美丽，开花自春至秋不断，是家庭室内盆栽观赏的有名夏季花卉。可盆栽摆放于窗台、桌几上，作室内点缀用。

（4）外观形态　大岩桐为多年生草本植物，具肥大扁球形块茎，地上茎极短，全株有白色粗毛，株高 12～25 厘米。叶大而肥厚翠绿，叶对生，长椭圆形或卵圆形，叶背稍带红色，边缘有钝锯齿。叶脉间隆起，花梗较长，自茎中央或叶腋间抽生出来，一梗一花，花朵大而鲜艳美丽，花顶生或腋生，花冠阔钟形，先端浑圆，呈丝绒状，花冠浅五裂，花色有白、粉、墨红、紫、红、青色等。蒴果，花后 1 个月种子成熟；种子褐色，细小而多，如图 7-48 所示。

（5）扦插繁育　大岩桐常用嫩茎和叶作插穗进行扦插繁殖。

① 叶插。叶插是在少量繁殖或需保留原品种时采用的方法。通常在春季进行，花落后，选取优良单株生长健壮的叶片，连叶柄一起剪下，将叶片剪去一部分，叶柄基部修平，斜插于温室沙床中，1/3 插入沙床、2/3 留在地面，温度保持在 20℃ 左右为宜，保持相对空气湿度 80%作于并适当遮阴，插后 10～15 天叶柄基部即可生根成活，但后期生长缓慢。

② 嫩茎插。块茎上常萌发嫩茎，剪取嫩茎，长 2～3 厘米，插于膨胀珍珠岩或细沙中，室温维持在 18～20℃，插后 15～20 天生根，移入小盆，次年 6～7 月开花。

图 7-48 大岩桐

（6）栽培管理

① 定植。大岩桐栽植深度以稍露球茎为宜，不宜过深，过深则生长不良或腐烂。当球茎发新芽后，除留一两个壮芽以外，其余均应抹去（抹去的芽可作扦插用）。

② 土质。大岩桐的盆土要求肥沃疏松呈微酸性壤土，pH 值 5.0～6.5 为宜。采用山地森林腐殖土（俗称山泥）为最好，忌用石灰质土壤栽培。也可用腐叶土 4 份、菜园土 4 份、厩肥土和肥渣土各 1 份配制而成的混合土。

③ 施肥。大岩桐喜肥，栽植时应施腐熟的堆肥或厩肥。除施基肥外，一般在植株 3～4 片叶子时，每周追施 5 倍水的人畜粪尿液 1 次或加 20 倍水的腐熟饼肥上清液 1 次。在生长期内施肥可用腐熟的人粪尿、饼肥及鱼杂，稀释后使用，也可用氮、磷、钾化肥，比例为 1：1：1.5，稀释成 0.1％溶液。施肥时切勿将肥水溅到叶面和芽上，否则易灼伤叶片，发生斑点，甚至会腐烂，通常施肥后必须立即喷水冲洗。在花期内 7～10 天追液肥 1 次，以稀释的油渣液肥或马蹄片泡水肥料为宜。

④ 浇水。生长期要求空气湿度大，经常用水喷洒周围地面 12 次以增加空气湿度，叶片可生长繁茂葱绿，避免黄叶。在生长期内

每天早上或晚上浇 1 次水，切忌浇水过多，否则土壤过湿，根系、球茎易腐烂。在花期水量要充足，花后宜逐渐减少水量，加强通风，令其自然休眠。在冬季休眠期要保持干燥，如湿度过大，温度又低，块茎易腐烂。

⑤温度。在不同生长发育期的大岩桐应处于不同的温度下。一般室内栽培适温为 20～25℃。苗期生长温度为 18～20℃。孕蕾温度宜控制在 20℃，过高则花梗细弱。开花之前逐渐降低温度至 15～20℃，使开花期延长，并能使之健壮。盆播温度以 18～20℃ 最适宜。夏季高温多湿，花蕾抽出时温度不可过高，否则花梗细弱，对植株生长不利，需适当遮阴。高温期注意通风、降温，花盛开时停止施肥。冬季温度不低于 5℃，休眠期温度可保持在 10～12℃。

⑥光照。大岩桐在生长期要适当遮阴，透光率达 50%～60% 为宜，光线太强生长缓慢。在花期光线过强会缩短开花时间，适当控制见光时间也能延长开花期，花后应光线稍强，有利于种子成熟及球茎的发育。夏季必须盖帘子遮阴，高温时要保持空气湿润，适当通风，但不能有穿堂风。

(7) 病虫害防治

①尺蠖。大岩桐生长期间常危害叶中嫩芽，应立即人工捉除捕杀，并喷 90% 敌百虫 1000 倍液或施入呋喃丹防治。

②叶枯性线虫病。除及时拔除病株烧毁外，盆钵、块茎、土壤均需消毒。

③猝倒病。易在幼苗期发生，应注意土壤的消毒。

④霉菌。高温多湿时大岩桐易受其危害，应把凋枯的植株清除，将盆放在通风良好的半阴处。

第八章

灌木植物类的扦插育苗

第一节　落叶灌木类

一、八仙花

（1）科属　虎耳草科，八仙花属。

（2）别名　绣球、斗球、粉团花、阴绣球、紫阳花。

（3）产地与习性　八仙花原产于中国四川和日本，喜温暖湿润的气候，忌烈日直晒，喜半阴环境。要求排水良好、富含腐殖质的酸性壤土。土壤酸碱度与花色有关。碱性土壤易使八仙花叶黄化，生长衰弱。

八仙花花大色美，花期长，为耐阴花卉。可配植于缘、林下、建筑物北面等的庇荫处，也可盆栽。

（4）外观形态　八仙花为落叶灌木，株高可达4米。根肉质。枝条粗壮，圆柱形，节间明显，紫灰色至淡灰色，无毛，具少数长形皮孔。叶对生，椭圆形至阔卵圆形，先端短而渐尖，淡绿色，边缘有钝锯齿，表面有光泽，叶柄粗壮叶脉明显。花为不孕花，呈球形，伞房状聚伞花序近球形，具短的总花梗，分枝粗壮，近等长，密被紧贴短柔毛，花密集，多数不育。花初开时为淡绿色后转变为白色，最后变为粉红色或蓝色，花期5~7月，如图8-1所示。

（5）扦插繁育　八仙花的繁殖以扦插为主。扦插繁殖分硬枝扦插和嫩枝扦插。扦插除冬季外，均可进行。

① 硬枝扦插。于3月上旬植株未发芽前切取枝梢2~3节，摘除下部叶片，以减少水分蒸发，进行温室盆插。

图 8-1　八仙花

②嫩枝扦插。夏季生长旺季的 5 月、6 月间，于发芽后到新梢停止生长前进行为最好。选取从基部剪取主干和侧枝上萌发的幼嫩侧枝，带叶插入素沙土中，放在蔽荫处养护保湿，保持插床和空气湿润，在 20℃ 左右的条件下，10～20 天即可生根，且成活率高，次年即可开花。

(6) 栽培管理

①土质。八仙花喜温暖湿润及半阴的环境。宜肥沃、富含腐殖质、排水良好的稍酸质土壤，适宜的土壤 pH 值为 4.0～4.5。盆土常用壤土、腐叶土或者堆肥土等量混合，并加入适量的河沙。

②施肥。生长期间一般每 2～3 周施 1 次稀薄酱渣水，以促进植株生长和花芽分化。为使土壤经常保持酸性条件，可结合施液肥时每 100 千克肥水中加 200 克硫酸亚铁，使之变成矾肥水浇灌。孕蕾期间增施 1～2 次 0.5% 过磷酸钙，则会使花大色艳。

③浇水。八仙花叶片肥大，枝叶繁茂，需水量较多，在生长季的春、夏、秋季，要选择庇荫处浇足水分使盆土经常保持湿润状态。夏季天气炎热，蒸发量大，除浇足水分外，还要每天向叶片喷水。八仙花的根为肉质根，浇水不能过分，注意雨季排涝，忌盆中积水，否则会烂根。

④ 管理。春季宜重剪，留茎部 2～3 芽，新芽长到 10 厘米时，摘心 1 次，可促使多分枝，开花繁茂。10 月底将植株移入低温温室。

⑤ 温度。生长期适宜温度 15～25℃。冬季温度 3～5℃，可使植株充分休眠。

（7）病虫害防治

① 萎蔫病、白粉病和叶斑病。用 65％代森锌可湿性粉剂 600 倍液喷洒防治。

② 蚜虫和盲蝽。可用 40％氧化乐果乳油 1500 倍液喷杀。

二、杜鹃

（1）科属　杜鹃花科，杜鹃花属。

（2）别名　鹃花、映山红、山踯躅、金达莱、山石榴、羊角花。

（3）产地与习性　杜鹃花原产不丹、锡金。遍布北半球寒温两带。现广布于我国长江流域各省，东至台湾，西南达四川、云南，在长白山区及大兴安岭、小兴安岭地区等都有大量分布，我国已是世界分布的中心。杜鹃花性喜光，喜温暖、通风、半阴、凉爽、湿润的环境。适宜疏松、排水良好、富含腐殖质的酸性或微酸性的土壤（pH 值在 5.5～6.5 之间）。杜鹃花怕干、怕涝。部分园艺品种适应性较强，耐干旱、瘠薄，但在黏重或通透性差的土壤上，生长不良。

杜鹃花烂漫如锦，显示出大自然的绚烂瑰丽，花色丰富，是园林绿地优良的绿化树种，也常盆栽观赏。

（4）外观形态　杜鹃花为落叶小灌木，高 2～7 米，分枝多，枝条多、细长而直，有亮棕色或褐色扁平糙毛。单叶互生，有时对生，叶纸质，常集生枝端，全缘，椭圆状卵形，先端短渐尖，基部楔形或宽楔形，边缘微反卷，具细齿。花朵顶生，伞形花序或总状花序，一至数朵簇生，花冠漏斗形五裂。花色丰富，有大红、桃红、紫红、粉红、墨红、肉红、橙红、金黄、纯白、粉紫色等。颜色变异非常大。蒴果卵球形，密被糙伏毛，花萼宿存。花期 4～5 月，果期 6～8 月，如图 8-2 所示。

图 8-2　杜鹃

（5）扦插繁育　扦插繁殖是杜鹃繁殖应用最广泛的方法，方法简单成活率高，操作简单，性状稳定，生长快速。杜鹃多采用硬枝扦插，有些比较好的品种，也可进行嫩枝扦插，生根成活率达80%。

①插穗选取。取当年生节间短粗壮的木质化嫩枝作插穗，带踵掰下，修平毛头，剪去下部叶片，留顶端4～5片叶，如枝条过长可截去顶梢。如果剪下的插穗一时不能扦插，可用湿布或苔藓布包裹基部，然后套上塑料薄膜，放在阴处可存放数日。

②扦插时间。在江南，梅雨季节前扦插，成活率最高，西鹃在5月下旬至6月上旬，毛鹃在6月上旬至中旬，东鹃、夏鹃在6月中旬至下旬。插穗老嫩适中，天气温暖湿润时扦插，成活率达90%以上。

③扦插方法。少量可用盆插，大量可用床插。基质用兰花泥、黄山土、河沙或蛭石、珍珠岩等均可，要求病菌少、无杂草，不掺肥料。插入插穗的1/3～1/2，插后用细孔壶喷洒，置阴棚下。盆底需垫高，插床深20厘米，床底填7～8厘米厚排水层，以利排水。

④扦插管理。插后1个月内，要设棚遮阴和喷水，使插穗保

持湿润。大雨时避免雨水冲击，连日阴雨要注意排水。高温季节要增加地面、叶面喷水，注意通风降温。1～2 个月可生根成活。西鹃生根较慢，需 60～70 天。

（6）栽培管理

① 上盆。一般在春季出房时或秋季进房时进行，须保持原植株生长的泥团与新土的表面齐平。如盆深，可在底孔上先垫一片窗纱，放 3 片交叉瓦片，铺少许黄沙再栽植。切勿多填土以稳定植株，这是杜鹃换盆后决定生长成败的关键，杜鹃是浅根性植物，栽深易"憋死"。浅栽时植株如不稳，可用砖块、鹅卵石等压住根土，待新根长出及盆土结实后，去掉压物。上盆后放于光亮处伏盆数日，再搬到适当位置。幼苗期换盆次数较多，每 2～3 年 1 次。10 年以后，可 3～5 年换 1 次。老株只要不出问题，可多年不换。

② 温度。杜鹃较耐低温，只有极少数的娇贵品种须防冻。秋末 10 月中旬开始搬入室内，冬季置于阳光充足处，室温保持 5～10℃，最低温度不能低于 5℃，否则停止生长。如西鹃中的四海波系品种，盆栽在 20℃ 时，叶片呈淡黄紫色，如不及时搬入室内，第二年花后叶片颜色才能慢慢转过来，还会落去半数叶子。阳台养植杜鹃，在 -2℃ 时最好入室防寒，以免冻坏根系而死亡。0～4℃ 时，杜鹃进入休眠状态。杜鹃开花最适温度为 15～25℃，花蕾发育最快。早花品种如西鹃的双季桃雪、双花红等，在室内养护可从 11 月陆续开到第二年 3 月。

③ 浇水。根据天气情况、植株大小、盆土干湿、生长发育需要，灵活掌握。栽植和换土后浇 1 次透水，使根系与土壤充分接触，以利根部成活生长。以 pH 值 5.5～6.5 的微酸性水为宜。可以 50 千克水加 0.1% 硫酸亚铁的混合水常年浇用。如用自来水浇花，最好在缸中存放 1～2 天，水温应与盆土温度接近。11 月后气温降低，生长缓慢，水分需要量少，室内不加温时，3～5 天可不浇水。2 月下旬生长逐步加快，水量要适当增加。生长期注意浇水，从 3 月开始，开花抽梢，需水量大，逐渐加大浇水量，晴天每日 1 次，不足时傍晚要补水。梅雨季节，连日阴雨，应及时侧盆倒水。7～8 月高温季节，要随干随浇，不能缺水，经常保持盆土湿润，午间、傍晚要在地面、叶面喷水，以降温增湿，但勿积水。

9～10月以后虽然天气仍热，应逐渐减少浇水。

杜鹃花忌涝，"涝"是杜鹃掉叶的主要原因。在浇水时间上，注意缩小水与盆土的温差。天热以日出前和日落后为宜，如在下午2～3点浇水，易造成"生理干旱"即俗称的"火烧病"，使植株枝叶枯焦。天冷室外植株最好在中午日光下浇水，不仅缩小温差，主要是防冻。夏季可偏湿，冬季应偏干一点。冬季入室后保持盆土湿润即可。

④ 光照。4月中、下旬搬出温室，先置于背风向阳处。夏季在28℃以上的强光下需遮阴，或放在树下疏荫处，避免强阳光直射。否则易发生叶尖焦枯、生长停滞现象。杜鹃在室内要有一定的自然光照，没有黑白的光周期条件也养不好杜鹃。西鹃5～11月都要遮阴，棚高2米左右，芦帘透光率20%～30%。

⑤ 土质。以酸性松毛土、疏松的山泥或腐叶土，pH值5.5～6.5为最好，使用山泥，也可拌20%的糠灰和2%的骨粉，使其疏松、肥沃。还可用黑山土即兰花泥，色黑、质轻为佳。用时，摊开曝晒数日，拣出杂物，筛出粗细，分层装盆，保证排水畅通。此外，泥炭土、黄山土、腐叶土、松针土，甚至是煤渣、锯末等配置的混合土，只要pH值在5.5～7之间，通透排水好，富含腐殖质均可。

⑥ 施肥。杜鹃花既喜肥但又忌浓肥，一般人粪尿不适用，适宜追施矾肥水。在春秋生长旺季每10天施1次稀薄的饼肥液水，可用淘米水、果皮、菜叶等沤制发酵而成，同时施用。在秋季还可增加一些磷、钾肥，可用鱼、鸡的内脏和洗肉水加淘米水和一些果皮沤制而成。除上述自制家用肥料外，还可购买一些家用肥料配合使用，但切记要"薄"肥适施。入冬前施1次少量干肥，换盆时不要施盆底肥。另外，无论浇水或施肥时用水均不要直接使用自来水，应酸化处理（即添加2.25%的硫酸亚铁或食醋为酸化处理），当pH值达到6左右时再使用。

杜鹃的施肥还要根据不同的生长时期来进行，3～5月，为促使枝叶及花蕾生长，每周施肥1次。6～8月是盛夏季节，杜鹃花生长渐趋缓慢而处于半休眠状态，过多的肥料不仅会使老叶脱落、新叶、发黄，而且容易遭到病虫的危害，故应停止施肥。9月下旬天气逐渐转凉，杜鹃花进入秋季生长，每隔 10 天施 1 次 20％～30％的含磷液肥，可促使植株花芽生长。一般 10 月以后，秋季生长基本停止，就不再施。

⑦ 湿度。环境干燥则其叶片不展，花朵焦边，花蕾不放，枯萎，叶色浅淡。经常在地面洒水，人工叶面喷雾，或置杜鹃于高大植株的叶荫下。也可在夏季将泥盆倒扣在半盆水上，把杜鹃盆放于倒扣盆上，以提高环境湿度。

⑧ 修剪。幼苗在 2～4 年内，为了加速形成骨架，常摘去花蕾，或当新梢长到 4～5 厘米时摘心，促使侧枝萌发。有些品种新梢短而多，则不宜摘心，而应适当疏枝。5～10 年生苗开花不宜太多，应摘去部分花蕾。长成大棵以后，主要是剪除病枝、弱枝以及紊乱树形的枝条，均以疏剪为主。

⑨ 管理。蕾期应及时摘蕾，使养分集中供应，促进花大色艳。修剪枝条一般在春、秋季进行，剪去交叉枝、过密枝、重叠枝、病弱枝，及时摘除残花。整形一般以自然树形略加人工修饰，随心所欲，因树造型。温度可调节花期，随心所愿，花后即进行修剪的植株，10 月下旬可开花。若生长旺季修剪，花期可延迟 40 天左右。若结合扦插时修剪，花期可延迟至第二年 2 月。因此，不同时期的修剪，也影响花期的早晚。

(7) 病虫害防治 杜鹃易受红蜘蛛、黑斑病等病虫害危害。

① 红蜘蛛。冬季清除枯枝落叶后以消灭越冬成虫，并在发生虫害时用 40％氧化乐果乳油 800 倍液喷杀或 10％天皇星乳油 1000 倍液喷杀或 58％风雷激乳油 1500～2500 倍液喷杀。

② 黑斑病。在发病早期喷施 50％甲基托布津可湿性粉剂 1000 倍液 1～2 次，以抑制病害发展，也可用 50％托布津可湿性粉剂 500 倍液喷洒防治。

三、紫叶小檗

(1) 科属 小檗科，小檗属。

(2) 别名 红叶小檗。

(3) 产地与习性 原产于日本。我国东北南部、华北及秦岭地区也有分布。现我国各大城市均有栽培。紫叶小檗多生于海拔

1000 米左右的林缘或疏林空地。紫叶小檗适应性较强，喜充足的光照，不耐阴，否则因光不足叶会退化变为绿色。喜温暖湿润环境，也耐旱，耐寒。对土壤要求不严，但以肥沃而排水良好的砂质壤土生长最好。萌芽力强，耐修剪。

紫叶小檗在光稍差或密度过大时部分叶片会返绿，园林常用于常绿树种的块面色彩布置，也可用来布置花坛、花镜或者片植、丛植、栽培作绿篱，是园林绿化中色块组合的重要树种。

（4）外观形态　紫叶小檗为落叶灌木，高 1～2 米，多分枝，枝丛生。幼枝红褐色或暗红色，枝节有锐刺，老枝灰棕色或紫褐色，有槽，具刺。叶小，1～5 枚簇生，叶互生，倒卵形或狭倒卵形，全缘，在短枝上簇生，先端微尖，基部细长，叶色紫红到鲜红，叶背色稍淡。花序伞形或近簇生，下垂，有花 2～5 朵，花黄色，花瓣边缘有红色纹晕。浆果椭圆形，成熟后鲜红色。宿存。花期 4～6 月，果期 8～10 月，如图 8-3 所示。

图 8-3　紫叶小檗

（5）扦插繁育　紫叶小檗多用扦插法繁殖。扦插适宜于夏、秋季节进行。用当年生半木质化枝作插穗，剪枝每段 8～12 厘米，上端留叶片，剪掉锐刺，再扦插于沙床，保持湿度在 90% 左右，温度 25℃ 左右，经 30～40 天发根成苗。

（6）栽培管理

① 上盆。盆栽通常在春季 1～2 月或秋季 10～11 月分盆或移植上盆，裸根或带土坨均可，如能带土球移植，则更有利于恢复。

② 土质。紫叶小檗适应性强，宜栽植在排水良好的砂壤土中。

③ 浇水。紫叶小檗对水分要求不严，3～10 月每周浇水 1 次。浇水应掌握间干间湿的原则，不干不浇，苗期土壤过湿会造成烂根。11 月浇冻水。

④ 光照。盛夏季节宜放在半阴处养护，其他季节应让它多接受光照。

⑤ 温度。此植物虽较耐旱，但经常干旱对其生长不利，高温干燥时，如能喷水降温增湿，对其生长发育大有好处。寒流侵袭低于 10℃要预防寒害。

⑥ 施肥。夏季 6 月、7 月生长期间，每月应施 1 次 20%的饼肥水等复合液肥。施肥可隔年，秋季落叶后，在根际周围开沟施腐熟厩肥或堆肥 1 次，然后埋土并浇足冻水。追施两三次稀薄复合液肥。

⑦ 管理。整形修剪宜在春季萌芽前进行。花后控制生长高度，枝条生长过旺而影响观赏时可随时修剪老枝、弱枝等，使之萌发枝新叶后，使株形圆满，有更好的观赏效果。

（7）病虫害防治　常见病害是白粉病，此病靠风雨传播，且传播速度极快、危害大，应及时用三唑酮稀释 1000 倍液，进行叶面喷雾，每周 1 次，连续 2～3 次可基本控制病害。虫害主要是蚜虫危害，可在发病期喷施 50%杀螟松或 10%吡虫啉可湿性粉剂 1000 倍液。

四、银柳

（1）科属　杨柳科，柳属。

（2）别名　银芽柳、七里香、桂香柳、褪色柳、沙枣。

（3）产地与习性　产于我国新疆天山北坡由东至西和南坡至喀什阿克陶山区。俄罗斯也有分布。适合生于山地云杉林缘或林中空地。银柳性喜潮湿，好肥，耐寒，喜阳光。适宜于疏松、肥沃、排水良好的壤土。

银柳芽饱满肥大呈银白色是一种优良的观芽植物。适宜植于庭院路边。银柳也是优良切花材料，观芽期长，是家庭室内装饰的理想材料。银柳叶片低矮，生长速度快。晚夏，满树花朵馥芳香，还能为园林提供罕见的银白色景观，也可做观赏树及背景树。银柳是很好的造林、绿化、薪炭，防风、固沙树种。

（4）外观形态　银柳为落叶丛生大灌木，高至 4～5 米，基部抽枝，新枝有绒毛，树皮灰色。叶互生，披针形或长椭圆倒卵形，边缘有细锯齿，先端渐尖，基部楔形，叶背面有毛，深绿色，叶柄褐色，有绒毛。花芽肥大，苞片卵圆形，先端尖或微钝，紫红色。冬季先花后叶，苞片脱落即露出银白色未开放花序，形似毛笔，花期 3～4 月，果熟期 4～5 月。因开花香味与江南桂花相似，生命力又非常顽强，故有"飘香沙漠的桂花"之美称，如图 8-4 所示。

图 8-4　银柳

（5）扦插繁育　银柳的扦插繁殖采用嫩枝扦插和硬质扦插均可。

① 嫩枝扦插。在春末至秋初植株生长旺盛时，选用当年生的粗壮枝条作为插穗。将枝条剪下后，选取壮实的部位，剪成 5～15 厘米的小段，要求每段带 3 个以上的叶节。剪取插穗时要注意，上

面的剪口在最上一个叶节的上方约 1 厘米处平剪，下面的剪口在最下面的叶节下方约为 0.5 厘米处斜剪，要求剪刀锋利，上下剪口平整。

② 硬质扦插。在早春气温回升后，选取去年的健壮老枝做插穗。每段插穗通常保留 3～4 个节，可直接在露地作畦扦插。插后20～25 天极易生根，成活率高。

(6) 栽培管理

① 土质。扦插基质用田园土，保持湿润。

② 定植。生根后的扦插苗即可定植，当新枝高 20 厘米左右时可移栽大田，每平方米 50～60 株即可。

③ 温度。银柳对热量条件要求较高。插穗生根的最适温度为20～30℃，低于 20℃，插穗生根困难、缓慢。高于 30℃，插穗的上、下两个剪口容易受到病菌侵染而腐烂，并且温度越高，腐烂的比例越大。10℃以上时，生长进入旺季，16℃以上时进入花期。果实则主要在平均气温 20℃以上的盛夏高温期内形成。

④ 湿度。扦插后必须保持空气的相对湿度在 75%～85% 之间。

⑤ 施肥。扦插苗成活后，注意施肥 1～2 次，促使新枝生长。翻耕前施入加 5 倍水稀释的人畜粪作基肥，生长期结合中耕除草每月施以 5 倍水的腐熟人粪尿，叶面喷施 0.2% 的磷酸二氢钾。特别在冬季花芽开始膨大和剪取花枝后要加施 1 次氮肥，以促进花芽饱满。

⑥ 浇水。春季每 4～5 天浇水 1 次，夏季干旱、高温时要及时灌溉。雨季时注意排涝。夏季高温干旱时，注意灌溉，保持土壤湿润。

⑦ 管理。每年春季花凋谢后，自地平面向上 5～10 厘米处平茬重剪，以促其萌生更多的新枝，并修剪弱枝和姿态不整的枝条，剪取花枝要轻拿轻剪，防止芽苞脱落，影响花枝质量。平茬后要施肥 1 次。

(7) 病虫害防治

① 红蜘蛛。可用 0.2～0.3 波美度石硫合剂，每半月喷 1 次，或用 20% 三氯杀螨醇可湿性粉剂 1000 倍液喷治。

② 褐斑病。可在银柳展叶后，每隔 15 天喷 1 次 50% 代森锌

300～500 倍液，或 75%百菌清 600～800 倍液，或退菌特 500～800 倍液防治。全年共喷 3～4 次。

五、玫瑰

（1）科属　蔷薇科，蔷薇属。

（2）别名　刺玫花、穿心玫瑰、徘徊花、刺客。

（3）产地与习性　原产我国北部、朝鲜、日本等亚洲东部地区。现在主要在我国华北、西北和西南分布。玫瑰不耐积水。喜阳光，耐旱，也能耐寒冷，喜肥沃的砂质壤土，在背风向阳、排水良好、疏松肥沃的轻壤土生长良好，在黏壤土中生长不良，开花不佳。应离墙壁较远以防日光反射，灼伤花苞，影响开花。在微碱性土壤中也能适应。昼夜温差大、干燥的环境条件有利于生长。玫瑰不耐涝，积水会导致落叶，甚至死亡。分蘖能力强。光照与温度阳光充足可促使生长良好。无论地栽、盆栽均应放阳光充足的地方，每天要接受 4 小时以上的直射阳光。不能在室内光线不足的地方长期摆放。冬季入室，放向阳处。气温 12～18℃生长迅速，3 月、4 月温度过低，影响花芽分化，花期土壤含水量以 14%左右为宜。

（4）外观形态　玫瑰为落叶直立灌木。枝干多针刺。株高 2 米左右。奇数羽状复叶，小叶 5～9 枚，椭圆形至椭圆状倒卵形，先端急尖或圆钝，基部圆形或宽楔形，表面多皱纹，边缘有尖锐锯齿和刺。托叶大玫瑰部和叶柄合生。花单生于叶腋或数朵聚生，重瓣至半重瓣，苞片卵形，边缘有腺毛，花紫红色、白色，有芳香，花梗有绒毛和腺体。果扁球形，红色。花期 4～5 月，果期 9～10 月。常见品种有紫玫瑰、白玫瑰、重瓣白玫瑰、红玫瑰、重瓣紫玫瑰、杂种玫瑰等，如图 8-5 所示。

玫瑰花花朵可提取芳香油还可熏茶、醇酒。玫瑰在园林庭院中最适宜作花篱、花境、大型花坛和专类玫瑰园。

（5）扦插繁育　玫瑰的扦插繁殖可采用半木质化枝扦插、带踵嫩枝插、硬枝扦插和硬枝水插四个方法进行。

① 半木质化枝扦插。半木质化枝扦插适宜于 6～9 月进行。选择玫瑰花朵初谢的枝条，剪去花柄，将下部削平，每 2～3 节为一

图 8-5 玫瑰

段，切除下面的一枚叶片，并剪去不健康叶及嫩叶，用生长刺激素处理后插于插床中。

②带踵嫩枝插。选用早春新萌发的枝条，用利刀在其茎部带少许木质削下作为插穗，用生长激素处理后插入扦插床或小盆中。

③硬枝扦插。选用将越冬前剪下的一年生充实枝条，2～3节为一段，每10枝成一捆，在低温温室内挖一个30厘米的坑，将插穗倒埋在湿润砂土中，顶部覆盖5～10厘米的土，要求土壤保持不干，于第二年早春将插穗插入插床。

④硬枝水插法。秋季落叶时选用带1～2片叶的半木质化枝或硬枝，用利刀削平其基部，插入盛水容器中，将枝条的一半浸入水中，放在温度15～20℃且能见到阳光的地方，使其长出根来。在促根期间，每隔2～3天更换1次容器内的水，当枝条上新根的表皮变浅黄或淡褐色时，即可取出细心栽入营养袋中培养。

（6）栽培管理

①浇水。栽苗前1周左右浇水，保护床土湿润。定植后要及时浇水，定植水一定要浇足浇透，晴天正午时，每天喷水1～2次，保持床面湿润。在玫瑰的栽培过程中，如果土壤水分不足，就会引起植株叶片脱落。地表见干时应及时浇水，保持地面湿润。

②施肥。秋季落叶后，在植株周围挖环状沟，埋入肥效长、

可防寒并且充分腐熟的堆肥或畜粪等有机肥，春芽刚萌动时，用加5倍水的人畜粪尿液浇在根的周围，注意保证不污染茎叶。

③ 管理。定植前深翻土壤，并对土壤进行消毒，使土肥完全混合。及时剪去老枝及枯死枝条，对当年枝不宜截的过短。

（7）病虫害防治 玫瑰的病虫害有锈病、黑斑病、白粉病、黑绒金龟子、红蜘蛛等。

① 锈病、白粉病、霜霉病、黑斑病。应尽快剪去发病枝叶，以减少再传播的机会，同时可用50%多菌灵可湿性粉剂1000倍液、百菌清800倍液或腈菌唑600倍液等药剂喷杀防治。

② 金龟子。可用敌敌畏防治。

③ 红蜘蛛。多发生于夏季高温干燥时，发生初期，可用螨即死600倍液喷雾、三氯杀螨醇或用锐螨净1000～1500倍液喷雾防治，效果好。

六、结香

（1）科属 瑞香科，结香属。

（2）别名 黄瑞香、梦冬花、打结花、家香、金腰带。

（3）产地与习性 原产于我国河南、陕西及长江流域以南诸省区。结香为暖温带植物，性喜温暖湿润的半阴环境，耐寒力较差。喜肥沃而排水良好的砂壤土，根肉质，怕积水。

结香适宜盆栽观赏，曲枝造型，也可用作园林绿化树种，枝干可作干花材料，全株入药能舒筋活络，也可作兽药，治牛跌打。

（4）外观形态 结香为落叶灌木，株高约0.7～1.5米，枝条粗壮柔软，疏生，褐色，不易断，常三叉分枝。因枝条非常柔软，可以打结而不断，故名"结香"。叶互生，常簇生枝顶，阔披针形，两面有毛，全缘。头状花序顶生，如一只只小喇叭，黄色，有浓香，花期3～4月，先叶开放。叶全缘互生，长椭圆形，集生于枝端。果实卵形，两端有绒毛，果熟期6～8月，如图8-6所示。

（5）扦插繁育 结香用扦插繁殖宜在春季萌芽前进行。扦插一般在2～3月或6～7月进行。选取健壮的一年生枝条，一刀将枝条中、下部分削成马耳形，长度保留10～15厘米，插入土中2/3，压实，充分浇水，保持湿润，但又不宜过湿，遮阴或半遮阴，过了

图 8-6　结香

梅雨季节即可生根，极易成活，当年可长到 50～70 厘米高，次年可移植。

（6）栽培管理　结香栽培十分容易，无需特殊管理。

① 施肥。地栽每年施 1 次基肥即可，盆栽在春季萌芽抽梢期施用 30%腐熟的豆饼和鸡粪混合液肥 1 次，9 月下旬施加 10 倍水腐熟饼肥水 1 次。

② 浇水。雨季注意排水，10 月中旬浇适量水。

③ 修剪。每当老枝衰老时要及时修剪更新，移植可在冬、春季进行，一般可裸根移植，成丛大苗宜带泥球。

（7）病虫害防治

① 虫害。主要有蚜虫和介壳虫危害，可喷洒 1000 倍 25%亚胺硫磷稀释液除治。

② 病毒性缩叶病。易发于阴雨多雾天气，主要为害叶片。发病后可用 50%多菌灵、50%托布津可湿性粉剂 800 倍液喷洒植株。

③ 白绢病。易在高温高湿，通风不良的环境下发生。发病后及时通风，用升汞石灰水配成 1∶15 的 1500 倍液，或 1%硫酸铜液，或 50%托布津可湿性粉剂 500 倍液，或萎锈灵 10 毫升/千克浇灌根部。

七、丁香

（1）**科属**　木樨科，丁香属。

（2）**别名**　洋丁香、百结、丁结、鸡舌香。

（3）**产地与习性**　丁香广泛分布于桑给巴尔、马达加斯加岛等地。丁香喜光耐阴，耐寒、耐旱。喜干爽环境和肥沃、湿润、排水良好土壤。因花筒细长如钉且香故名，为哈尔滨市市花。古代诗人多以丁香写愁。因为丁香花多成簇开放，好似结。称之为"百结花"，"丁结"。

丁香花序硕大、开花繁茂，花色淡雅、芳香，习性强健，栽培简易，因而在园林中广泛栽培应用，是著名的庭园花木。

（4）**外观形态**　丁香为落叶灌木或小乔木。小枝具皮孔，近圆柱形或带四棱形。冬芽被芽鳞，顶芽常缺。叶对生，全缘，单叶，稀复叶，稀分裂，具叶柄。花两性，聚伞花序排列成圆锥花序，与叶同时抽生或叶后抽生，顶生或侧生，具花梗或无花梗。花萼小，钟状，具4齿或为不规则齿裂，宿存。花冠漏斗状、高脚碟状，裂片4或5枚，开展或近直立，花蕾时呈镶合状排列。蒴果，微扁，如图8-7所示。

图 8-7　丁香

(5) 扦插繁育 扦插繁殖根据插穗的不同可分为半硬枝扦插和硬枝扦插两种。

① 半硬枝扦插。在初夏选用当年生半木质化的粗壮枝条作插穗。在落花后 20～30 天内，截取长 12～15 厘米、带 2～3 对芽节插穗，经生长激素处理后，插入珍珠岩基质，使其生根发芽，形成完整植株后再进行栽植。

② 硬枝扦插。在秋末冬初，丁香落叶休眠后，剪取一年生枝条，在室外或冰箱保湿状态下贮藏，于第二年春季冬芽萌动前取出，剪成 12～15 厘米长、带 2～3 对芽节的插穗，使下端切口紧靠节处，经生长激素处理后均可生根，但效果不及半硬枝扦插。

(6) 栽培管理

① 定植。将盆插苗于早春萌动前裸根移栽入苗圃地进行定植，株行距 15 厘米×30 厘米。

② 施肥。施入适量基肥，丁香花不喜欢大肥，不要施肥过多，否则影响开花。

③ 修剪。一般在秋后或早春适度修剪地上部分的枝条，以利于树体的恢复，保持株型美观。栽植时要考虑品种的生长特性（如灌高、叶形、花期、花色）进行配置，以提高其园艺观赏价值。

④ 管理。定植后，丁香在生长季内一般不需要特殊管理，只需适时适量浇水、锄草即可。

(7) 病虫害防治 病害有褐斑病，主要为害叶片，可在发病前或发病初期用 1∶1∶100 的波尔多液或 50% 的可湿性甲基托布津1000 倍溶液喷射。另有煤烟病为害。虫害主要为介壳虫。

八、牡丹

(1) 科属 毛茛科，芍药属。

(2) 别名 鼠姑、木芍药、鹿韭、洛阳花、白茸、百雨金、富贵花。

(3) 产地与习性 牡丹有数千年的自然生长和 1500 多年的人工栽培历史。在中国栽培甚广，并早已引种世界各地。喜温凉气候，性较耐寒，耐旱，不耐湿热。能耐 −29.6℃ 的绝对低温，在年平均相对湿度 45% 左右的地方也能正常生长。喜光，也较耐阴，在高温多湿的长江以南地区避去太阳中午直射或西晒，对其生长开花有利，也有助于花色娇艳和延长观赏时间。喜疏松肥沃、通气良好的壤土或沙壤土，忌黏重土壤或低洼积水之地。土壤从微酸性、中性到微碱性均可。但以中性土为宜。牡丹寿命较长。

（4）外观形态　牡丹为多年生落叶小灌木，生长缓慢。株型小，株高多在 0.5～2 米间。根肉质，粗而长，中心木质化。枝干直立而脆，圆形，为从根茎处丛生数枝而成灌木状，当年生枝光滑，黄褐色。叶互生，叶片通常为二回三出复叶，枝上部常为单叶，小叶片有披针、椭圆、卵圆等形状，顶生小叶常为 2～3 裂，叶上面深绿色或黄绿色，下为灰绿色，叶柄表面有凹槽。花单生于当年枝顶，两性，花大色艳，形美多姿，花径 10～30 厘米；花的颜色有白、红、黄、粉、紫、绿、紫红、墨紫（黑）、雪青（粉蓝）、复色十大色，如图 8-8 所示。

图 8-8　牡丹

（5）扦插繁育　牡丹的扦插繁殖一般采用硬枝扦插的方法。各品种间扦插成活率差异较大。

①扦插时间。宜在 9 月上旬至 10 月初，此时气温适宜。

②插穗选择。插穗宜用基部一年生粗壮萌蘖枝，随剪随插，插穗可用激素处理。

③ 扦插管理。全光照喷雾、蛭石扦插苗床用地膜覆盖或插于大棚中，保持一定温度、湿度，插后 25～30 天即可愈合生根，成活率可达 36%～40%，60 天左右新根可长到 1～3 厘米。一年生扦插苗根长可达 25～30 厘米。

此外，秋天结合越冬培土，将植株基部枝条用湿土培上（培土前将基部刻伤处处理更好），经过第二年雨季，枝条基部发生幼根。秋季将枝条连同幼根取下插入苗床。

（6）栽培管理

① 栽培时间。栽植时期要适当，这样栽后伤口愈合快，容易生根。黄河以北地区可适当早栽，以 9 月下旬至 10 月上、中旬为宜。长江以南地区可适当晚栽。

② 土壤。牡丹栽植时要选择疏松、肥沃、深厚的沙质壤土。土壤性质以中性最好，微碱、微酸性土壤亦可。栽植深度以根茎交接处与土面齐平为好。

③ 浇水。牡丹比较耐旱，要选择地势高燥、排水良好的地方，切忌栽在易积水的低洼之处。在春、秋干旱季节要进行浇水，但不能积水，夏季雨水多时还应注意排水防涝。

④ 施肥。牡丹是喜肥植物，要想使牡丹花大色颜，避免"隔年开花"的现象，合理施肥是重要条件之一。每年至少需施 3 次肥。第一次在 2 月中、下旬结合浇"解冻水"施入"花前肥"。第二次在 5 月上旬施"花后肥"，如用饼肥要充分腐熟。如用复合肥（化肥）要在距主根较远之处施入。也可用 0.2%～0.5%的磷酸二氢钾作根外追肥。第三次在入冬前后施肥。

⑤ 整形。为了使牡丹生长健壮，花多色艳，年年开花，整形修剪就变得非常重要。牡丹的整形修剪主要包括定干、修枝、除芽、疏蕾等项工作。花谢后及时摘花、剪枝，根据树形自然长势结合自己希望的树形下剪，同时在修剪口涂抹愈伤防腐膜保护伤口，防止病菌侵入感染。若想植株低矮、花丛密集，则短截重些，以抑制枝条扩展和根蘖发生，一般每株以保留 5～6 个分枝为宜。

⑥ 盆栽。牡丹除露地栽培外，也可进行盆栽。盆栽牡丹，要选择适应性强、花型较好的早、中花的品种，如"赵粉""胡红""似荷莲""洛阳红""二乔""一品朱衣""青龙卧墨池"等品种。

植株宜选择用芍药根嫁接、2～3 年生并带有 2～3 个枝干的小棵牡丹。

⑦ 温度。牡丹耐寒，不耐高温。华东及中部地区，均可露地越冬。通过温度的控制与调节，可使其在元旦、春节等节日开花。要使它在春节开花，可选 4 年生的优良品种，于春节前 35～60 天上盆，搬入温室后逐步升高温度，白天控制在 20～25℃，温度超过后可适当开窗通风。晚上控制在 10～15℃，并加强叶面喷水、地面洒水，以增加相对湿度。气温到 4℃时花芽开始逐渐膨大，低于 16℃不开花。如开花提前，可将花盆移入低温 5～15℃室内暂时贮放。

⑧ 光照。牡丹喜阳，但不喜曝晒。地栽时，需选地势较高的朝东向阳处，盆栽应置于阳光充足的东向阳台，如放南阳台或屋顶平台，西边要设法遮阴。

(7) 病虫害防治　牡丹易受叶斑病、紫纹羽病、菌核病、黄叶病等危害。

① 叶斑病、菌核病。11 月上旬立冬前后，将地里的干叶扫净集中烧毁，以消灭病原菌。5 月发病前每两周喷洒 1 次 1：1：160 倍的波尔多液，直到 7 月底。发病初期可每周喷洒 500～800 倍的甲基托布津、多菌灵防治，连续 3～4 次。

② 紫纹羽病。分栽时用 500 倍的五氯硝基苯药液涂抹患处再栽植，也可用 5%代森铵 1000 倍液浇其根部防治。选排水良好的高燥地块栽植，受害病株周围用石灰或硫黄消毒，4～5 年轮作 1 次，雨季及时中耕以降低土壤湿度。

③ 黄叶病。牡丹缺镁、锰、硼、铜等微量元素叶片会出现黄化、坏死、叶尖枯萎等症状，应结合喷药于花期后喷洒磷酸二氢钾及微肥以补充营养。

九、木槿

(1) 科属　锦葵科，木槿属。

(2) 别名　木棉、喇叭花、荆条、无穷花、朝开暮落花。

(3) 产地与习性　原产于中国中部各省。现世界各地均有栽培。木槿对环境的适应性很强，喜阳，也耐半阴，喜温暖湿润气候，在北方寒冷地区宜栽地背风向阳处，耐干旱和贫瘠，抗烟叶、抗尘力强。耐修剪，用作绿篱材料时，长至适当高度宜及进修剪。木槿对土壤要求不严，在重黏土中也能生长，萌蘖性强。

木槿用于观花时则应培养树姿，使着花繁多。木槿在园林中可作孤植、花篱式绿篱和地栽。木槿种子入药，称"朝天子"。木槿是韩国和马来西亚的国花。

（4）外观形态　木槿为落叶灌木，高3～4米，小枝密被黄色星状绒毛。叶菱形至三角状卵形，具深浅不同的3裂或不裂，边缘具不整齐齿缺，先端钝，基部楔形，下面沿叶脉微被毛或近无毛。花单生于枝端叶腋间，花萼钟形，密被星状短绒毛，裂片5，三角形。花朵色彩有淡紫、纯白、淡粉红、紫红等，花形呈钟状，有单瓣、复瓣、重瓣几种。蒴果卵圆形，密被黄色星状绒毛。花期7～10月，如图8-9所示。

图8-9　木槿

（5）扦插繁育　木槿春季扦插可当年夏秋开花。

① 扦插过程。在当地气温稳定高于15℃以后，选择1～2年生健壮且未萌芽的枝条，若扦插时木槿枝条已经萌芽长叶，应将摘除新长的叶片。将枝条截成长15～20厘米的小段。扦插时准备一根小棍，按照株距行距预先插入小孔，再将木槿枝条插入，10～15厘米的入土深度为最好，即插穗的2/3插入土中，压实土壤。

②扦插管理。插后立即灌足水，注意扦插时不必施任何基肥。扦插苗一般1个月左右生根出芽，采用塑料大棚等保温增温设施，也可在秋季落叶后进行扦插育苗，将剪好的插穗用100～200毫克/升的NAA溶液浸泡18～24小时，插到沙床上，及时浇水，覆盖农膜，保持温度18～25℃，相对湿度85%以上，生根后移到圃地培育。

（6）栽培管理

①定植。整理苗床，按高25厘米、宽130厘米作畦，每平方米施入火烧土1.5千克、钙镁磷75克、厩肥6千克作为基肥。木槿移栽定植时，种植穴或种植沟内要施足基肥，一般以垃圾土或腐熟的厩肥等农家肥为主，可以配合施入少量复合肥。木槿的定植最好选在幼苗休眠期进行，也可在多雨的生长季节进行。移栽时应剪去部分枝叶以利成活。定植后应浇1次定根水，并保持土壤湿润，直到成活。木槿生长速度快，可1年种植多年采收。为获得更高的产量，便于鲜花采收和田间管理，可采用单行垄作栽培，垄间距110～120厘米，株距50～60厘米，垄中间开种植沟或种植穴。

②施肥。枝条开始萌动就应及时追肥，其中以速效肥为主以促进营养生长。现蕾前可追施1～2次磷、钾肥，促进植株孕蕾。盛花期的5～10月间结合培土、除草进行两次追肥，其中以磷钾肥为主，氮肥为辅，以保持开花数量及树势。冬季休眠期间进行除草清园，在植株周围开沟或挖穴施肥，以农家肥为主，辅以适量无机复合肥，以供应来年生长及开花所需养分。

③浇水。木槿虽然比较耐旱，但对于长期干旱无雨的天气仍需给予充足的水分，以利枝叶茂密、多开花。而雨水过多时要排水防涝。

④修剪。新栽植的木槿植株较小，在前1～2年可放任其生长或进行轻修剪，即在秋冬季节将枯枝、病虫弱枝、衰退枝剪去。待长大后，再对木槿植株进行整形修剪。整形修剪宜在秋季落叶后进行。根据木槿枝条开张程度不同可分为直立型和开张型。直立型木槿可将其培养改造成有主干不分层树形，主干上选留3～4个主枝，其余疏除，在每个主枝上可选留1～2个侧枝。开张型木槿可将其培养成丛生灌木状。

⑤ 采收。木槿虽然花期长，但就一朵花而言，清晨开放，第 2 天枯萎。因此采收木槿应注意：作蔬菜食用的花朵采摘宜在每天早晨进行；如加工晒干，应于晴天早上采摘后即晒干，干后置于通风干燥处，要防虫蛀、防压。

（7）病虫害防治　木槿生长期间病虫害较少，病害主要有叶枯病、炭疽病、白粉病等，虫害主要有红蜘蛛、蚜虫、夜蛾、天牛等。

病虫害发生时，可剪除病虫枝，选用高效低毒、安全的农药喷雾防治或诱杀。应注意早期防治，为保证采收的木槿花不受农药污染，避免在开花采收期施药。

① 病害。可用 65％代森锌可湿性粉剂 600 倍液喷洒。

② 虫害。可用 40％氧化乐果乳油 1000 倍液喷杀。

十、沙漠玫瑰

（1）科属　夹竹桃科，天宝花属。

（2）别名　天宝花、夹竹桃科。

（3）产地与习性　原产东非洲肯尼亚至阿拉伯半岛南部。自 20 世纪 80 年代引入我国华南地区后，在我国大部分地区都有分布。沙漠玫瑰喜高温干燥和阳光充足的环境。不耐寒，不耐荫蔽，耐干旱，耐炎热，怕水湿。喜肥沃、富含钙质、疏松和排水良好的沙质壤土，忌浓肥和生肥。因原产地接近沙漠且红如玫瑰而得名沙漠玫瑰。

（4）外观形态　沙漠玫瑰为多肉落叶灌木，可高达 4.5 米，树干肿胀。叶集生于枝端，全缘，互生，倒卵形至椭圆形，先端钝而具短尖，长达 15 厘米，肉质，近无柄。花冠外面有短柔毛，漏斗状，5 裂，外缘红色至粉红色，中部色浅，裂片边缘波状。顶生伞房花序，灿烂似锦，四季开花不断。花期 5～12 月。南方温室栽培较易结实。种子有白色柔毛，可助其飞行散布，如图 8-10 所示。

（5）扦插繁育　沙漠玫瑰扦插以夏季最好，选取 1～2 年生枝条，以顶端枝最好，剪成 10 厘米长，待切口晾干后插于沙床，插后 3～4 周即可生根。

图 8-10　沙漠玫瑰

（6）栽培管理

①温度。沙漠玫瑰喜欢在高温通风的环境中生长，生长适温 25～30℃。在南方的夏天沙漠玫瑰的生长期间，平均温度都在 30℃左右，使得它非常适合在南方生长。到了冬天，由于沙漠玫瑰的耐寒性差，因此，宜移入室内栽培。冬季温度不得低于 10℃。

②浇水。沙漠玫瑰的生长应避免潮湿的环境。即使在生长期间水分亦不能过多，在每次浇水前，必须确定盆土的表面完全干燥后方可进行。切忌在植株休眠期浇水，否则只会使植株更容易遭受寒害而枯萎。

③光照。良好的日照环境有助于沙漠玫瑰开花。除了生长旺盛期外，即使在休眠期，沙漠玫瑰仍需要充足的阳光来越冬。

④施肥。在每年春夏雨季的沙漠玫瑰生长旺季，应稍微添加肥料以充足其成长时所消耗的养分。但由于沙漠玫瑰的生长速度较慢，所以肥料宜以选用缓效性的为佳，例如腐熟的堆肥等。秋冬是沙漠玫瑰的休眠期，其生长非常缓慢甚至停止，因此，切勿在这段时间内施肥。

⑤修剪。沙漠玫瑰的修剪非常重要，如果不注意平时的修剪，任其徒长，很容易就失去了观赏价值。花期过后是修剪的最好时

节，可以根据个人喜好进行取舍。

（7）病虫害防治　主要有叶斑病、软腐病危害，虫害主要是介壳虫和卷心虫。进行病虫害防治时，要注意用药安全。

① 叶斑病。可用 50％托布津可湿性粉剂 500 倍液喷洒防治。

② 软腐病。可每隔 1 个月左右喷施农用链霉素 1000 倍液或 150～200 倍波尔多液防治。

③ 虫害。用 50％杀螟松乳油 1000 倍液喷杀，在产卵期和孵化期用 40％氧化乐果乳油 1000～2000 倍，或 50％杀螟松乳油 1000 倍喷雾 1～2 次喷杀。

第二节　常绿灌木类

一、月季

（1）科属　蔷薇科，蔷薇属。

（2）别名　月月红、长春花、斗雪红。

（3）产地与习性　月季为高度杂交种，有中国、西欧、东欧等地蔷薇属植物的种质资源。现在世界各地广为栽培。现代月季，血缘关系极为复杂。喜阳光充足、通风良好的环境，耐寒、耐修剪。冬季气温低于 5℃时，进入休眠状态；夏季温度持续 30℃以上时，也进入半休眠。适宜疏松、肥沃、排水良好的微酸性土壤。

月季是北京市、常州市的市花。江苏沭阳是华东最大的月季生产基地，南阳市石桥镇、莱州是"月季之乡"。月季因其色彩丰富，花形多姿，被誉为"花中皇后"，是极好的盆栽花卉。春季开花最多，大多数是完全花。花、叶、根全可入药。

（4）外观形态　月季为常绿或半常绿灌木或攀援状藤本植物。枝干上部青绿色，下部灰褐色，新枝紫红色，茎部长有弯曲的钩刺，但也有几乎没有刺的月季。叶互生，奇数羽状复叶，小叶 3～9 枚，椭圆形，先端渐尖，具尖齿，边缘有锯齿，托叶与叶柄合生，叶两面光滑无毛。花顶生、单生或数朵丛生呈伞房花序，花有单瓣与重瓣，花色丰富除具粉红、大红、紫红、黄、白等纯色外，还有复色及可产生变换的色彩，花有微香，花期北方 4～10 月，南方 3～11 月，花由春季一直开到初冬，因此有"花落花开无间断，春来春去不相关"的词句来形容花期长，如图 8-11 所示。

图 8-11　月季

（5）扦插繁育　只要温度能达到 15℃ 以上，月季一年四季都可进行扦插繁育，但以冬季或秋季的硬枝扦插为最好。如果要在夏季进行嫩枝扦插时要注意温度的控制和水的管理，否则不易生根。冬季扦插一般在温室或大棚内进行，如果进行露地扦插要注意增加保湿措施。我国南方可在春秋两季进行嫩枝扦插。

① 春插。在 3～4 月进行，此时相对湿度较高，插后 25 天左右即可生根，成活率高。

② 秋插。从 8 月下旬开始，至 10 月底结束，此时生根时间比春插长 10～15 天。

另外也可在秋末结合冬剪取得大批枝条，进行冬季硬枝扦插，南方可进行露地扦插，最好在温室内进行并且增加保湿措施。北方多在春季扦插，如要秋插或冬插，应在温室或大棚内进行。扦插时要用激素处理插穗以促进生根。

（6）栽培管理　月季适应性强，对土质、环境要求不严，故栽培月季比较容易。只要掌握好肥水、修剪，满足对光照的需要就能多开花，开好花。

① 土质。要求土壤肥沃、排水、透气良好，保肥力强，用一般培养土即可，土壤的 pH 值以 6～6.5 为最好。经过一两年生长后，需要换 1 次盆，补充营养。

② 修剪。因月季开花次数多，养分消耗大，夏季新枝生长过密时，要进行花后修剪，以免消耗养料。花后修剪时要选留健壮芽，不要留得过高，留 2～3 个向外生长的芽，以便使新枝向外四面伸展，均匀分布。并且及时将与残花连接的枝条上部剪去，保留中下部充实的枝条，促进早发新枝再度开花。过冬时的修剪保留健壮枝条，将弱枝全部剪掉，对过老的植株要进行更新，选留茎部萌发的壮芽培养 1 年后，逐渐把老枝替换掉。

③ 施肥。月季花后除修剪外还应适当追施肥料，及时补充养分。用肥以充分腐熟的有机肥料为主，掌握"淡肥勤施"的原则。尤其在开花前要加强肥水的管理，多浇水，勤施速效性氮肥以壮苗催花。在花蕾初现时，停止施肥。

④ 温度。月季的生长适宜温度为 22～25℃，夏季过高的温度不利于开花。

⑤ 浇水。月季对水要求严格，最怕干旱缺水，不能过湿过干，过干则枯，过湿则伤根落叶。发现盆土发白时，应及时浇水。春、秋季在晴天应每天中午浇 1 次水，夏季每天早晚各浇 1 次水。开花期间浇水更应充足，但不能盆土积水。冬季无论落叶不落叶都要控制浇水，不能浇水过多，以免因盆土过湿降低了土壤温度，影响通气。

⑥ 光照。月季是强阳性花卉，夏季放置在室外培养，摆放地要有充足的光照，但过强的光照不利于花蕾的发育，因此盆与盆之间要有适当的间距，不能摆放过挤，以便整个植株都能接受到光照，并且有利于通风。如果通风不良，容易发生病虫害，落叶、枯萎，甚至死亡。

（7）病虫害防治　月季易受白粉病、黑斑病、介壳虫、蚜虫、红蜘蛛等的侵害，除注意多通风外，应及时用药防治。

① 白粉病。可用 25％粉锈宁可湿性粉剂 1500 倍液防治。

② 黑斑病。可用 80％代森锌可湿性粉剂 500 倍液或 70％甲基托布津可湿性粉剂 1000 倍液防治。

③ 红蜘蛛。可用 20％三氯杀螨醇乳油 800～1000 倍液防治。

④ 蚜虫。可用 50％杀螟松 1000 倍液或 50％抗蚜威 3000 倍液防治。

二、五色梅

（1）科属　马鞭草科，马缨丹属。

（2）别名　五雷丹、山大丹、变色草、如意草、五彩花、五色绣球、大红绣球。

（3）产地与习性　原产美洲热带。中国广东、海南、福建、台湾、广西等省区有栽培。五色梅性喜光照充足、温暖湿适宜疏松肥沃、向阳之地、排水良好的湿润环境，不耐寒，稍耐旱，耐瘠薄壤土，对土壤适应能力较强，在疏松肥沃排水良好的砂壤土中生长较好。

五色梅花色丰富，花期长，适宜盆栽观赏，华南地区可露地栽植布置花坛、庭院或作为花篱。

（4）外观形态　五色梅为常绿阔叶半藤性灌木，株高 0.8～1.5 米，茎呈四棱，有短柔毛，多分枝，具短倒钩刺。单叶对生，卵形或卵状长圆形，先端尖，基部圆形，叶面皱折，两面有糙毛。茎、叶具强烈气味。伞形花序腋生，具小花 20～25 朵，花冠筒细长，顶端多五裂，状似梅花，花冠颜色黄、红、白等色，花朵随着开放而色彩由淡红、粉红、黄、枯黄、鲜红，最终变为洋红色，花期较长，在南方露地栽植几乎一年四季有花，6～10 月最盛。果为圆球形浆果，熟时紫黑色。果熟期 10～11月，如图 8-12 所示。

（5）扦插繁育　五色梅多以软枝扦插繁殖为主，宜在春末气温稳定后进行，剪取 1～2 年生已木质化的充实枝条，截成 10 厘米左右作插穗进行扦插，不需特殊处理，放在疏荫下养护，并经常喷水，25～30 天即可生根成活，同时萌发新梢。

（6）栽培管理

① 上盆。生根后半个月即可移栽苗圃中或上盆。

② 浇水。保持盆土湿润，定期向叶面喷水，以增加空气湿度。适当减少浇水。

图 8-12　五色梅

③ 温度。秋季入温室前可强剪，深秋入温室养护，越冬温度 5℃以上。

④ 光照。夏季置于阴棚下，生长期给予充足光照。

⑤ 施肥。每月追施液肥，可用 10 倍水稀释的人畜粪尿，或每半月左右施 1 次以磷钾为主的薄肥，以使植株多开花。

（7）病虫害防治　五色梅生长期病虫害较少。偶尔发生灰霉病和叶枯线虫。

① 防治灰霉病应注意通风，降低湿度，及时摘除病花，集中烧毁或深埋于土中。发病初期每 2 周喷 1 次 50% 速克灵可湿性粉剂 2000 倍液，或 50% 朴海因可湿性粉剂 1500 倍液防治，具体喷药次数也可因发病情况而定。

② 发生叶枯线虫，可每平方米盆土用 5～6 克 15% 涕灭威颗粒剂，或直径为 25 厘米左右的盆用药 2～3 克深入土中，或使用 3% 的呋喃丹，每盆 3～5 克深入土中。也可在危害期用 50% 杀螟松乳剂、50% 永线酯和 50% 西维因可湿性粉 1000 倍液叶面喷洒。

三、米兰

（1）科属　棟科，米仔兰属。

（2）别名　米仔兰、树兰、珠兰、鱼仔兰。

（3）产地与习性　原产我国南部和东南各省区以及亚洲东南部越南、印度、泰国、马来西亚等亚热带林间，适应温暖多湿的气候条件。喜阳光充足，忌强光直射，耐半阴。喜温暖、湿润气候，不耐寒，对低温敏感，很短时间的零下低温可造成植株死亡。宜疏松、富含腐殖质的微酸性壤土或砂壤土。能耐半阳，在半阳处开花少于阳光充足处，香味也欠佳。长江流域及其以北各地皆盆栽，冬季移入室内越冬，温度需保持 10～12℃。

米兰树姿秀丽，枝叶茂密，花清雅芳香似兰，叶片葱绿而光亮，深受人们喜爱，是很好的室内盆栽花卉。适宜盆栽，常用于布置客厅、书房、门廊及阳台等。暖地也可在公园、庭园中栽植。

（4）外观形态　米兰为多年生观花、观叶、常绿小灌木，多分枝。株高 4～7 米。嫩枝常被星状锈色鳞片，后脱落。奇数羽状复叶互生，叶绿而光亮，小叶 3～5 枚，倒卵形至长椭圆形，先端钝，基部楔形，两面无毛，全缘，叶脉明显。圆锥花序腋生，花萼 5裂，花冠 5 瓣。花小而繁密，黄色，形似小米，花香浓郁。夏、秋季开花。浆果，有星状鳞片，卵形或球形。花期为每年 6～10 月，每年可开 5 次，每次维持 1 周左右。果期 7 月至次年 3 月，如图8-13 所示。

图 8-13　米兰

（5）扦插繁育　米兰扦插一般在每年 6～8 月进行。剪取一年生、长 8～10 厘米、顶端带叶的半木质化成熟嫩枝，剪去下部叶片，削平切口，插入消过毒的砂质插床上，浇透水后覆盖塑料膜保湿，置半阴处，每天换气 1 次，保持土面湿润，2 个月左右即可生根。插穗用吲哚乙酸或吲哚丁酸处理后有益于生根。生根后 1 个月上盆。

（6）栽培管理

① 温度。养好米兰，温度适宜范围在 20～35℃ 之间，在 6～10 月期间开花可达 5 次之多。米兰性喜温暖，温度越高，开出来的花就越香。温度处在 30℃ 以上，在充足的阳光照射下，开出来的花就浓香，处在 30℃ 以下的环境下，如果又处在光照不足的蔽荫处，开出来的花就没有在温度高时的香。冬季米兰宜移入室内，室温最好为 10～15℃，太高会引起生长衰弱，对第二年生长不利。

② 光照。米兰要注意保证充足的阳光。夏季炎热时，要注意蔽阴和通风，避免过强的阳光直射。把米兰置于光线充足、通风良好的庭园或阳台上，每天光照在 8～12 小时，会使植株叶色浓绿，枝条生长粗壮，开花的次数多，花色鲜黄，香气也较浓郁。如果米兰处在阳光不足而又蔽荫的环境条件下，会使植株枝叶徒长、瘦弱，开花次数减少，香气清淡。

③ 浇水。晴天气温高时多浇水，阴天气温低时少浇水，雨天不浇。米兰虽喜湿润但不能过湿，当盆土干得发白时再浇透水。平时保持盆土湿润，当室内栽培时，干旱和生长旺盛时期每天喷洗叶面 1～2 次，可使叶面保持明亮鲜绿，有利于光合作用。秋后天气转凉后要控制浇水，不干不浇。

④ 施肥。春季开始生长追肥时每 2 周施稀释的饼肥水 1 次，注意控制水量，每月以矾水代替 1 次追肥多施磷钾肥，例如鱼腥水等，有利于孕蕾。5 月上旬开始，施以 1:5 的蹄角片水稀释液 1～2 次，5 月下旬施以 1 份骨粉加 10 份水的骨粉浸液 1～2 次，花前十几天施用 1000 倍的磷酸二氢钾水溶液 1 次，冬季停止施肥。夏季不宜施过多氮肥，否则引起开花少、香味淡，立秋后，一般不再追肥。

若发生大量脱叶，可脱盆将植株土球外围削去 1/3，并罩上塑料袋保持肥料。米兰生长期不断抽生新枝形成花穗，如果盆土肥力不足，花量会明显下降。因此需要充足肥料，但不宜施浓肥，要薄肥多施。

⑤ 土质。盆土可采用泥炭土 2 份、沙 1 份或者用园土、堆肥土各 2 份，加沙 1 份混合调制。

（7）病虫害防治　米兰易受炭疽病、黄化病危害，虫害易受红蜘蛛和介壳虫危害，防治方法主要是通风。

① 发生虫害可用 1000～2000 倍乐果液喷杀。

② 防治炭疽病注意通风的同时可用 500～1000 倍液多菌灵喷洗或用 50％托布津可湿性粉剂 500 倍液或 70％甲基托布津 1000 倍液喷洒植株，以控制病菌。

③ 发生米兰黄化病时可每 15～20 天叶面喷洒 1 次 25～30 倍干燥纯净的草木灰与过磷酸钙混合浸出的澄清液，或 0.1％石灰水澄清液等进行无公害防治，以保护枝叶，防止各种病虫为害。

四、一品红

（1）科属　大戟科，大戟属。

（2）别名　圣诞花、象牙红、猩猩木。

（3）产地与习性　原产墨西哥、中美洲及非洲热带地区。喜温暖、湿润、阳光充足的环境条件。怕干旱、怕涝，不耐寒。生长适温为 25℃左右，越冬温度应保持在 15℃以上。要求排水畅通、透气性良好的疏松、肥沃的微酸性土壤。一品红对水分要求较严，土壤湿度大容易烂根而引起落叶，土壤过干植株生长不良，也易落叶。

一品红苞片色彩艳丽，花期长，一般可长达 3～4 个月，且正值圣诞、元旦开花，是深受人们喜爱的盆栽花卉，既适合庭园种植，又常盆栽陈设于厅、堂观赏。同时也是良好的造型植物，可根据人们的欣赏需要，塑造出不同高矮，不同形状的切花。

（4）外观形态　一品红为多年生常绿小灌木。茎直立、光滑，内含有白色汁液。嫩枝绿色，老枝淡棕色。单叶互生，下部叶片卵状椭圆形，绿色，上部的苞叶较狭，披针形，生于花序下方，轮生，叶形似提琴状，叶全缘或浅裂，背面有柔毛。开花时苞片呈鲜红色、白色、淡黄色和粉红色。一品红花色多、色彩鲜明，为观赏的主要部分。花序顶生，花小。蒴果，种子 3 粒，体大，椭圆形，褐色。园艺栽培的变种还有一品白、一品粉、美洲一品红、重瓣一品红等，如图 8-14 所示。

图 8-14 一品红

（5）扦插繁育

① 扦插时间。扦插主要在春季 2 月、3 月进行。

② 采穗时间。根据扦插时间按期分批采集插穗，由于插穗在清早时含水分高、充实饱满，因此此时采集插穗最为适宜。

③ 插穗选择。选择生长健壮的 1、2 年生枝条，剪成长 8～12 厘米作为插穗。如果母株管理得当，可用手指很轻易掐下插穗，如果没有办法顺利用手采取，可以准备 2～3 片的刀片，轮流浸在消毒液中使用，每采一株母株更换 1 次刀片。

④ 插穗处理。剪取后先洗去切口的白浆，用清洁的塑料袋或端盘盛装采下来的插穗，将插穗由母本区移到扦插育苗区。每袋插穗不得超过 100 穗，以免塑料袋中积累呼吸热而造成日后不必要的病害。

⑤ 扦插过程。再插入水中或蘸草木灰，以免汁液流出，稍晾干后插入排水良好的土壤中或粗沙中（插穗上保留 2 片叶子），保持湿润并稍遮阴，插床温度 22℃时，1 个月左右生根，再过半个月可移栽定植上盆。

⑥ 嫩枝扦插。当嫩枝长出 6～8 片叶时，取 8 厘米左右带 3～4 个节的一段嫩梢，去掉基部大叶片，立即投入清水中止住汁液，然

后扦插即可。

（6）栽培管理

① 土质。一品红对土壤要求不严，但以微酸性的肥沃、湿润、排水良好的砂壤土最好。盆栽培养土常用腐叶土、园土、堆肥按 2：2：1 的比例混合配制，也可用泥炭土及珍珠岩介质填充育苗盘或单盆。

② 浇水。一品红忌积水，保持盆土湿润即可。生长期间要充分浇水，维持插穗保持均匀的湿润度为好，不宜过干或过湿，过多的水会造成插穗内部营养的流失和引起病害的发生。

③ 施肥。每月施用加 20 倍水的人畜粪尿液肥 2～3 次，追肥以清淡为宜，6 月施用 1 次发酵过的鸡粪或饼肥，将肥料粉碎后均匀撒布在盆土表面，然后松土浇透用。所施肥料必须包含磷肥，因为磷肥影响后期苞片的发育与肥大，缺磷导致苞片发育不良。

④ 温度。当植株附近温度夜间不低于 20℃，白天不高于 24～26℃时，一品红生长良好。在仲夏期间可加装空调设备及加强遮阴。通过控制光强的方法可以帮助控温。

⑤ 光照。一品红为短日照植物，光照强光直射及光照不足均不利其生长。一品红自然开花在 12 月，如欲使其提前开花，需作短日照处理，即每天保持 9 个小时的日照条件，单瓣品种遮光45～60 天即可开花。

⑥ 修整。适度整枝作弯，使其矮化，也可用 0.3％～0.5％的矮壮素，促使其矮化，培养良好的观赏造型。

（7）病虫害防治

① 黑煤病、茎腐烂病。粉虱危害易引发此类疾病。可在发病期喷 40％氧化乐果或 50％杀螟硫磷各 1000～1500 倍液 5～7 天 1 次，连续 3～4 次。

② 介壳虫。可喷洒 50％杀螟硫酸 1000 倍液，自 6 月份上旬开始每 10 天左右喷 1 次，连喷 3 次，效果很好。

五、栀子花

（1）科属　茜草科，栀子属。

（2）别名　栀子花、白蟾花、鲜栀、碗栀、黄栀子、玉荷花。

（3）**产地与习性** 原产我国长江流域以南各省区。喜温暖湿润，好阳光，但又要求避免强烈阳光的直晒。适宜在稍蔽荫处生活。在东北、华北、西北只能作温室盆栽花卉。耐半阴、怕积水。喜空气湿度高、通气良好的环境。喜疏松、湿润、肥沃、排水良好的酸性土壤。耐寒性差，温度在-12℃以下时叶片受冻而脱落。萌芽力、萌发力均强，耐修剪。

栀子花四季长青，枝叶繁茂，花色洁白，香气浓郁。为美好庭院的优良树种，还可成片丛植为花篱，或于疏林下、林缘、路旁及山旁散植也可盆栽或制作盆景。常见栽培观赏变种有大栀子花、卵叶栀子花、狭中栀子花、栀子花斑叶栀子花。

（4）**外观形态** 栀子花属常绿灌木，高1～3米，枝干丛生，嫩枝常被短毛，枝圆柱形，灰色，小枝绿色。叶对生或3叶轮生，有短柄，革质，稀为纸质，少为3枚轮生，通常椭圆状倒卵形或矩圆状倒卵形，长3～25厘米，宽1.5～8厘米，顶端渐尖、基部楔形或短尖，两面常无毛，上面亮绿，下面色较暗，侧脉下面凸起上面平。托叶膜质，全缘，具光泽。花大，白色，具浓香，单生枝顶，花冠高脚碟状，喉部有疏柔毛。浆果，卵形至椭圆形，橙黄色，具5～9纵棱，顶端有宿存萼片。花期4～5月，果期11月，如图8-15所示。

图8-15 栀子花

（5）扦插繁育　栀子花运用嫩枝扦插、硬枝扦插和水插均可。

① 嫩枝扦插宜在夏季高温季节，采当年生健壮枝条，插穗剪成长 8～15 厘米，用吲哚丁酸浸泡 24 小时可促生根。插穗插在沙、土各半的培养土中，保证空气 80％的高湿度和半阴条件，10～15 天可生根成活。

② 硬质扦插宜在秋后 9 月下旬至 10 月下旬进行，北方和南方稍有区别，但多以夏秋之间成活率最高。插穗选用生长健康的 2～3 年生枝条截取 10～12 厘米剪去下部叶片顶上两片叶子可保留并各剪去一半，先在维生素 B_{12} 针剂中蘸一下然后斜插于插床中，上面只留一节，注意遮阴和保持一定湿度，10～15 天可生根成活。

③ 南方多采用水插繁殖，即剪取当年生粗壮嫩枝，剪成 12～15 厘米，然后把插穗插在用苇秆编织的圆盘上，任其漂浮在水面上，使其下部在水中生根，再移植栽培。也可将插穗的一半浸泡在深色玻璃瓶中，放置半阴处。每天换水 1 次，20 天左右可长出新根。

（6）栽培管理

① 土质。栀子花喜酸性土壤，如果水肥含碱会使植株不能吸收铁元素而影响叶绿素的形成使枝枯叶焦甚至死亡。要用肥沃、疏松、排水良好的酸性土壤，常用腐叶土 3 份和细沙 7 份配制或将松树锯末沤透拌入土壤中使用效果也很好。

② 光照。栀子花喜阴凉，切忌烈日曝晒，但也不适应全阴环境。培养期间应注意阴凉环境的同时还要保持全日至少 60％的光照才能满足其生长的需求。

③ 浇水。浇水从春季出室开始，应保持空气较高湿度和盆土湿润状态。夏季要多浇水，增加湿度。栀子花喜湿空气，若湿度低于 70％直接影响花芽分化和花蕾的成长，过湿又会引起根烂枝枯叶黄脱落的现象。夏天除正常每天浇 1～2 次水外，早晚还需向叶片和附近地面喷水以适当增加空气湿度。栀子花忌涝，雨季注意排水，及时排除盆内积水。浇水过多过勤而使盆土经常处于过湿状态，对生长不利。秋至冬，浇水量应减少。

④ 施肥。栀子花喜肥，开花前可多施薄肥，宜施沤熟的豆饼、麻酱渣、花生麸等肥料，促进花朵肥大。施切忌浓肥、生肥冬眠期

不施肥。种植不足 3 年的切忌施人粪尿。施氮肥过多会造成枝粗、叶大、浓绿但不开花。缺磷钾肥时也会出现不开花或花蕾枯萎脱落现象。

⑤ 温度。生长适宜温度为 18～22℃。越冬期 5～10℃，低于 −10℃ 则易受冻。

⑥ 修整。栀子花萌芽力强，容易枝杈重叠，造成密不通风，营养分散。可适时地进行修剪整形，根据树形选留三个主枝，要求随时剪除根蘖萌出的其他枝条。花谢后枝条要及时截短，促使在剪口下萌发新枝。当新枝长出三节后进行摘心以免盲目生长。

(7) 病虫害防治　常有叶斑病、烟煤病、根腐病、黄化病危害，虫害有刺蛾、介壳虫和粉虱危害。

① 煤烟病。可用清水擦洗或喷 0.3 波美度石硫合剂 1000～1200 倍多菌灵。

② 腐烂病。常在下部主干上发生，出现茎秆膨大、开裂。发现后立即刮除或涂 510 度石硫合剂数次方能奏效。

③ 叶斑病。可用 70% 甲基托布津可湿性粉剂 1000 倍液，或 25% 多菌灵 250～300 倍液，或 75% 白菌清 700～800 倍液防治。

④ 黄化病。缺铁引起的黄化病可喷洒 0.2% 的硫酸亚铁水溶液进行防治。缺镁引起的黄化病可喷洒 0.7%～0.8% 硼镁肥防治。

⑤ 刺蛾。用 2.5% 敌杀死乳油 3000 倍液喷杀。

⑥ 介壳虫和粉虱。用 40% 氧化乐果乳油 1500 倍液喷杀。

六、扶桑

(1) 科属　锦葵科，木槿属。

(2) 别名　朱槿、佛桑、火红花、照殿红、桑槿、佛槿、大红花。

(3) 产地与习性　原产我国南部地区。扶桑是强阳性植物，喜光照充足、温暖湿润环境。不耐寒不耐旱不耐阴，温度在 12～15℃ 才能越冬。气温在 30℃ 以上开花繁茂，在 2～5℃ 低温时出现落叶。对土壤适应范围广，但在疏松肥沃、排水良好的中性至微酸性砂质土壤中生长良好。忌积水，枝条萌发力强，耐修剪。

扶桑全年开花，夏秋最盛，花姿优美，花色艳丽，适宜盆栽观赏，适用于客厅、入口厅等处摆设和放置阳台上观赏。

（4）外观形态　扶桑为常绿灌木。茎直立，盆栽株高一般达
1～3米，多分枝。树冠近球形。单叶互生，广卵形或长卵形，先端
渐小，叶缘具粗齿或有缺刻，基部全缘，叶表面有光泽。花朵硕
大，单生于叶腋，有下垂的、直立的、单瓣的、重瓣的。单瓣花呈
漏斗形，雄蕊及柱头伸出花冠外；重瓣花花冠通常玫瑰红色，非漏
斗形，雄蕊及柱头不突出花冠外。颜色丰富，有鲜红、橙黄、大
红、粉红、白、桃红等色，直径 10 厘米左右，花期长。蒴果卵形，
光滑，如图 8-16 所示。

图 8-16　扶桑

（5）扦插繁育　扶桑的扦插繁殖可用硬枝、嫩枝扦插，也可采
用冬季扦插繁殖。

①硬枝扦插。选用 1、2 年生，1 厘米左右粗的健壮枝条，以
侧枝中段 5～7 节为最好，剪成 10～15 厘米的插穗，只留上部叶片
和顶芽，削平基部，插入经水洗消毒的细砂土中。扦插后遮阴、保
湿、保温。在气温达到 18～25℃，相对湿度 80%～85% 的情况下，
30～40 天后便可生根。

②嫩枝扦插。宜选择当年生且生长健壮的枝条，剪成 10 厘米
长的插穗，要求插穗带 2 枚叶片，剪去叶片的 1/3～1/2，在基部

节下削成蹄形，插入基质中，蔽荫保湿，20～30 天后即可生根。为提高成苗率，也可在插前对插穗用激素处理，以促生根。

③ 冬季扦插。在 11 月间可进行冬季温室扦插。从生长健壮的扶桑母株上剪取 8～10 厘米长的当年生半木质化枝条，以顶梢为最佳，用利刀将基部削成斜面，切口要平，留顶端叶片，剪去下部 1～2 片叶，插于装满素沙的苗盆或浅木箱中，密度以叶互不重叠为度。插后喷透水，再在盆内立弓形支架，外覆透明塑料布保持较高空气湿度，然后置于 20～25℃ 的阴处。当基质干时及时喷水，每日中午前后揭膜通风半小时左右，同时叶面喷水。扦插 20～25 天后给予全光照，60 天左右即可生根。若用吲哚丁酸处理插穗基部 1～2 秒，可缩短生根期。根长 3～4 厘米时可移栽上盆。

(6) 栽培管理

盆栽扶桑常用 15～20 厘米盆。

① 土质。以肥沃、疏松的微酸性壤土最好。盆栽土用腐叶土或泥炭土、培养土和粗沙的混合土为好。

② 温度。生长适温为 15～25℃，3～10 月为 18～25℃，10 月至次年 3 月为 13～15℃。冬季温度不低于 5℃，如果室温在 5℃ 以下，叶片转黄脱落，低于 0℃ 易遭受冻害。30℃ 以上高温扶桑仍能正常生长。

③ 光照。扶桑为强阳性植物，生长期应放于光线充足的地方，才能正常生长和开花。如光照不足，易花蕾脱落，花朵缩小，花色暗淡。但阳光过强时，扶桑也会发生灼伤，应适当遮阴保护。

④ 浇水。扶桑耐湿怕干。生长期盆土保持湿润，茎叶生长迅速，如供水不足，叶片易萎蔫变黄脱落。冬季由于气温低，要严格控制浇水量，否则，植株抗寒能力减弱，容易发生冻害。

⑤ 施肥。扶桑特别耐肥，生长期每半月施入加 20 倍水稀释的腐熟饼肥上清液 1～2 次，6 月起开花，一直到 10 月，每月追施 2% 的磷酸二氢钾 1～2 次，并充分浇水。10 月底移入温室管理，控制浇水，停止施肥。

⑥ 整形。当苗高 20 厘米时进行摘心，促其分枝，以后以摘心来控制扶桑的高度。每年春季换盆，需修剪整形，幼苗要轻剪，老株应重剪，以便保持美丽的树冠，促使枝繁花茂。

（7）病虫害防治 病虫害主要有蚜虫、介壳虫、煤污病等。

① 煤污病。由蚜虫传播，初时可用水冲洗，然后用 70% 甲基托布津可湿性粉剂 1000 倍液喷洒防治。

② 介壳虫。可喷 80% 敌敌畏乳剂或马拉硫磷 1000 倍液防治。

③ 蚜虫。可用 80% 敌敌畏乳剂 2000 倍液或 10% 除虫精乳油 2000 倍液喷杀防治。

七、山茶花

（1）科属 山茶科，山茶属。

（2）别名 曼陀罗、海榴、耐冬、茶花、晚山茶、玉茗、山春。

（3）产地与习性 原产我国南部、西南部地区。以及日本。喜半阴、温暖、潮湿的半阴气候环境和散射光照，忌严寒，忌烈日，喜湿润，忌干燥，忌积水。适宜疏松肥沃、富含腐殖质、排水良好的偏酸性土壤。在耐寒程度上，单瓣品种比重瓣品种要强。山茶花适宜生长温度是 $18 \sim 25\,^{\circ}\!C$，能忍受 $35\,^{\circ}\!C$ 左右的高温。山茶花对有害气体二氧化硫、氟化氢的抗性强，并能吸收氯气等气体。

山茶在我国有着悠久的栽培历史，是人们喜爱的传统名花。山茶花常用于盆栽观赏，布置庭院、居室、厅堂等，长江以南地区可在各类园林绿地中丛植或散植，或与其他园林植物一起配置，花蕾还可入药。

（4）外观形态 山茶花为常绿阔叶灌木，树冠圆头形，树皮灰褐色，枝条黄褐色，小枝绿色或绿紫色。单叶互生，椭圆形至长椭圆形，革质，顶端渐尖，边缘有锯齿，叶表面暗绿色且富有光泽。花 $1 \sim 3$ 朵腋生，柄粗短，两性花，花瓣 $5 \sim 7$ 枚，有红、粉红、淡红、紫红、白等色，并有单瓣、重瓣之分，花期冬春。蒴果扁球形，果熟期 $9 \sim 10$ 月，如图 8-17 所示。

（5）扦插繁育

① 扦插时间。6 月中下旬雨季或 9 月底左右为山茶扦插的最佳时期，此时多数的当年生枝条已木质化或半木质化，营养丰富，剪口的分生能力活跃，再生力强，愈伤快，扎根快，易成活。

图 8-17　山茶花

②　插穗选择。为适应当地环境，选择插穗应在当地生长多年的茶花植株上剪取树冠外部组织充实、叶片完整、叶芽饱满的当年生健壮、半木质化枝条。在当地生长的时间越长，适应当地环境的性能也就越稳定，繁育出的茶花苗越容易培养。插穗剪取枝梢顶部4～5节，4～10厘米长为宜，随剪随摘去下部的叶片，上部保留2个叶片且将叶片剪去一半，然后扦插于盆中。插穗基部尽可能带一点老枝，插后易形成愈伤组织，发根快。

③　扦插基质。扦插盆挑选底孔大的土盆，装土前先用双层纱网垫好底孔。扦插土选用透气好、呈微酸性的纯腐叶土，这种土适宜茶花扎根生长。也可选用泥炭土、素沙、蛭石或通透性好的酸性土盆土。在扦插前先用沸水烫透烫匀，进行彻底的消毒。

④　扦插方法。扦插时首先用小竹棒打孔，以免损伤插穗皮层。间距以叶片相互不遮挡为宜。插后立即用冷开水喷透喷匀，见盆底孔向外排水为准。清晨剪下插穗，随剪随插，行距10～15厘米，株距3～4厘米，插穗入土3厘米左右为好，插后用手指按实，遮阴保湿，扦插时要求叶片互不交接。每天喷雾叶面，保持湿润，温度维持在20～25℃，插后约3周开始愈合，经6周左右伤口可愈合生根。用0.4%～0.5%吲哚丁酸溶液浸蘸插穗基部2秒，可明显促进生根。生根后逐步较强光照，促进木质化。

(6) 栽培管理

① 上盆。山茶盆栽以选透气、排水较好的瓦盆为好，盆的大小要与苗大小相配，上盆时间应在 11 月到早春 2～3 月。3～4 月和 9～10 月可带土球进行移栽，每 2～3 年于 11 月或早春 2～3 月换盆 1 次。

② 土质。山茶不耐肥，不适宜碱性土壤。露地栽培时，选择土层深厚、排水性好、疏松的壤土，pH 值为 5～6 最为适宜。盆栽土用富含腐殖质、疏松、排水良好的微酸性黏壤土或腐叶土，一般是以山泥为主。

③ 温度。山茶生长适宜温度为 15～25℃，3～9 月为 13～18℃，9 月至次年 3 月为 10～13℃。当温度在 12℃以上时开始萌芽，30℃以上则停止生长，初次开花温度为 12℃，适宜花朵开放的温度 10～20℃。山茶花的耐寒品种能短时间耐－10℃的低温，一般品种能耐－3～4℃。夏季温度过高，超过 35℃时会出现叶片灼伤现象。

④ 光照。山茶花属半阴性植物，对光线特别敏感，适合散射光下生长。山茶花夏季为避免强光直射，应放在遮光度 70%～80%的阴棚下遮阴养护。但长期过阴可造成山茶花叶片薄、开花少，影响观赏价值。成年植株需较多光照，有利于花芽的形成和开花。

⑤ 浇水。土壤宜保持湿润，如果太干而板结，对山茶生育不利，太湿易烂根。浇水要注意水质，忌用含盐、碱的水浇灌。最好用贮存的雨水，或水中加入 0.1%的黑矾以改变水质。夏季炎热，除注意遮阴外，最好在植株叶片及附近的地面多洒些水，以保持空气湿度，北方冬季干旱宜在气温较高时浇水，以防结冰。

⑥ 施肥。山茶从花蕾形成到开花，一般需要经过 10 个月的时间，在这段时间，如果养分不足，不但很难形成花蕾，而且即便有了花蕾也易枯萎、脱落。但是茶花不耐肥，不宜多施浓肥，基肥最好采用有机肥料，如碎豆饼、鱼骨粉以及经过发酵的鱼内脏、畜粪等，肥料要晒干、捣碎与土混合使用。5 月花芽分化时控制水分，施入 5%的过磷酸钙 1～3 次，8 月重复追肥 1～2 次，并进行疏蕾、疏叶，花谢后追施以氮肥为主的液肥 1 次。平时在叶片发黄时也应

适当追肥，到叶片呈深绿色可停肥。秋末移入室内或冷室越冬。

⑦ 修剪。为使山茶多开花，春季枝叶开始生长时要摘除残花。8 月前后，检查花蕾是否过多，过多要进一步疏蕾，减少养分消耗。一般可在枝头留 1 个蕾为宜。

（7）病虫害防治　主要病虫害有炭疽病、红蜘蛛、介壳虫、蚜虫等。要注意通风、加强管理，以增强植株的抗病能力。

① 介壳虫、蚜虫。可用氧化乐果防治。

② 红蜘蛛。可用三氯杀螨醇防治。

③ 炭疽病。可用 50% 多菌灵可湿性粉剂 600～800 倍液喷洒防治。

八、火棘

（1）科属　蔷薇科，火棘属。

（2）别名　火把果、红子刺、救兵粮等。

（3）产地与习性　原产我国中南、西南及黄河以南广大地区。火棘性喜强光，稍耐阴，喜温暖气候，适宜肥沃、湿润、疏松及排水良好的土壤。耐贫瘠，抗干旱，不耐寒，黄河以南露地种植，华北需盆栽，塑料棚或低温温室越冬，温度可低至 0℃。

火棘枝叶繁茂，树形优美，夏有繁花，秋有红果，园林绿地中常用作于刺篱、丛植，是一种极好的春季看花、冬季观果的植物，也是非常好的制作盆景的材料。火棘的果、根、叶均可以入药。

（4）外观形态　火棘为常绿灌木，高达 3 米，树拱形下垂，有枝刺，嫩枝外被锈色短柔毛，老枝暗褐色，无毛，侧枝短刺状。单叶互生，叶倒卵形，先端圆钝微凹，缘有圆钝锯齿，基部全缘，无毛。复伞状花序，梨果近圆形，红色。花期 5 月，果熟期 10～12 月，如图 8-18 所示。

（5）扦插繁育

① 春季扦插。一般在 2 月下旬至 3 月上旬春季萌芽前。选取一、二年生的健康丰满枝条剪成 15～20 厘米的插穗扦插。

② 夏季扦插。一般在 6 月中旬至 7 月上旬新梢木质化后扦插，选取 1～2 年生半木质化枝，带叶剪成长 12～15 厘米的插穗，下端马耳形，并用 ABT 生根粉处理，在整理好的插床上开深 10 厘米小

图 8-18　火棘

沟，将插穗呈 30°斜角摆放于沟边，间距 10 厘米，上部露出床面 2～5 厘米，覆土踏实，扦插时间从 11 月至次年 3 月均可进行。

注意加强水分管理，成活率一般在 90％以上，第二年春天可移栽。

(6) 栽培管理

① 定植。火棘要带土球移栽，定植时应适当进行修剪。

② 施肥。火棘施肥要依据不同的生长发育期进行。移栽定植时要下足基肥，基肥以豆饼、油粕、鸡粪和骨粉等有机肥为主，定植成活 3 个月再施无机复合肥；之后，为促进枝干的生长发育和植株尽早成形，施肥应以氮肥为主；植株成形后，每年在开花前的生长旺盛期，应适当多施磷、钾肥，以促进植株生长旺盛，有利植株开花结果。可施 1 次充分腐熟的稀薄蹄角片水或麻酱渣水或 0.1％复合化肥，开花前增施 1～2 次磷钾肥。开花期间为促进坐果，提高果实质量和产量，可酌施 0.2％的磷酸二氢钾水溶液。冬季停止施肥，将有利火棘度过休眠期。

③ 浇水。火棘耐干旱，平时保持盆土湿润即可，不可积水。但春季土壤干燥，可在开花前浇水 1 次，要灌足。开花期保持土壤偏干，不要浇水过多，有利坐果。如果花期正值雨季，还要注意挖

沟、排水，避免植株因水分过多造成落花。果实成熟收获后，在进入冬季休眠前要灌足越冬水。

④ 修剪。火棘自然状态下，树冠杂乱而不规整，内膛枝条常因光照不足呈纤细状，结实力差，为促进生长和结果，每年要对徒长枝、细弱枝和过密枝进行修剪，以利通风透光和促进新梢生长。火棘成枝能力强，侧枝在干上多呈水平状着生，可将火刺整成主干分层形，第一层离地 40 厘米由 3～4 个主枝组成，第二层距第三层 30 厘米由 2 个主枝组成。火棘成花能力较强，对过繁的花枝要短戳促其抽生营养枝，并于花前人工或化学疏除半数以上的花葶以及过密枝、细弱枝，使光线能直接照进内膛。另外，果实成熟后就要及时采摘，以免继续消耗植株营养，不利第二年开花结果，影响产量。

（7）病虫害防治

① 白粉病。发病期间喷 0.2～0.3 波美度的石硫合剂，每半月 1 次，坚持喷洒 2～3 次，炎夏可改用 0.5：1：100 或 1：1：100 的波尔多液，或 50%退菌特 1000 倍液。

② 介壳虫和蚜虫。可用 40%乐果乳油 1000 倍液或 1：1：10 烟草石灰水防治。

九、南天竹

（1）**科属** 小檗科，南天竹属。

（2）**别名** 天竹、天竺、南天竺、红枸子、钻石黄、天烛子、兰竹、红杷子。

（3）**产地与习性** 南天竹为亚热带树种，原产东亚。在我国长江流域及陕西、河南潢川地区广有分布。日本、印度也有种植。南天竹性喜温暖、湿润、通风良好的半阴环境及排水良好的土壤。

南天竹枝叶直立挺拔，秋冬叶色变红。宿存的红果累累，为观叶、赏果的优良树种，可用作盆栽或制作盆景，也可布置庭院。其根、茎、叶、果均可药用。

（4）**外观形态** 南天竹为常绿小灌木，直立、丛生。树皮灰黑色，有纵皱纹。分枝少，可高达 2 米以上，光滑无毛，幼枝常为红色，老后呈灰色。总叶轴上有节，为三出羽状复叶，叶互生。小叶革质，椭圆形，披针状，全缘，先端渐尖，基部楔形。形如竹，因长江以南可以露地越冬栽培，故名南天竹。植株初带黄绿色，渐呈绿色，入冬呈红色。大形圆锥花序，顶生，花小，白色，具芳香，雌雄同株。花期3～6月。浆果初为绿色，渐变红色，球形，也有淡黄色或白色果，经久不落。果期9～11月，如图8-19所示。

图8-19　南天竹

（5）扦插繁育　扦插的最好时间是在新芽萌动前或夏季新梢停止生长时进行。插穗选一年生枝条，剪成10～12厘米长，插后应及时喷水以保持沙床的湿润，一般经1个月左右，即可生根成活。

（6）栽培管理

① 施肥。南天竹在生长期内，每半个月左右施1次含磷多的有机薄肥。成年植株每年在5月、8月、10月施3次充分发酵后的饼肥和麻酱渣。施肥量前2次宜少，第三次可适当增加用量。

② 温度。由于南天竹原产于亚热带地区，因此对冬季的温度要求很严，当环境温度过低时停止生长。入冬后需移入室内，室内温度应保持在10℃左右，最低不能低于5℃。

③ 光照。南天竹对光线适应能力较强，放在室内养护时，尽量放在有明亮光线的地方，如采光良好的客厅、卧室、书房等场所。在室内养护1个月左右后，搬到室外遮阴或冬季有保温条件的

地方养护 1 个月左右，如此交替调换。

④ 土质。南天竹对盆土要求不严，适宜用微酸性土壤，可按沙质土 5 份、腐叶土 4 份，粪土 1 份的比例调制，但要注意保持土壤湿润。陆地栽培南天竹适宜选择土层深厚、肥沃、排灌良好的沙壤土。山坡、平地排水良好的中性及微碱性土壤也可栽植。还可利用边角隙地栽培。

⑤ 浇水。南天竹浇水应见干见湿。干旱季节要勤浇水，保持土壤湿润。南天竹花期应注意浇水，不使盆土发干，并于地面洒水提高空气湿度，以利提高受粉率，避免引起落花。夏季每天浇水 1 次，并向叶面喷雾 2～3 次，保持叶面湿润，防止叶尖枯焦，有损美观。浇水夏季宜在早、晚时时行，冬季宜在中午进行。

⑥ 修剪。南天竹成苗后，春秋两季都可移栽。在冬季植株进入休眠或半休眠期，要把瘦弱、病虫、枯死、过密等枝条剪掉。也可结合扦插对枝条进行整理。2～3 年换盆 1 次，有利于植株生长。

⑦ 湿度。南天竹喜欢湿润或半燥的气候环境，要求生长环境的空气相对湿度在 50%～70%，空气相对湿度过低时下部叶片黄化、脱落，上部叶片无光泽。

（7）病虫害防治　南天竹管理比较粗放，几乎不发生病虫害。室内养护要加强通风透光，防止介壳虫发生。

十、茉莉花

（1）科属　木樨科，茉莉属。

（2）别名　茉莉、抹厉、没丽、末利等。

（3）产地与习性　茉莉是热带和亚热带植物，原产我国江南和西部地区以及印度、阿拉伯一带。现在我国南方各省均有栽种。茉莉性喜阳光充足、炎热、潮湿的气候。在通风良好、稍阴的环境下生长良好，畏寒怕冷，抗寒能力较差，不耐干旱、湿涝、碱土。土壤以土层深厚、疏松、富含腐殖质、排水良好的砂质和半砂质的偏酸性土壤为好。

（4）外观形态　茉莉花为常绿小灌木，高可达 1 米。幼枝绿色，枝条细长，有柔毛，略呈藤本状。单叶对生，椭圆形或倒卵形，全缘、深绿色、有光泽。聚伞花序，生于新枝枝顶或叶腋，花白色，生 3～9 朵，有单瓣和重瓣之分，极芳香，花期 6～10 月，如图 8-20 所示。

图 8-20 茉莉花

茉莉花花朵白色，芳香宜人，初夏至深秋开花不绝，是重要的室内盆栽观赏花卉，花可用来熏茶、作中药或提取香精，具有重要的经济价值。果实罕见。

(5) 扦插繁育 茉莉主要采用扦插繁殖。5～6 月间选直径 0.5 厘米，一、二年生且长 10～15 厘米的健壮枝条，插于 3 天前浇透水且消过毒的砂壤土中，插入 1/2，压实后随时浇水，然后覆盖塑料薄膜，保持较高的空气湿度，1 月后可生根成活。

(6) 栽培管理

① 温度。茉莉花的适合生长温度为 25～35℃，能使枝叶繁茂。夜间温度在 10～13℃时易造成枝条细弱。冬季放在室内通风向阳处保暖防冻，温度低于 5℃会引起冻害，温度过高会引起萌芽抽枝。

② 土质。茉莉花适宜选择疏松、肥沃的微酸性土壤，pH 值 6.0～6.5 最为适宜。土壤可选用园土 4 份、堆肥 2 份、沙 2 份和草木灰混合而成。

③ 浇水。夏季气温高，日照强水分，是茉莉生长开花旺季，应早晚各浇 1 次透水。由于温度过高，需要在中午时间大量浇水并

向叶面及地面喷水，空气湿度保持在 80% 左右，注意浇水不要过勤，盆土长期过湿易引起排水不良，容易造成叶枯黄、烂根等。春、秋每天浇水，水量不要太多。冬季茉莉不需很多水分，每 4～5 天浇 1 次水，保持盆土见干见湿即可。

④ 施肥。茉莉喜肥，肥壮而花多，换盆时在盆底放入少量豆饼作基肥，盆土保持充足的肥力。在孕蕾开花期间，加强肥水管理，多施稀薄液肥，每 3 天施 1 次充分腐熟的豆饼水、人粪尿或 1：5 的蹄角片水稀释液。可以头天施肥，第二天浇水。

⑤ 光照。茉莉喜阳畏寒，应将茉莉放在阳光充足的环境中，花期增加光照，则花多且香味浓。

（6）修剪。孕蕾时要摘心和短截枝条，以促生新枝和孕育更多更好的花蕾。随时剪去枯枝、病枝、弱枝，特别是及时剪短谢花枝。

（7）病虫害防治　主要病害有白绢病、炭疽病等，虫害有介壳虫、红蜘蛛等。

① 病害。在发病期喷施 75% 百菌清可湿性粉剂 800～1000 倍液。

② 虫害。可喷施 50% 辛硫磷 1000～1500 倍液，连续 2～3 次，能有效防治。

十一、鹅掌柴

（1）科属　五加科，鹅掌柴属。

（2）别名　鸭脚木、手树、矮伞树、小叶伞树。

（3）产地与习性　原产大洋洲、南洋群岛。我国广东、福建等亚热带雨林，印度、越南、日本也有分布。现广泛植于世界各地。鹅掌柴喜光、温暖，属阳性植物，也较耐阴，适宜生长在空气湿度大、土壤深厚、肥沃的酸性土壤中，也稍耐瘠薄，不耐寒。

鹅掌柴是很好的室内大型盆栽观赏花卉，可放在光照较差的环境下，布置凉爽环境的门厅、大厅，是理想的室内栽植槽的装饰材料。叶子还是很好的插花配料。

（4）外观形态　鹅掌柴为常绿灌木。盆栽一般株高 1～2 米，在原产地可高达 40 米。掌状复叶，小叶 5～8 枚，叶柄长约 4 厘米，叶全缘，互生，革质，油绿色，有光泽，椭圆形或倒卵状椭圆形，有明显的脉纹。圆锥花序，棒状顶生而小。初开的花为绿色，渐为淡粉色，最后成浓红色，有清香气味，淡雅宜人，花期冬春。浆果球形、暗紫色，果期12月至第二年1月。本种有很多的园艺变种，常见的有矮生鹅掌柴（株形小而密集），亨利鹅掌柴（叶片较大，而杂存黄色），黄绿鹅掌柴（叶色为黄绿色），花叶鹅掌柴（叶片有不规则的黄、白斑，呈花叶状，比普通鹅掌柴的观赏价值更高，是比较难得的品种），如图8-21所示。

图 8-21　鹅掌柴

（5）扦插繁育

① 扦插时间。鹅掌柴的扦插通常在4～9月进行。

② 插穗选择。从生长几年的母株上，剪下一年生带有2～3个节，长6～8厘米的枝条。

③ 扦插过程。剪取枝条后去掉插入部分的叶片，立即插入事先准备好的经过消毒的沙质插床上。

④ 扦插管理。插后放在室内弱光处，要经常灌水保持插床土壤或盆土湿润，并温度保持在25℃时，1～2个月就可生根。生根后直接上盆，并加强肥水管理，应每周补浇1次营养液，每次补液100毫升。

（6）栽培管理

① 土质。鹅掌柴以肥沃、疏松和排水良好的沙质壤土为宜。盆栽土适用泥炭土、腐叶土和粗沙的混合土壤。

② 上盆。盆栽鹅掌柴常用口径为 15～20 厘米的花盆，盆底多垫些碎瓦片或碎砖以利排水，并加托盘，以便接渗出液。每盆单株或插 3 株为宜。

③ 温度。生长适宜温度为 16～27℃，3～9 月为 21～27℃，9 月至次年 3 月为 16～21℃。在 30℃以上高温条件下仍能正常生长。冬季温度不低于 5℃。若气温在 0℃以下，植株会受冻，出现落叶现象，影响观赏。

④ 光照。鹅掌柴虽是阳性植物，但夏季在室外要遮阴，不能放置在强烈阳光下，夏季需用 70%遮阳网遮阴，秋季可增强光照。冬天不需遮光，应放置在室内有阳光处，尤其花叶鹅掌柴，光照太弱，叶面上的黄、白色斑纹会消失。

⑤ 浇水。喜湿怕干，在空气湿度大、土壤水分充足的情况下，茎叶生长茂盛。但水分太多，造成渍水，会引起烂根。如盆土缺水或长期时湿时干，会发生落叶现象。鹅掌柴夏季需要增加水分，并要经常用细孔喷壶喷洒植株叶面，增加空气湿度，保持叶面清洁。冬季减少浇水量。鹅掌柴对临时干旱和干燥空气有一定适应能力。

⑥ 施肥。鹅掌柴在生长期每半月应施用腐熟的豆饼水和牲畜蹄片水肥 1 次或用"卉友"20-8-20。四季都要用高硝酸钾肥。

⑦ 整形。生长期内当萌发徒长枝时，应注意整形和修剪。幼株进行疏剪、轻剪，以造型为主。老株体形过大时，进行重剪调整。

⑧ 换盆。幼株每年春季换盆 1 次，成年植株每 2 年换盆 1 次。结合换盆施 1 次基肥，盆底垫些碎片有利于排水。初上盆时，要有短时期的遮阳。

（7）病虫害防治 鹅掌柴生长健壮，很少有病虫害，若放置在通风不畅的地方，易受介壳虫危害，可用 800～1000 倍氧化乐果喷洒防治。

十二、冬珊瑚

（1）科属　茄科，茄属。

（2）别名　珊瑚樱、珊瑚球、红珊瑚、野辣茄、吉庆果、珊瑚豆、四季果、玛瑙球。

（3）产地与习性　原产南美洲巴西。海拔 1350～2800 米地区常见，600 米地区也有分布。在我国多见于河北、陕西、四川、云南、广西、广东、湖南、江西等省。冬珊瑚喜阳光、温暖、湿润的环境。耐高温，35℃以上无日灼现象。不耐阴，耐寒力较弱，不抗旱，炎热的夏季怕雨淋、水涝。不耐寒，北方盆栽观赏需入温室越冬。对土壤要求不严，但在肥沃疏松、排水良好的微酸性或中性土上生长旺盛。萌生性强。

冬珊瑚果实艳丽，果期长，是重要的秋冬季盆栽观果植物，也适宜布置花坛、花径或植于林缘。

（4）外观形态　冬珊瑚为常绿直立小灌木，株高 30～60 厘米，多分枝呈丛生状，常作 1～2 年生栽培。单叶互生，狭长圆形至倒披针形，全缘或微呈波状，叶面无毛。花单生或稀成蝎尾状花序，夏秋开花，花序短，花小，腋生，白色。浆果圆球形，单生，深橙红色，花后结果，经久不落。花期 4～7 月。果熟期 10 月，如图 8-22 所示。

图 8-22　冬珊瑚

（5）扦插繁育　冬珊瑚的扦插繁殖于夏、秋季生长期进行，具有较高的成活率。扦插时，剪取或疏剪长 8～10 厘米带有顶芽的生长枝条，如枝条带有花蕾要将其摘除，扦插于苗床。保持苗床或盆土湿润，定期向扦穗的顶芽、顶叶喷洒水雾，气温保持在 18～28℃之间，约经 10 天便可生根成活。秋季扦插后，冬季就可欣赏到红艳艳的累累果实。若扦插植株低矮、根须发达，适宜培育成小型的观果盆花。

（6）栽培管理

① 土质。盆土要求使用疏松肥沃、排水良好、富含有机质的沙壤土。可采用腐殖土及细沙各半混合配制而成。

② 施肥。盆底加 5％沤制过的饼肥、鸡鸭粪或 20～50 克蹄角片作底肥。生长期内每周追施 1 次 1∶5 蹄角片水稀释肥或 0.1％～0.5％的复合化肥溶液。植株进入孕蕾时期，暂停施肥。果实长至绿豆大小时，可恢复浇施饼肥水。

③ 浇水。5 月底以前每天浇水 1 次，6～8 月每天早晚各浇 1 次水，8 月每天浇水 1 次，9 月份观果期控制浇水，不干不浇，尽量不要喷水，既可避免冲淋去花粉。结果期增加浇水量，同时给予适当的叶面喷水。

④ 管理。苗长至 20 厘米时，应反复摘心，并去掉侧芽。喷施促花王 3 号，能把植物营养生长转化成生殖营养、抑制主梢疯长、促进花芽分化。

（7）病虫害防治

① 介壳虫。只需用小刷子将虫体刷掉即可。

② 疫病和炭疽病。在发病初期可用 600 倍 75％百菌清可湿性粉剂液每 10～15 天喷 1 次，连喷 2～3 次即可。

十三、六月雪

（1）科属　茜草科，六月雪属。

（2）别名　碎叶冬青、白马骨、素馨、满天星、悉茗。

（3）产地与习性　原产我国江南各省。从我国江苏到广东都有野生分布，日本也有分布。六月雪性喜阳光充足和温暖湿润的环境，喜轻阴，畏太阳，耐修剪。适宜疏松、肥沃、排水良好的中性至酸性土壤，以微碱性的石灰质壤土为佳。生长适温为 10～25℃，在华南为常绿，西南为半常绿。

六月雪在园林绿地中可作为绿篱或修剪组成各种造型图案，也常用作树桩盆景，是极好的盆栽花木。

（4）外观形态　六月雪为常绿丛生小灌木，植株低矮，株高不足 1 米，分枝多而稠密。嫩枝绿色有微毛，老茎褐色，有明显的皱纹，幼枝细而挺拔。单叶对生或在顶端簇生，叶呈椭圆略尖，稍有革质，全缘，叶子密集。花冠漏斗状，白色带红晕或淡粉紫色，花小，单生或簇生枝顶或叶腋，花期 5～6 月，小核果近球形，果熟期 10 月。常见栽培的有金边六月雪（叶缘金黄色）、斑叶六月雪和重瓣六月雪，如图 8-23 所示。

图 8-23　六月雪

（5）扦插繁育　2～3 月可进行休眠枝扦插，半成熟枝的扦插在 6～7 月进行，初春季节多用硬枝扦插，但在梅雨季节用硬枝、老枝均可，均需搭棚遮阴。扦插时将枝条剪成 8～10 厘米长的段作插穗，用生长素处理，插入沙床应遮阴保湿。20～30 天可发根，40～50 天后可上盆定植或移入苗圃。

也可运用撒插的方法：利用绿化空地，将土挖松整平。将修剪下来的 1～2 节、约 3 厘米的枝条，均匀地撒在事先整好的地面，压紧表土，浇透水即可，隔日喷水 1 次，10 日后开始生根，萌发枝芽。25 天后开始施第一次稀薄液肥。2 个月就可以移栽定植。4 个月就可以上盆栽培，同时可以进行初插。1 年后，可以形成一个悬根露爪的比较理想的树桩盆景。作绿篱使用，只要半年就成型。

（6）栽培管理

① 土质。盆栽用土须富含腐殖质、疏松透气、排水良好，可用 4 份腐熟牛粪、1 份腐熟饼肥、4 份园土、1 份煤灰配制。

② 施肥。上盆后每 1～2 周施 1 次 0.5% 浓度的磷钾肥液稀薄液肥，生长期内每 2 周施肥 1 次。在腊冬追施 1～2 次稀薄的有机肥液，其他季节不宜施肥。忌施浓肥。

③ 浇水。插后注意浇水，保持苗床湿润，极易成活。春季每天浇水 1 次，夏季每天浇水 1～2 次，立秋后改为每天浇水 1 次，冬季每周浇水 2～3 次。在生长期内保持盆土湿润，不宜长时间过干或过湿，切忌盆内积水或盆土失水。

④ 修剪。注意经常修剪，及时剪去根部萌发的蘖枝，促使多发枝叶，开花繁茂。

⑤ 光照。生长期宜放在阳光充足，温暖湿润，通风良好的地方养护，夏季初秋应遮阳 50%～70%，忌曝晒，冬季在南方可室外越冬，北方应移入室内。

（7）病虫害防治　六月雪盆景的病虫害较少。

① 根腐病。在初发病时可用 12% 松脂酸铜乳油 600～1000 倍液，或用 50% 根腐灵 800 倍液灌根或是叶面喷雾防治，每隔 3～5 天喷灌 1 次，连续喷灌 3～4 次。

② 蚜虫。可用风油精稀释 500～600 倍液或 1000 倍 25% 亚胺硫磷稀释液喷杀。

③ 蜗牛。可用 58% 风雷激乳油 1500 倍液喷杀。

十四、瑞香

（1）科属　瑞香科，瑞香属。

（2）别名　睡香、毛瑞香、风流树、千里香、蓬莱紫、山梦花。

（3）产地与习性　分布于中国和中南半岛，少有野生，在一些公园或庭园有栽培。瑞香性喜半阴和通风环境，不耐干旱，惧曝晒。喜肥沃和湿润而排水良好的微酸性壤土，萌发力强，耐修剪。

（4）外观形态　瑞香为常绿直立灌木。枝粗壮，小枝近圆柱形，无毛，二歧分枝，紫红色或紫褐色。叶互生，纸质，长圆形或倒卵状椭圆形，先端钝尖，基部楔形，边缘全缘，两面无毛，上面绿色，下面淡绿色。叶柄粗壮，散生极少的微柔毛或无毛。数朵顶生头状花序，无毛，花外面淡紫红色，内面肉红色。苞片披针形或卵状披针形，花萼筒管状，裂片 4，基部心脏形，花柱短，柱头头状。花期 3～5 月，果期 7～8 月。果实红色，如图 8-24 所示。

图 8-24　瑞香

（5）扦插繁育　瑞香可采用枝插，也可用水插和芽插。

① 扦插时间。瑞香扦插在春、夏、秋三季皆可进行。春季在萌芽前利用上一年的老枝扦插，夏秋两季可用当年生半木质化嫩枝扦插。在我国南方，5 月底至 6 月初扦插瑞香最适宜。插后正值梅雨季节，空气湿度大，昼夜温差小，冷暖相宜，利于插穗生根。

② 扦插基质。用山泥或阔叶林中的肥沃土拌上 1/3 的河沙作基质，或用经过灭菌处理的山泥与碧糠灰按 1∶1 混合后使用。拌匀后喷少量清水，使土壤含水量在 30％左右最为适宜。

③ 扦插用盆。以直径 2～3 寸（6～9 厘米）的小泥盆为宜，每盆扦插一支插穗。也可用稍浅的大盆，一盆可扦插数支插穗，但效

果略逊于小泥盆。扦插前先将盆洗净，能作灭菌处理则效果更好。

④ 插穗选择。剪下当年生长过密的多余粗壮嫩枝，直径 3～5 毫米为宜。将其剪成 10 厘米左右的枝段，上部保留 3～4 片真叶，嫩枝需带老踵，要求切口光滑。为了减少蒸腾，剪去插穗下部叶片，保留上部 2～3 片叶。在老树上剪取的枝条大部分已有花芽形成，最好在扦插前把顶芽剪掉，以促其插后嫩芽萌发，用薄刀片在插穗基部对劈 1～2 厘米深，并嵌入粗沙，使其不能闭合，以增加土壤接触面，促进生根。

⑤ 扦插方法。先用竹签打洞，要求洞的直径为插穗茎粗的 3～4 倍，深度为插穗长的 1/2，然后掺入 1/5 河沙，再将插穗插入洞中，其周围填满河沙、踏实。扦插株行距以叶子互不相接为好。

⑥ 扦插管理。插后对叶面和表土喷水，以湿润为度。苗床内尽量通风。其上搭设 1～2 厘米高的阴棚，上覆薄膜防雨，雨后拿掉。晴天可用竹帘遮盖，保持全阴或保留 15% 的透光度。盆插可作成封闭或半封闭式，将花盆罩住，置透风阴凉处。插后罩内有水珠即说明土壤湿度合适。若仅微雾状，就要喷水至湿润为止，但切勿过湿，再重新封闭。如土壤已干白，可将花盆浸入水中片刻，让其缓慢吸水至表土。这样只要气温在 20～25℃，经过 30～40 天即可生根。

⑦ 水插。水插一般于夏季进行，此时新枝趋于成熟，是水插的良好季节。水插法生根快、成活率高，几乎可达 100%，可减少喷水次数。具体方法是取当年生枝条，长 8～12 厘米。在剪条的前 1 天最好在分枝点 1～2 毫米处用利刀割一圈，这样可以加速愈合生根。在分枝点环割后，修平伤口，摘去枝条下半部叶片，上部保留 3～4 片叶，其余都剪掉。然后插在事先准备好的广口瓶中。瓶内灌水约 3/4，并滴入 2～3 滴食醋。插穗在水中约 1/3，扶直固定。瓶口用纱布蒙住扎紧。插后放在室内窗台上，水量减少时，加水至原来水位。过 5 天左右，用水向叶面喷雾 1～2 次，1 周换水 1 次，1 个月内即可生根。及时移栽上盆。

⑧ 芽插。芽插在春季发芽前进行，插穗选取树冠中、上部当年生充实、健壮枝条，留上部一片叶，芽腋处应有明显芽点，以一叶一芽一段的插穗为好。取穗时，须用利刀，从腋芽上部下刀，斜

行切断，削成马耳形，注意不要损伤腋芽，以利生根抽芽。用松叶土加30％细沙作扦插基质，便于短插穗的插入固定。需要注意的是，扦插前松叶土和细沙基质须置太阳下曝晒消毒。扦插时插入土中1/2，插后揿实，稍洒水，保持湿润，约40天可生根成活。待生出新枝后，次年春季再移栽上盆。

(6) 栽培管理

① 上盆。长出新根的植株不要急于上盆，须待长出新枝后再上盆，因为新枝十分微弱，稍有不慎就会死掉。上盆时切勿伤根，多带母土，保持原来深度栽入，不要深栽，否则生长不良。梅雨季节过后，插穗上的叶片竖起，即已基本成活。

② 土质。瑞香喜生于肥沃疏松、排水良好的沙质壤土，要求pH值在6～6.5之间的微酸性土。盆栽宜用腐叶土或晒干、风化的田园土加适量的砻糠灰或沙土掺拌使用。

③ 温度。霜降后，室外温度降到10℃以下时，将盆移入室内养护。冬季室温保持在5℃以上，春节前后就能开花，来年清明前后可出房，并移入大盆中正常养护。如在室外育苗，要注意防冻。一般气温降至5℃时，就要加盖塑料薄膜。

④ 浇水。移栽后露地管理可粗放些，在盛夏高温季节，要保持阴凉、湿润和通风的环境条件，盆土不能太干，更不能太湿，要保持半干半湿，含水量保持在30％～40％为宜。

⑤ 光照。秋分过后，可使扦插苗接受上午的阳光。

⑥ 施肥。在施肥上，3～4月可施稍浓肥，夏肥尽量少施，秋肥宜淡。瑞香对肥料种类要求很严，忌人粪尿，故一般采用腐熟饼肥，施用时稀释20倍。

(7) 病虫害防治

① 瑞香根系有甜味，易招引蚯蚓，故翻盆时可将盆土中蚯蚓捡尽，平时花盆不宜放在泥土地上，以避免蚯蚓从盆底钻进。

② 瑞香抗病性较强，偶有蚜虫、红蜘蛛为害，可用80％敌敌畏1200倍液或用0.5波美度石硫合剂喷洒防治。

③ 若染病植株叶面出现色斑及畸形，同时开花不良、烂心，可在高温高湿季节到来前喷波尔多液2～3次，并放阴凉处，如发现烂心应及时剪去枝叶、花朵，并烧掉，防止扩散。尤其金边瑞香

娇嫩难养，怕潮湿、低压气候，养植应选高爽之处，加强保护。

十五、八角金盘

（1）科属　五加科，八角金盘属。

（2）别名　八金盘、手树、八手。

（3）产地与习性　八角金盘原产于日本暖地近海的山中林间。我国早年引种。现广泛栽培于长江以南地区，台湾尤多。八角金盘为亚热带树种，喜阴湿温暖的气候，不耐干旱，不耐严寒，性耐阴。以排水良好而肥沃的微酸性土壤为宜，中性土壤亦能适应。萌蘖力尚强。华南地区平地越夏困难，中海拔冷凉地区栽培为佳。宁沪一带宜选小气候良好处种植。

八角金盘宜作城市绿化和庭园观赏。

（4）外观形态　八角金盘为常绿灌木或小乔木，叶大而有光泽，近圆形，掌状，5～9裂，叶柄长，基部肥厚，因其叶多为8裂，且有时边缘呈金黄色锯齿或波状而得名。聚伞形花序，集成顶生圆锥花序，花黄白或淡绿色，花期10～11月，花虽不艳丽，却很雅致，常作为盆栽观叶花卉。浆果球形，紫黑色，外被白粉。果期第二年5月，如图8-25所示。

图 8-25　八角金盘

（5）扦插繁育

① 扦插时间。八角金盘的扦插繁殖以春季 2～3 月用硬枝扦插最为适宜，也可在梅雨季节用嫩枝扦插。

② 扦插过程。选用 1～3 年生苗干作插穗，剪取粗壮枝条 10～20 厘米，保留 2～3 片叶子，扦插于湿润沙床或土壤，保持湿度，接受日照强度 50%～60% 为宜，经 30～40 天生根。

③ 秋插。除搭棚架盖塑料薄膜保湿保温外，早期还要在塑料薄膜上进行遮阴。

（6）栽培管理

① 土质。八角金盘栽培以腐叶土或富含有机质的沙质壤土为佳，要求排水良好。

② 栽植。可在春天气候转暖后进行移植，需带土球移栽，也可盆栽。盆栽时选择 15～21 厘米盆中栽植 1 株，植株长大后再逐渐更换大盆。

③ 温度。八角金盘喜高温多湿，生长适宜温度为 20～28℃。在夏季植株所处的环境阴凉通风为好。冬季干冷的空气容易引起叶尖干枯，宜将盆栽移至温暖避风处越冬。气温 10℃ 以下，寒流侵袭时要预防叶片受寒害。

④ 光照。栽培处全日照或半日照均能成长，但通常更适宜半阴环境，日照强度 50%～70% 时生长最为理想。

⑤ 浇水。对水分需求不严，耐旱也耐湿，空气湿度高则生育较旺盛。叶片蒸发面广，培养土要经常保持湿润，不可干旱，影响生育。

⑥ 施肥。施肥可用有机肥料或氮、磷、钾肥，每月少量施用 1 次，按比例增加氮肥，可促进叶片美观。

（7）病虫害防治　八角金盘的主要病害有叶斑病、烟煤病和黄化病。养护时要加强水肥管理和通风透光，特别是冬季，一定要注意开窗通风。

① 烟煤病，要及时用干净的棉布将煤污擦去，并喷施多菌灵或百菌清等杀菌药进行防治。

② 叶斑病。多发于夏季，可用甲基托布津或多菌灵等药剂进行防治。

③ 黄化病可叶面喷洒硫酸亚铁水溶液防治。

十六、倒挂金钟

（1）科属　柳叶菜科，倒挂金钟属。

（2）别名　吊钟海棠、吊钟花、灯笼海棠、灯笼花等。

（3）产地与习性　原产秘鲁、智利、墨西哥等中南美洲凉爽的山岳地带。喜冬暖夏凉，喜空气湿润，不耐烈日曝晒，怕炎热，不耐水湿，忌雨淋。生长期要求 15℃左右的气温，低于 5℃易受冻害，高于 30℃时生长恶化，处于半休眠状态。要求含腐殖质丰富、排水良好的肥沃砂质壤土。

倒挂金钟由于花色鲜艳，花形奇特，花期长，适合室内盆栽观赏，也可用于布置会场。夏季凉爽地区，可地栽布置花坛。

（4）外观形态　常绿灌木状多年生草本植物，可高达 1 米，茎浅褐色，光滑无毛，小枝弱且下垂。单叶对生或三叶轮生，卵状，叶缘有疏锯齿。花两性，单生于嫩枝先端的叶腋处，花梗较长，作下垂状开放，萼筒圆锥状，4 片向四周裂开翻卷，常抱合状或略开展，质厚，花萼颜色为红、粉、白、紫等色。花瓣也有红、粉、紫等色，雄蕊 8 枚伸出于花瓣之外。花期 4～7 月。浆果，如图 8-26 所示。

（5）扦插繁育　倒挂金钟扦插极易生根。

① 扦插时间。倒挂金钟除夏季休眠期外，其他时间只要温度适宜，均可扦插，但以每年的 11 月至来年的 4 月中上旬为好。因为这段时间正是植株的生长旺季，可选活力较强的插穗，加之气温较凉，插穗不易腐烂，成活率较高。夏季扦插时常常导致插穗腐烂死亡，成活率低。

② 插穗选择。插穗宜选择当年生、尚未木质化的枝条，最好带有嫩尖，插穗的长度一般在 6～10 厘米，每枝留 3～4 节，留顶部叶片，其余叶片去掉以减少蒸腾。需要注意的是，采取插穗时，一定要用消过毒的剪刀，使插穗剪口整齐平滑，切不可用手直接到植株上掐取插穗。

③ 扦插基质。扦插基质最好用经筛净的细河沙，但必须用开水烫洗消毒。插床可用浅盆或木箱，事先也要用 0.1% 的高锰酸钾

图 8-26　倒挂金钟

溶液喷洒进行消毒。

④ 扦插方法。扦插时先将插穗在维生素 B_{12} 中浸泡 20 分钟，用细竹棍在沙子上插个小洞，然后再将插穗插入沙洞中，深度以 3～4 厘米为宜，插穗的间距需保持在 8 厘米左右，以利于生根后上盆。扦插好后，浇 1 次透水，盖上塑料布，保持插床的湿度。

⑤ 扦插管理。扦插后插床应放置于室内有散光的地方，不可直接接受太阳光照射，室温保持在 20℃ 左右，过 1 周后方可使其接受一些光照。扦插后应经常向插床内喷水，冬季每天喷 1 次，春季每天早晚各喷 1 次，使插床内湿度保持在 80％ 以上。冬季一般在 25 天左右生根，春季 20 天左右即可生根。

（6）栽培管理

① 土质。以疏松、富含腐殖质、排水良好的微酸性壤土为宜。盆土配制可用按园土、腐叶土、河沙 4：4：2 的比例调配。盆和栽培土均应消毒，盆底用碎盆片做好排水层。

② 上盆。移栽时可用小竹铲将苗轻轻挖起，放入盆内事先挖好的小坑内，放正后用土将根部埋好，不可用手压土，以免用力过大，将根苗损伤。小苗植好后，需马上浇 1 次透水，使土壤自然密实，然后将盆放置于遮阴处养护，如 3 天后叶片无萎蔫现象，可使

其接受光照，1个月后少施一些薄液肥，进入正常管理。

③ 施肥。春季换盆时，可施以骨粉、复合肥作基肥。倒挂金钟生长迅速，开花多，在生长期应加强肥水供应。生长期可每10天到半月追施1次加5倍水的稀薄人畜粪尿液。炎热夏季植株休眠，可不浇水施肥。其他时间每10～15天施肥1次。

④ 浇水。由于倒挂金钟怕炎热，因此盛夏应将植株放置在阴棚下，经常叶面喷水或向地面撒水，加强通风，降温增湿，保持盆土稍干燥。在夏季控制浇水，使其休眠越夏。

⑤ 光照。倒挂金钟在生长期中趋光性较强，应经常转盆以防植株形态长偏。

⑥ 温度。倒挂金钟喜冷凉的环境，超过30℃时，生长明显较差，呈半休眠状态，在35℃以上，枝叶枯萎，甚至死亡。冬季温室最低温度应保持10℃，在5℃的低温下，易受冻害，生长室温为10～25℃，要求有较高的空气湿。

⑦ 管理。倒挂金钟枝条细弱下垂，生长过程中不易分枝，为使植株丰满，可多次摘心促进植株分枝，同时不断抹去下部长势较弱的侧芽，使生长旺盛，开花繁多。花期少搬动，防止落蕾落花。

（7）病虫害防治　倒挂金钟有白粉虱危害，注意保持空气流通，并及时喷25%的氧化乐果乳油1000倍液防治。

第九章

乔木植物类的扦插育苗

第一节　落叶乔木类

一、石榴

（1）**科属**　石榴科，石榴属。

（2）**别名**　安石榴、榭榴、山力叶、丹若。

（3）**产地与习性**　原产中亚亚热带地区。石榴喜光线充足、喜温暖，温度在10℃以上才能萌芽。石榴较耐寒，冬季休眠时可耐短期低温。石榴耐旱，不耐阴，怕水涝，适宜疏松、排水良好的砂质土壤。生长季节需水较多。

石榴长寿，有的树龄可高达百年。石榴适宜于在园林绿地中栽植，是观花、观果极佳的盆景植物。

（4）**外观形态**　石榴为落叶小乔木。树皮粗糙，灰褐色，有瘤状突起。分枝多，嫩枝有棱，小枝柔韧。单叶对生，有短柄，长椭圆形或长倒卵形，先端圆钝或微尖，有光泽，质厚，全缘，新叶红色。花两性，有钟状花和筒状花，有短柄，一般一朵至数朵着生在当年新枝的顶端。花有单瓣重瓣之分，花色多为大红，也有粉红、黄、白及红白相间色，花瓣皱缩。花期5～9月。浆果球形，外种皮肉质，呈鲜红、淡红或白色，顶部有宿存花萼，果多汁甜酸味，可食用，果熟期9～10月，如图9-1所示。

（5）**扦插繁育**　扦插在温度能达到的要求条件下四季均可进行，扦插冬春采用硬枝扦插，夏秋采用嫩枝扦插。

① 硬枝扦插选用2年生枝条作插穗，剪成15～20厘米一段，

图 9-1　石榴

按 15 厘米×50 厘米的株行距，插入土内 10～15 厘米。

② 嫩枝扦插选用当年生半木质化的枝条作插穗，剪取 4～5 厘米，并保留顶部几片小叶，插穗切口上部要平滑，下部剪成斜面，随剪随插，防插穗失水萎蔫，以保证成活率。插床的扦插基质要采用消过毒的沙壤土。扦插后踏实土壤灌水，注意遮阴保湿，温度控制在 18～30℃之间，湿度保持在 90％左右。30 天可以生根。在扦插前插穗最好用激素处理，可提早生根。

（6）栽培管理

① 光照。石榴生长期要求全日照，并且光照越充足，花越多越鲜艳。背风、向阳、干燥的环境有利于花芽形成和开花。光照不足时，会只长叶不开花，影响观赏效果。

② 温度。适宜生长温度 15～20℃，冬季温度不宜低于－18℃，否则会受到冻害。在北方寒冷地区，冬季应入冷室或地窖防寒。

③ 施肥。结合早春翻盆换土，施入 100～150 克骨粉或豆饼渣、鸡鸭粪等肥料作基肥。早春施稀薄饼肥水 1～2 次，开花前施以充分腐熟的稀薄蹄角片水或麻酱渣水 1～2 次，孕蕾期用 0.2％磷酸二氢钾液喷施叶面 1 次，花谢坐果期和长果期，每月追施磷钾肥料 1～2 次。

④ 浇水。春、秋季隔 1 天浇水 1 次，夏天早晚各浇水 1 次，

冬天控制浇水，约1周左右浇水1次，并注意松土除草，经常保持盆土湿润，严防干旱积涝。石榴的开花期最怕阴雨连绵，花瓣宜腐烂，盆栽时要防雨。

⑤ 修剪。石榴需年年修剪，每年冬春之间，进行1次疏枝和修剪，生长期间，适当作摘心修剪并不断剪去根干上的萌蘖。进入结果期，对徒长枝要进行夏季摘心和秋后短截，避免顶部发生二次枝和三次枝，使其储存养分，以便形成第二年结果母枝，同时还要及时剪掉根际发生的萌蘖。

(7) 病虫害防治　石榴易受蚜虫、介壳虫和桃蛀螟等侵害。

① 桃蛀螟。是石榴的主要害虫之一，每年发生2~3代，以幼虫蛀害果实，造成烂果，落果，可用30倍的敌百虫药液浸药棉球塞入花萼深处，当幼虫通过花萼时，即被毒死。

② 蚜虫。可用香烟蒂浸泡肥皂水喷洒。

③ 介壳虫。量少时可用手指或小刷除去，数量多时，可喷乐果防治。

二、紫薇

(1) 科属　千屈菜科，紫薇属。

(2) 别名　满堂红、百日红、紫金花、痒痒树、无皮树。

(3) 产地与习性　原产于亚洲南部及澳洲北部。紫薇性喜阳光，略耐阴，喜温暖、湿润气候，好生于略有湿气之地。耐旱，怕涝，对土壤肥力要求不严，适宜肥沃、湿润而排水良好的土壤，尤其适宜石灰性土壤。忌涝，忌种在地下水位高的低湿地方。萌蘖性强，生长较慢，寿命长。对有害气体二氧化硫、氯气、氟化氢的抗性较强，也具较强的吸滞粉尘能力。

紫薇树姿优美，树干光滑洁净，茎秆奇特，花色美而艳，是园林绿地常用的观花、观茎、观干、观根树种，也适宜作盆栽及桩景。根、皮、叶、花皆可入药。

(4) 外观形态　紫薇是落叶小乔木。可高达7米，树冠不整齐，树干多扭曲，树皮光滑，灰色或灰褐色，老后表皮片状剥落，小枝纤细，具4棱，略成翅状。单叶对生或互生，椭圆形至倒卵形，纸质，先端钝或稍尖，全缘，表面光滑，长2.5~7厘米，宽

1.5～4 厘米，无柄或叶柄很短。圆锥花序顶生，花萼绿色，光滑无棱，花瓣 6，皱缩，基部有长爪，花有红、紫、白色三类型，枝茎 3～4 厘米。花期 7～9 月。蒴果，椭圆状近球形，果熟期 9～10月，种子有翅，如图 9-2 所示。

图 9-2 紫薇

（5）扦插繁育 春季用硬枝扦插，夏季可用嫩枝扦插。

① 插穗选择。选用 1～2 年生的旺盛枝，枝龄越小的生根性越好。在春季，选择营养丰富和组织充实的硬枝进行扦插，阳面枝、侧枝和萌蘖枝均可。紫薇还可用老干扦插，在春季选择三年以上的枝，注意保湿，这种方法经常用于树桩盆景材料的培育。在夏季，还可采用嫩枝扦插。注意遮阴，不要光照过强，否则水分蒸发过快会导致植株萎蔫，另外还要注意保湿。

② 扦插方法。将插穗截成 15～20 厘米，插入土中 2/3 处，基质以疏松排水良好的沙质土壤为最佳，不需太多养分，只要通气良好、保湿性好、不含病虫菌即可。

③ 扦插管理。插后要注意温度、湿度、光照等外界环境因素的调控。如果管理不当会导致植株苗死亡，温度对插穗生根影响很大，温度适宜则生根快，一般温度在 15～25℃较适宜，原产热带的种类要求温度较高一些。

④ 基质。湿度保持在 50%～60%，而空气湿度则要更高一些。基质湿度不可过高，否则基质的通气不良，含氧量低，甚至会使扦插基部由于缺氧而导致根部窒息腐烂。

(6) 栽培管理

① 浇水。春季浇水 1～2 次，开花期间浇 1～2 次，霜冻前浇 1 次防冻水，秋天不宜浇水，夏季注意及时排灌。

② 施肥。苗期要经常喷水保持土壤湿润，并于每月追施肥 1 次，每平方米 15 克，移栽应在早春萌动之前进行。冬季或早春植株萌动前，可在根部周围沟施 1～2 锹用人粪尿、杂草、落叶和垃圾堆沤腐熟的堆肥，5～6 月生长季节，每 2 周追施加 5 倍水的腐熟人畜粪尿 1 次，开花前施些磷肥。11 月开沟施腐熟堆肥每株 10～15 千克。

③ 修剪。紫薇枝梢萌发力强，并具有陆续不断开花的习性，一般在 8 月开花刚结束后进行修剪，不使其结果，使养分集中于枝叶并结合一定的施肥措施，让植物体内贮藏足够量的养分，就能促进紫薇再次成花。随时注意剪去枯枝、病虫枝。

④ 促花。为使紫薇花在 10 月盛开，可在 6～8 月将陆续形成的花蕾及时摘除，仅留 8 月底以后形成的花蕾。同时自 6 月开始每半月施 1 次肥，至 9 月增加为每周施 1 次肥，在 10 月初便可见花。

(7) 病虫害防治　虫害主要有蚜虫、刺蛾等，病害主要有紫薇褐斑病。

① 蚜虫。可在树木发芽前，喷 30～40 倍的 20 号石油乳剂杀卵，或在其发生期，喷 800～1000 倍 40% 的乐果乳剂或 1000 倍 25% 的亚胺硫磷乳剂毒杀若虫和成虫。

② 刺蛾。可喷洒 2000 倍 50% 的辛硫磷等药喷杀幼虫，或于幼虫初孵期摘掉虫叶杀死幼虫。

③ 紫薇褐斑病。应在发病初期及时喷洒 50% 苯菌灵可湿性粉剂 1000 倍液或 75% 百菌清可湿性粉剂 800 倍液。

三、火炬树

(1) 科属　漆树科，盐肤木属。

(2) 别名　火炬漆、鹿角漆树、加拿大盐肤木。

（3）产地与习性 原产欧美。我国 1959 年引种后。现分布于全国的东北南部，华北、西北北部暖温带落叶阔叶林区以及温带草原区。火炬树喜生于河谷滩、堤岸及沼泽地边缘，也耐干旱贫瘠，可在石砾山坡荒地上生长。喜温抗寒，喜光，对土壤适应性强。火炬树根系发达，萌蘖性强，为荒山绿化先锋树种。火炬树生长快速，一般 4 年生即可开花结实，可持续 30 年左右。阳性树种，适应性极强。

火炬树雌花序及果穗鲜红，夏季缀于枝头，极为美丽，秋叶变红，十分鲜艳，为理想的水土保持和园林风景造林用树种。树皮、叶含有鞣质，种子含油蜡，可作工业原料，根皮可药用。

（4）外观形态 火炬树为落叶小乔木，株高可达 10 米。柄下芽，分枝少，枝条密生茸毛。叶互生，奇数羽状复叶，小叶 9～27 片，长圆形至披针形，长 5～15 厘米，均被密茸毛，先端长，渐尖，边缘有锯齿，基部圆形或广楔形，叶表面绿色，背面灰白色，老时脱落，叶轴无翅。直立圆锥花序顶生，雌雄异株，雌花序及果穗鲜红色，长 10～20 厘米，形同火炬，故得名。小核果扁球形，密生绒毛，有红色刺毛。花期 5～7 月，果期 9～11 月，如图 9-3 所示。

图 9-3 火炬树

（5）扦插繁育　火炬树的繁殖多采用根插。火炬树侧根多，且水平延伸。每年苗木出圃后，收集粗度在 1 厘米以上的侧根，剪成 20 厘米长的根段，依据根的极性，顶部向上，茎部向下，直插在整好的圃地上育苗。插后根段顶部覆 2～4 厘米薄土，经常喷水保持湿润。一般是先发不定芽，破土长出新枝，然后生根成活。

（6）栽培管理

① 移植。移栽应在深秋落叶后至次年春季发芽前进行。栽时要求苗正、根舒，栽后大苗宜立支柱。干旱瘠薄山地造林需截干栽植，距地表 18～20 厘米处平剪，起苗后将过长的主侧根剪去，保留 25 厘米长，容易成活。

② 浇水。播种苗出苗后每隔 10 天浇水 1 次，1 个月后每半月浇水 1 次。

③ 施肥。一般追肥 2 次，以尿素为主，结合浇水进行。火炬树的当年苗比较娇嫩，冬季易受冻害。因此从 7 月底以后蹲苗，停止浇水、施肥和松土，对于过旺的枝叶，打落一部分促进木质化。

④ 管理。每年 4～5 月，苗高 3 厘米左右，即有 3～4 片真叶时可进行间苗补苗，进行 2～3 次，当苗高 10 厘米时定苗，要求株行距 40×30 厘米。幼苗出齐后根据土壤板结和杂草情况，每 10～15 天松土除草 1 次，7 月底停止。

（7）病虫害防治　主要是螟蛾，可在幼虫发生时用 50% 的杀螟松乳油 1500 倍液喷雾。火炬树作为外来物种，繁殖能力很强。因此，对其在小面积范围内引种的大量火炬树，一定要密切关注其扩散、蔓延态势，必要时可采用人工方法进行控制。

四、红叶李

（1）科属　蔷薇科，李属。

（2）别名　紫叶李。

（3）产地与习性　红叶李原产中亚及中国新疆天山一带。现栽培分布于北京以及山西、陕西、河南、江苏等地。红叶李喜光也稍耐阴，怕盐碱和忌积水，耐寒，适应性强，喜温暖湿润和阳光充足的气候环境，以排水良好的砂质壤土最为有利。

红叶李浅根性，萌蘖性强，对有害气体有一定的抗性，对美化环境有所帮助。

（4）外观形态　红叶李是落叶小乔木，整株树杆光滑无毛，树皮呈紫灰色，小枝淡红褐色。单叶互生，叶卵圆形或长圆状披针形，长 4.5～6 厘米，宽 2～4 厘米，基部楔形，先端短尖，边缘具尖细锯齿，羽状脉 5～8 对，叶片两面无毛或背面脉腋有毛，色暗绿或紫红，叶柄光滑多无腺体。花单生或 2 朵簇生，白色，花部无毛，核果扁球形，无梗洼，熟时红、紫或黄色。花叶同放，花期3～4 月，果常早落，如图 9-4 所示。

图 9-4　红叶李

（5）扦插繁育　红叶李多采用扦插繁殖，既能使育苗时间缩短，成活率达 90% 以上，又能当年分栽，从而大大提高生产率。

① 插床准备。苗圃地选择在背风向阳、地势平坦、排水良好、较肥沃的沙壤土上。拱棚用 2～3 厘米宽的竹片作支架并选择 0.08 毫米厚的白色棚膜，同时准备好防寒用的草苫子。

② 扦插时间。由于各地区的落叶时间不同，扦插时间也不一致。一般在秋季正常落叶达到 50% 以上时为最佳扦插时间，扦插可一直进行到土壤封冻为止。

③ 插穗选择。选择无机械损伤、无病虫害且直径 0.3～1 厘米的优质一、二年生粗壮健壮萌条和枝条。其中以木质化程度较高的种条中下部为最佳。插穗剪成 10～12 厘米长为宜，上部离芽 1 厘

米处平剪，下部斜剪。

④ 插穗贮存。剪切好的插穗每 50～100 根打成捆。选择排水良好且背风向阳的沙壤土地掘一深 60～80 厘米的坑，坑的大小可视插穗多少而定，坑底平铺 15 厘米厚的干净河沙，其中沙子湿度以手摸成团、手触即散为最佳。将打捆的插穗置于 70％的酒精溶液中浸泡，取出用清水漂洗。然后再将插穗下端朝下基部朝上，整齐地排在坑内。

⑤ 扦插方法。取出插穗，经激素处理 24 小时。若插穗基部断面变褐，应剪去一小段，使之露出白茬，或者干脆放弃。处理后即可扦插，扦插时不用揭除地膜，隔着地膜下插，深度以插穗长的 3/4 为宜。插好后地面要露出 1～2 个芽，插后撒 1 厘米左右厚的碎土，浇一次透水，并搭拱棚罩塑膜保湿增温。株行距 5×8 厘米，每平方米插 200～300 株。

（6）栽培管理

① 温度。红叶李扦插生根的最适温度是 20～30℃。当冬季夜间气温下降至－5℃时，每天下午四点以后应盖草苫子防冻，上午 10 点后打开草苫子增温。早春温度低，要注意防冻，温度低于 0℃时，夜间要用草帘覆盖，次日上午揭开。4～5 月气温回升棚内温度高于 30℃时，中午要掀开拱棚两端通风，防止气温过高，造成回芽。

② 湿度。扦插后必须保持空气的相对湿度在 75％～85％。插穗要通过喷雾来减少插穗的水分蒸发。在有遮阴的条件下，每天给插穗喷雾 3～5 次，晴天温度高可以多喷，阴雨天温度低应少喷或不喷。因为很多种类的病菌就存在于水中，所以过度喷雾插穗易被病菌侵染而腐烂。第一次浇透水后，插床不干不浇，防止水分过大影响地温升高，导致愈伤组织腐烂。红叶李喜欢盆土干爽或微湿状态，但其根系怕水渍，如果花盆内积水，或者给它浇水浇肥过分频繁，就容易引起烂根。给它浇肥浇水的原则是"间干间湿，干要干透，不干不浇，浇就浇透"。

③ 光照。插穗要进行光合作用制造养分和生根的物质来供给其生根的需要，因此红叶李的扦插繁殖离不开阳光的照射。光照越强，插穗体内温度越高，插穗的蒸腾作用越旺盛，消耗的水分越

多，不利于插穗的成活。因此，5月中下旬逐渐揭去塑膜，在揭膜前要进行炼苗，即先揭少部分膜，把阳光遮掉50%～80%，再逐渐增大，待根系长出后，再逐步移除遮光网，晴天时每天下午4点除下遮光网，第二天上午9点前盖上遮光网。

④ 施肥。每隔50～60天施氮肥1次，并浇透水，每2周喷1次0.3%～0.5%的尿素溶液。

⑤ 修剪。在冬季植株进入休眠或半休眠期后，要把瘦弱、病虫、枯死、过密等枝条剪掉。

（7）病虫害防治　病虫害主要有红蜘蛛、刺蛾和布袋蛾，如有发生可用40%的氧化乐果乳油1000倍液进行喷杀。

五、梅花

（1）科属　蔷薇科，李属。

（2）别名　酸梅、白梅花、合汉梅、黄仔、绿梅花、绿萼梅。

（3）产地与习性　梅花原产中国西南部，在四川、湖北、广西等高海拔地区均有野梅分布。梅花性喜温暖、湿润的环境，对土壤要求不严，耐寒，耐瘠薄，忌积水。在光照充足、通风良好条件下能较好生长，梅花适宜在表土疏松、肥沃、排水良好、底土稍黏的湿润土壤上生长。

（4）外观形态　梅花为落叶小乔木，株高5～10米，树干多纵驳纹，呈褐紫色或灰褐色，小枝呈绿色细长无毛。叶片卵形或圆卵形，边缘具细锯齿。每节1～2朵花，花芽着生在长枝的叶腋间，于早春先叶而开，无梗或具短梗，芳香，花瓣5枚，原种呈白色或淡粉红色，栽培品种则有彩斑、红、紫、淡黄等花色。也有重瓣品种。梅花可分为系、类、型。如真梅系、杏梅系、樱李梅系等。系下分类，类下分型，如图9-5所示。

（5）扦插繁育　梅花的扦插一般在11月底进行，此时枝条为已停止生长的当年生已木质化枝条，此时的枝条养分含量高。插床选择向阳且排水良好的地方，床宽1米左右，插床宜选用肥力较大的疏松壤土作基质。从易扦插成活的幼壮年母树品种上取已木质化的当年生枝条，在枝条中上段截取13厘米左右长的枝段作为接穗，插入土中10厘米，要留2～3厘米外露地面，插后用手轻轻地将周

图 9-5 梅花

围土壤压实，然后喷透水 1 次并且盖上塑料薄膜。

也可以采用地热线扦插的方法，其优点是通过提高地温可以提前形成愈伤组织，且可使根系形成早、好，出苗整齐，避免出现叶后长根的"假活"现象，从而提高成活率，苗木生长量更大，提前 1 年苗木移栽出圃。扦插后经常喷水保持土壤湿润，低温期盖严薄膜以防透风。到来年春季回温后，在晴朗天气膜内达 20℃ 以上时，上午掀膜透风，下午再盖上。至 3～4 月确认插穗生根后去薄膜，以后进入苗期管理。

（6）栽培管理

① 土质。梅花对土壤选择不严，最宜微酸性的土层深厚、排水良好的沙壤或壤土，在中性或偏碱性的轻黏土中亦能生长。盆栽可选用腐叶土 3 份、园土 3 份、河沙 2 份、腐熟的厩肥 2 份均匀混合后的培养土。栽后浇 1 次透水。放庇荫处养护，待恢复生长后移至阳光下正常管理。

② 栽植。在南方可地栽，在黄河流域耐寒品种也可地栽，但在北方寒冷地区则应盆栽室内越冬。在落叶后至春季萌芽前均可栽植。为提高成活率，应避免损伤根系，带土团移栽。地栽应选在背风向阳的地方。

③ 光照。梅花喜温暖和充足的光照。生长期应放在阳光充足、通风良好的地方，若处在庇荫环境，光照不足，则生长瘦弱，开花稀少。冬季不要入室过早，以 11 月下旬入室为宜，使花芽分化经过春化阶段。冬季应放在室内向阳处，温度保持 5℃左右。梅花虽然要求空气流通，但在风口处或建筑物北面遮阴处不适合栽植梅花。若想"五一"开花，则需保持温度 0～5℃并湿润的环境，4 月上旬移出室外，置于阳光充足、通风良好的地方养护，即可"五一"前后见花。

④ 温度。梅花在年平均气温 16～23℃地区生长发育最好。梅花对温度非常敏感，在早春平均气温达 −7～−5℃时开花，若遇低温，开花期延后，若开花时遇低温，则花期可延长。除杏梅系品种能耐 −25℃低温外，一般耐 −10℃低温。耐高温，在 40℃条件下也能生长。

⑤ 浇水。梅花生长期应注意浇水，经常保持盆土湿润偏干状态，既不能积水，也不能过湿过干，浇水掌握见干见湿的原则。一般天阴、温度低时少浇水，否则多浇水。夏季每天可浇 2 次，春秋季每天浇 1 次，冬季则干透浇透。

⑥ 施肥。梅花在栽植前应施好基肥，同时掺入少量磷酸二氢钾，花前再施 1 次磷酸二氢钾，花中施 1 次腐熟的饼肥，补充营养。6 月还可施 1 次复合肥，以促进花芽分化。秋季落叶后，施 1 次有机肥，如腐熟的粪肥等。

⑦ 修剪。地栽梅花整形修剪时间可于花后 20 天内进行。以自然树形为主，剪去交叉枝、干枯枝、直立枝、过密枝等，对侧枝进行短截，以促进花繁叶茂。盆栽梅花上盆后要进行重剪，为制作盆景打基础。保持一定的温度，春节可见梅花盛开。

(7) 病虫害防治

梅花花病害种类很多，常见的有炭疽病、缩叶病、白粉病等。

① 炭疽病。病发初期可喷 70%托布津 1000 倍液或喷代森锌 600 倍液防治。发现其他各种病时，喷洒上述两种药液亦可见效。

② 缩叶病。可喷洒托布津或多菌灵防治，亦可喷洒 1%波尔多液，每隔 1 周喷 1 次，3～4 次即可治愈。

③ 白粉病。常在湿度大、温度高、通风不良的环境中发生。早春三月，梅花萌芽时，嫩芽和新叶易受病菌侵染，受害部位会出现很薄的白粉层，接着白粉层上出现针头大小的黑色或黄色颗粒，后期叶片变黄而枯死。

危害梅花植株的害虫有十多种，最常见的有梅毛虫、蚜虫、介壳虫。

④ 梅毛虫。可在其幼龄时喷洒 1000 倍杀螟松。

⑤ 蚜虫。主要危害梅树嫩茎及嫩叶，吸食植物营养。可喷 40% 的氧化乐果 1000 倍水溶液防治，也可用 80% 敌敌畏兑 2000 倍水进行喷杀，喷洒 2～3 次即可消灭。

⑥ 介壳虫。感染介壳虫的病株叶片发黄、枯萎、脱落。可用人工刮除和喷施药物结合防治。药物可用 80% 的敌敌畏乳油剂 1500 倍液喷洒，也可用 60% 的可湿性乐果粉剂 1200 倍液喷洒。

六、银杏

(1) 科属 银杏科，银杏属。

(2) 别名 白果、鸭脚树、蒲扇、公孙树。

(3) 产地与习性 银杏出现在几亿年前，属我国特产，是第四纪冰川运动后遗留下来的裸子植物中最古老的植物。现存活在世的银杏稀少而分散，和它同纲的所有其他植物皆已灭绝，所以银杏又有"活化石"的美称。银杏喜阳光充足的环境，宜适当湿润、排水良好的沙质壤土，以中性或微酸性的土壤（pH 值 5～6 的黄壤或黄棕壤）为最好。不耐积水，较耐旱。耐寒性很强。适于生长在水热条件比较优越的亚热带季风区。

银杏寿命长，中国有 3000 年以上的古树。

(4) 外观形态 银杏为落叶大乔木，胸径可达 4 米，幼树树皮近平滑，浅灰色，大树树皮灰褐色，粗糙，有不规则纵裂，长有长枝和生长缓慢的距状短枝。叶互生，扇形，叶柄细长，两面淡绿色，秋季落叶前变为黄色，无毛，有多数叉状并列细脉，在宽阔的顶缘有 2 裂，长枝散生，短枝簇生。球花簇生于短枝顶端的鳞片状叶的腋内、雌雄异株，单性。4 月开花，10 月成熟，如图 9-6 所示。

图 9-6　银杏

（5）扦插繁育　由于银杏是稀缺树种，采用扦插繁殖可以保持品种的优良性状，加速良种的繁殖、提早结实。扦插通常在春季或夏季进行。若在春季，扦插后用小拱棚保温、保湿，提高成活率。夏季扦插要用加盖塑料薄膜的阳畦作扦插床，上面用尼龙网或苇帘搭设阴棚。为了促进生根成活，插穗可用生长素处理，生根效果更佳。

银杏的扦插可采用硬枝扦插和嫩枝扦插两种。

① 硬枝扦插。一般于春季 3～4 月选择一、二年生健壮、充实优良的母株，将其半木质化新枝剪成长 10～15 厘米的段作为插穗。除去插穗下部叶片，保留上部 1～2 枚叶片，将基部削成斜面，插入细黄沙或疏松的基质中 2/3，地面留 1～2 个芽，插后浇足水，每天 2～3 次，保持土壤湿润。畦内温度保持 25℃左右，相对湿度 90% 以上，10 多天可形成愈伤组织，40 天左右即可生根。成活后，进行正常管理。第二年春季即可移植。此法适用于大面积绿化育苗等。

② 嫩枝扦插。在 6 月下旬进行。在银杏树上选取发育正常、生长健壮，芽眼饱满半木质化新梢，剪成长 10～12 厘米的插穗，每个插穗保留 3～5 个芽眼，保留上部 2～3 片完整叶片，其余剪

掉，上剪口平剪，下剪口剪成平滑马耳形，插穗随采随插。用比插穗稍大的木棍在已喷透水的砂质土壤插床上，按 4～5 厘米的株行距垂直打眼，深度为 4～5 厘米，与插穗入土深度相等，扦插时地上留 2～3 个芽，插后用手指将插孔压实。扦插后随即喷水，扦插量大时可以扦插与喷水交替进行，扦插完后注意遮阴、保持叶面湿度，以叶面经常保持一层水膜为佳。为了增加营养，使扦插苗生长健壮，插穗生根后，每周喷 1 次 0.2％的尿素液，可带土移栽普通苗床。

（6）栽培管理

① 土质。银杏寿命长，一次栽植长期受益，因此土地选择非常重要。银杏属喜光树种，应选择坡度不大的阳坡为造林地。银杏属深根性树种，喜肥喜水，栽植时宜选择土层深厚、有排灌条件的地块。

② 栽植。银杏秋季栽植在 10～11 月进行，可使苗木根系有较长的恢复期。春季发芽前栽植，由于地上部分很快发芽根系没有足够的时间恢复，所以生长不如秋季栽植好。银杏栽植按 0.8 米×0.8 米的株行距挖栽植窝。苗木要求前后左右对齐，然后填土踏实。栽植深度以培土到苗木原土以上 2～3 厘米为宜，不要将苗木埋得过深。定植好后及时浇定根水，以提高成活率。

③ 施肥。定植时宜挖大穴，施足发酵过的含过磷酸钙的肥料。每年秋季株施农家肥 20 千克，生长季于 5 月追施 2～3 次氮肥，每株约 0.5 千克。7～9 月追施 1～2 次复合肥，每株约 0.5 千克。

④ 人工授粉。银杏为雌雄异株，为提高坐果率在生产中须进行人工授粉。其中以喷粉法较为适宜。当银杏雌花珠孔吐出"性水"时，将采集的花粉，每克兑水 0.5 升，并加 1％砂糖和 0.1％硼砂配成花粉水溶液，均匀喷洒雌株树上。

（7）病虫害防治　防治叶螨、二化螟、桃蚜、丝棉金尺蠖等害虫采用醇提取物防治率高。

① 银杏疫病。要及时彻底地清园，挖出病株，剪掉病梢，并集中烧毁。发病期间，喷 1～2 次毒矾、瑞毒素 500～1000 倍。

② 茎腐病。栽植前土壤和苗木要消毒，使用有机肥料要充分腐熟，同时严格控制水分，防止湿度过大，苗木过密。得病后每隔

1 周喷 1 次 50％多菌灵可湿性粉剂 200～300 倍液，连喷 2～3 次。

③ 枯叶病。应及时刮除已经形成的病斑，刮皮深度应达木质部，并用 1∶100 波尔多液或 50％多菌灵可湿性粉剂 100 倍液或 1％硫酸亚铁溶液、0.1 的升汞水、石灰涂抹剂涂刷伤口，以杀灭病菌并防止病菌扩散。

④ 早期黄化病。干旱季节，做好浇灌工作，汛期做好排水工作。对已发病银杏于 3 月下旬到 4 月上旬施用锌肥，幼树每株施 80～100 克硫酸锌，大树每株施 1000～1500 克硫酸锌。

七、水杉

(1) 科属　杉科、水杉属。

(2) 别名　活化石、水桫、梳子杉。

(3) 产地与习性　水杉多生于山谷或山麓附近，分布于重庆、湖北、湖南三省交界的石柱、利川、龙山三县的局部地区，垂直分布一般为海拔 750～1500 米。水杉喜温暖湿润和阳光充足的环境。以深厚肥沃、排水良好的酸性土壤为宜，在微碱性土壤上亦可生长良好。适合地势平缓、土层深厚、湿润或稍有积水的地方。不耐涝，对土壤干旱也比较敏感。耐盐碱能力较强，在含盐量 0.2％以下的轻盐碱地可以生长。水杉生长缓慢，可净化空气，移栽容易成活。适应温度为－8～24℃。

(4) 外观形态　水杉为落叶乔木，高达 35～40 米，胸径达 1.6～2.4 米。幼树树冠尖塔形，老树广圆头形，树皮深灰色，大枝近轮生，小枝对生或近对生，下垂，枝的表皮层常成片状剥落。叶交互，扁平条形，柔软，无柄。雌雄同株。球果下垂，果蓝色，可食用。每年 2 月开花，果实 11 月成熟，如图 9-7 所示。

(5) 扦插繁育　水杉由于种源缺乏，常应用扦插繁殖。扦插繁殖时采用硬枝扦插和嫩枝扦插均可。

① 硬枝扦插。多于春季 1 月份采集插穗。在 3 月中旬左右树木发芽前进行扦插为宜。从 2～3 年生母树上剪取 1 年生健壮侧枝作插穗为宜。插穗截取 10～15 厘米，然后按每捆 100 根插在沙土中软化，保温保湿防冻遮阴，扦插前用生根粉溶液浸泡 10～20 小时，可提前生根 15～20 天，根多且粗，成活率达 90％以上，比未

图 9-7 水杉

用生根粉的高出 35％ 左右。如果采用大田扦插，每亩插 2 万～3 万株，插后采取全光育苗，适时浇水、除草、松土。

② 嫩枝扦插。在 5 月下旬至 6 月上旬进行。选择半木质化嫩枝作插穗，当年生根而不发梢，须用单层阴棚。截取长 14～18 厘米，保留顶梢及上部 4～5 片叶，用生长素快浸插穗基部 3～5 秒以促进生根。插穗插入土中 4～6 厘米，每亩插 7 万～8 万株。插后遮阴，每天喷雾 3～5 次。9 月下旬后可撤去阴棚。前插地经常保持湿润、通风，可促进插穗早日生根。苗期注意防治立枯病和茎腐病。

(6) 栽培管理

① 温度。水杉要求产地 1 月平均气温在 1℃ 左右，最低气温 −8℃，7 月平均气温 24℃ 左右。具有一定的抗寒性，在北京可露地过冬。

② 土质。选土层深厚、疏松而肥沃的圃地。

③ 栽植。分栽培育一年生播种苗或春插苗 2～3 年，可采用 70 厘米×70 厘米株行距，亦可在原苗圃中按 50 厘米×50 厘米株行距留床培育部分苗木。一年生播种苗 3 年出圃，春插苗 2 年出圃，均可用于城市园林绿化。

（7）病虫害防治

① 水杉赤枯病。梅雨季节结束后立即对树冠喷 1% 的波尔多液 4～5 次，每隔 10～15 天喷洒 1 次，可控制病害发生。

② 锈病。结合修剪，清除锈病枝叶，集中烧毁或深埋，减少侵染来源。锈病发生后可喷洒 25% 粉锈宁 1500～2000 倍液或 3～4 波美度石硫合剂，或 75% 氧化萎锈灵 3000 倍液，或 65% 代森锌可湿性粉剂 500～600 倍液。

③ 立枯病。应在秋季落叶后及时清除并处理落叶，然后向地面喷石硫合剂。

④ 黑翅大白蚁。在 5～6 月间喷洒灭蚁灵诱蚁是最有效防治白蚁的方法。还可采用每株施药 3% 呋喃丹 10～15 克，在施药时防止雨水冲刷及太阳曝晒，以保持长时间药效。

⑤ 叶蝉。可通过冬季清除苗圃内的落叶、杂草，减少越冬虫源。也可利用黑色灯锈杀成虫。一旦叶蝉发生可喷施 2.5% 溴氰菊酯可湿性粉剂 2000 倍液或 50% 杀螟松乳油 1000 倍液或 90% 敌百虫 1000 倍液。

⑥ 色卷蛾。以 4 月中上旬幼虫危害初期为最佳防治时期，可用 40% 乐果、50% 杀螟松、80% 敌敌畏或菊酯类药剂。在 7～8 月的干旱季节发生时，可人工摘除幼虫，集中烧毁，或用杀螟松 1000 倍液喷杀幼虫。

八、落羽杉

（1）科属　杉科，落羽杉属。

（2）别名　落羽松。

（3）产地与习性　落羽杉原产于北美东南部及墨西哥。现在中国广州、上海、杭州、南京等地均引种栽培。落羽杉耐水湿，能生于排水不良的沼泽地上，常栽种于平原地区及河岸、湖边、水网等地区。落羽杉为强阳性树，适应性强，喜温暖湿润气候，抗污染，抗台风，生长快，以湿润而富含腐殖质土壤为最佳。

落羽杉树形优美，羽毛状的叶丛极为秀丽，入秋后树叶变为古铜色，是良好的秋色观叶树种。

（4）外观形态　落羽杉为落叶大乔木，原产地可高达 50 米，胸径达2米。树干尖削度大，干基膨大，树皮为长条片状脱落，棕色。枝水平开展，树冠幼树圆锥形，侧生小枝为2列。叶扁平、线形，基部扭曲在小枝上，先端尖，淡绿色，下面黄绿色，中脉隆起，落前变成红褐色。球果圆形或卵圆形，有短梗。花期4月下旬，球果熟期10月，如图9-8所示。

图9-8 落羽杉

（5）扦插繁育 落羽杉的扦插繁殖分硬枝扦插和嫩枝扦插。

① 硬枝扦插。在落叶后选取完全木质化的枝条，剪成10厘米左右的插穗，用100～150毫克/升的萘乙酸处理24小时后捆成小捆沙藏。于第二年春天扦插于壤土苗床中。成活率受采穗母株年龄的影响很大，自1～2年生苗上所采的插穗成活率可达90%，而自近20年生树上采取的插穗，采取各种处理法也很难生根。每亩扦插3.5万～5万株，加强管理，当年秋季苗高达50～60厘米即可出圃栽植。

② 嫩枝扦插。于5～10月的夏、秋季采集10～15厘米长的当年生浅褐色、发育充实的半木质化枝条进行嫩枝扦插。用浓度为50毫克/升的萘乙酸液处理6小时，或其他促生根激素快浸3秒钟，然后将其扦插于充分冲洗并消毒的细河沙中，以薄膜封闭和遮阴，加强水分管理。在雨季扦插时，经20～30天即可生根。嫩枝

的成活率受母株年龄影响较小。夏季扦插当年苗高可达50厘米，秋季扦插当年可生根，第二年移栽，继续培育。

（6）栽培管理

① 移植。一般于3月间进行，1～2米高的苗可裸根移植，2米以上的大苗宜带土球。苗木主根长，侧根较少，起苗时需深挖多留根，栽植时应深穴深栽植，对提高幼树成活率和促进生长都有良好效果。一年生苗木高可至1米左右。庭园绿化可用2～3年生的移植苗。

② 浇水。落羽杉极耐水湿，能生长于浅沼泽中，亦能生长于排水良好的陆地上。6～8月为苗木生长旺盛期。夏秋高温时要加强抗旱，及时浇水，促进苗木生长。

③ 栽植。定植后要防止中央领导枝干成为双干。在扦插苗中如有双主干者应及时疏剪掉纤弱枝及影响主干生长的徒长枝，保留强干。

（7）病虫害防治　落羽杉病虫害少。

九、池杉

（1）科属　杉科，落羽杉属。

（2）别名　池柏。

（3）产地与习性　池杉原产于美国弗吉尼亚州。池杉是中国许多城市尤其是长江流域重要的造树和园林树种。池杉喜温暖、湿润气候和阳光充足的环境，适宜深厚疏松的酸性、微酸性土壤。对碱性土敏感，苗期当pH值在7.2以上时，即可发生叶片黄化现象，生长不良，长大后抗碱能力增加。池杉强阳性树种，不耐阴，耐涝也较耐旱，稍耐寒，能耐−17℃短暂低温。耐湿性很强，长期及在水中也能较正常生长。

池杉萌芽力强，生长势也旺。枝干富有韧性，更加之树冠形，因此抗风力颇强。

（4）外观形态　池杉为落叶乔木，可高达25米。主干挺直，树冠尖塔形。树干基部膨大，树皮纵裂成长条片而脱落，褐色，有沟。大枝向上形成狭窄的树冠，尖塔形，小枝直立，红褐色，形状优美。叶钻形，稍向内弯曲，前伸，紧贴小枝，在小枝上螺旋状排列。球果圆球形或长圆状球形，有短梗。花期3月，果期10～11月，如图9-9所示。

图 9-9　池杉

　　(5) 扦插繁育　池杉扦插繁殖时，为了扩大条源加速繁殖，除了硬枝扦插外，还可在夏、秋季节应用嫩枝扦插。因此，扦插育苗可分为硬枝扦插、嫩枝扦插两种。

　　① 硬枝扦插。在早春3～4月扦插，插穗采自1～2年生实生苗，成活率可达90%。如用3年生以上的实生苗剪取枝条作插穗，平均成活率只有41%，大大降低。插穗剪成长10～12厘米，去梢，插穗用高锰酸钾液浸泡2小时效果更好。用沙壤土作基质，以5厘米×20厘米的株行距插于苗床上，入土深度达全穗长度的2/3，经常保持床面湿润，6～7月插穗即可愈合生根。如管理得当，当年苗可高70～80厘米，有的可高达1米。移植要带土球，小苗沾泥。硬枝扦插成活率除与母树树龄有关外，还与插穗剪取的部位密切相关，以枝条的基部为最好，中部次之，梢部最差。

　　② 嫩枝扦插。以初夏或仲秋的6～8月为宜。选取幼龄母树上当年萌发的侧枝作插穗，平均成活率可达78%，如用8年生幼树枝萌发侧枝，扦插成活率仅30%。剪成10～12厘米长，上部留叶3～5片，用生长素处理插穗基部30～60秒，还可促进发根。用沙

壤土作基质，以 5 厘米×10 厘米的株行距将插穗插于苗床，并搭阴棚遮阴，保持床面湿润，一般 9 月中下旬即可愈合生根。当年平均苗高可达 60～70 厘米。

（6）栽培管理

① 栽植。一般在冬季或早春用 2 年生以上大苗栽植和造林，单行种植株距 1.2～1.6 米，成片造林可采用 2 米×2 米株行距。适地适树很重要，并应根据立地条件与植树目的选用适当的池杉品种与类型。

② 管理。以干旱季节注意浇水为主，并适当中耕、除草、施肥或间作绿肥作物。幼林郁闭后，应及时间伐抚育。

（7）病虫害防治

① 大袋蛾。7～9 月危害最为严重，可用 90% 的敌百虫 0.1% 溶液喷杀。亦可在冬季或早春人工剪摘虫囊。

② 金龟子。防治时应于傍晚或凌晨进行，可用辛硫磷或乐斯本喷雾防治。

③ 红蜘蛛。可用 40% 乐果 1500 倍液喷杀，也可用敌敌畏 1200～1500 倍液喷杀。

④ 斑点病。是病原真菌引起的。可用可湿性粉剂 1000 倍、大生 1000 倍液喷雾或 50% 多菌灵 1000 倍液防治。

⑤ 叶子黄化。黄化是缺铁的典型表现。可采取在树干上直接嵌入含有螯合铁的"绿亨铁王"药片防治。也可采用对树叶片进行喷施的方法，由叶片吸收铁。还可以用手动式树干注射器注射硫酸亚铁＋纯净水＋杀菌剂稀释液补充铁元素。

十、合欢

（1）科属　豆科，合欢属。

（2）别名　马缨花、夜合欢、朱樱花、红绒球、合昏、绒花树、红粉朴花、鸟绒。

（3）产地与习性　合欢原产于亚洲、非洲和我国黄河流域及以南地区，生于路旁、林边及山坡上。合欢喜温暖湿润和阳光充足环境，对气候和土壤适应性强。对土壤要求不严，宜在排水良好、肥沃土壤生长，但也耐瘠薄及轻度盐碱土壤和干旱气候，但不耐水涝。

合欢生长迅速，对二氧化硫、氯化氢等有害气体有较强的抗性。通常栽植于庭园中或为行道树。合欢有较高的经济价值，木材耐水湿，可制作家具，树皮及花能药用，有安神、止痛、活血的功效，种子可榨油。

（4）外观形态　合欢为落叶乔木，可高达 4～15 米，树冠伞形。二回偶数羽状复叶，4～12 对羽片，各有小叶 10～30 对，小叶长圆形至线形，向上偏斜，先端有小尖头，有缘毛，有时在下面或仅中脉上有短柔毛，中脉紧靠上边缘。腋生或顶生头状花序，多数，伞房状排列，花萼管状，花萼、花冠外均被短柔毛。花淡红色，气微香，味淡。荚果线形，扁平，幼时有毛。花期 6～7 月，果期 9～11 月，如图 9-10 所示。

图 9-10　合欢

（5）扦插繁育　合欢的扦插繁殖一般在 6～7 月进行，选无病虫害健壮的一年生枝条，剪成长 15 厘米左右的段作插穗，以粗河沙为基质，做成苗床扦插。将插穗的 1/3～2/3 插入沙中，按时浇水，湿度保持在 80%～90%，温度保持在 20～30℃之间。移植一般宜晚，最好在芽刚萌动时进行，此时成活率最高。

（6）栽培管理

① 栽植。合欢喜温暖湿润和阳光充足的环境，圃地通常选择

在背风向阳、水源充足、排灌方便的地方，沙质壤土较好。幼苗怕水涝，圃地应选择地势平坦，或略有倾斜易于排水的坡地，周围无大树或山峰遮阴，阳光充足。水源最好位于圃地上方，以便于自流灌溉。

② 施肥。合欢本身含根瘤菌，具固氮作用，出苗初期，用充分腐熟的人粪尿按一定比例喷洒，浓度逐步增加，当苗高到达 20 厘米时，可增施 2%～3%复合肥料，促进苗木生长，9 月初，苗木进入生长后期，就可以不再施肥了。

③ 修剪。为使合欢幼苗主干通直，分叉提高，苗期可合理密植，要及时修剪侧枝，以提高园林观赏价值。生长过弱时，常于 1 年后齐地截干，促使长出粗壮通直的主干，也可以立杆扶正。

（7）病虫害防治

① 立枯病。合欢连作只宜两年，否则易发生严重的立枯病，同时不能充分地利用地力。连作期太长，土壤疏松，主根入土很深，不利于培育主根较短、侧须根较发达的壮苗，不便于起苗，根系容易遭受破坏。

② 溃疡病。可用 50%退菌特 800 倍液喷洒防治。

③ 天牛。用煤油 1 千克加 80%敌敌畏乳油 50 克灭杀。

④ 木虱。用 40%乐果乳油 1500 倍液喷杀。

十一、玉兰

（1）科属 木兰科，木兰属。

（2）别名 白玉兰、玉兰花、木兰、望春花、迎春花、应春花。

（3）产地与习性 玉兰原产于长江流域，分布于我国中部及西南地区。现在北京及黄河流域以南均有栽培，峨眉山、庐山、黄山等处尚有野生。现世界各地均已引种栽培。玉兰属阳性长日照植物，性喜光。有较强的耐寒能力，在 −20℃的条件下可安全越冬。喜干燥，忌低湿，栽植地渍水易烂根。喜肥沃、排水良好而带微酸性的砂质土壤，pH 值 5～6 为宜，在弱碱性的土壤上（pH 值 7～8）亦可生长。

玉兰在我国有 2500 年左右的栽培历史，古时多在亭、台、楼、阁前栽植。现多见于园林、厂矿中孤植、散植，或于道路两侧作行道树。北方也有作桩景盆栽。玉兰花是上海、合肥、东莞、保定、潮州、连云港市的市花，也是中国政法大学、西南大学的校花。

（4）外观形态　玉兰为落叶乔木。树高一般 2～5 米，有的高可达 15 米。胸径 1 米，枝广展形成宽阔的树冠。树皮深灰色，粗糙开裂；小枝梢粗壮，灰褐色。叶纸质，倒卵形，网脉明显。花蕾卵圆形，花先叶开放，直立，大型，芳香。花梗显著膨大，白色，基部常带粉红色。聚合果圆柱形。花期 2～3 月，也经常于 7～9 月再开花 1 次，果期 8～9 月，如图 9-11 所示。

图 9-11　玉兰

（5）扦插繁育　玉兰的扦播繁殖可以保持品种的优良性状，加速良种繁殖，提早开花。

① 插穗选择。在健壮优良的母树上，选取上年萌生的半木质化新枝，长 10～15 厘米，除去下部叶片，保留上部 1～2 枚叶片，只保留叶片的 1/3。为了促进生根成活，插穗可用生长素处理，插穗基部用吲哚丁酸速蘸，生根效果最佳，生根率高达 94％。

② 扦插时间。可在春季或夏季进行扦插。若在春季，扦插后可用小拱棚保温、保湿，从而提高成活率。夏季扦插要用加盖塑料薄膜的阳畦作扦插床，上面用尼龙网或苇帘来搭建阴棚。

③ 扦插基质。可用细沙和腐殖质的混合土。

④ 扦插方法。将插穗基部削成斜面，插入基质的 2/3，地面留 1~2 个芽，插穗每天浇水 2~3 次，畦内温度保持 24~25℃，相对湿度 90% 以上，10 天左右可形成愈伤组织，30 多天即可生根。

（6）栽培管理

① 土质。王兰生性强健，在肥沃的沙质土壤上生长最佳。

② 光照。栽培处日照需良好，半日照之处生育亦能正常。

③ 施肥。定植前预埋少量有机肥料作基肥，生长更旺盛，每 2~3 个月再以豆饼水、油粕等有机肥料作追肥，有利于发育。

④ 浇水。生性极为耐旱，成株不需常灌水，露地栽培的小苗酌加灌水，成活后可任其生长，不需特别管理。

⑤ 上盆。使用 33 厘米以上大盆，并逐年更换大盆。利用换盆时机除去老叶及多余的根茎，并更换新土，可维护长势。

（7）病虫害防治

① 炭疽病。可用 75% 百菌清可湿性颗粒 800 倍液或 70% 炭疽福美 500 倍液进行喷雾，每 10 天 1 次，连续喷 3~4 次可有效控制住病情。

② 黄化病。可以用 0.2% 硫酸亚铁溶液来灌根，也可用 0.1% 硫酸亚铁溶液进行叶片喷雾，并应多施用农家肥。

③ 红蜡蚧。冬季和早春，结合剪枝去除部分多虫枝。在若虫孵化盛期，喷 25% 亚胺硫磷乳油 1000 倍液，或 40% 氧化乐果乳油 1500 倍液，每隔 4~6 天喷 1 次，连喷 3 次即可见效。

④ 炸蝉。可用熬黏的桐油或用蛛网揉捏的黏团涂于竿端粘捕成虫。4~8 月间及时巡视并剪除产卵枝。

十二、悬铃木

（1）科属　悬铃木科，悬铃木属。

（2）别名　法国梧桐、二球悬铃木、英国梧桐。

（3）产地与习性　原产于欧洲。现分布于我国华北、华中、江南等地区。悬铃木喜温暖、湿润和阳光充足的环境。较耐寒，适生于微酸性或中性、排水良好的土壤，微碱性土壤虽能生长，但易发生黄化。

悬铃木抗空气污染能力较强，叶片可以吸收有毒气体和滞积灰尘。根系分布较浅，台风时易受害而倒斜。

（4）外观形态　悬铃木为落叶大乔木，高可达35米。枝条开展，树冠广阔，呈长椭圆形。树皮灰白色或灰绿，不规则片状剥落，剥落后呈粉绿色，光滑。柄下芽。单叶互生，叶片三角状，叶大，3～5掌状分裂，边缘有不规则尖齿和波状齿，基部截形或近心脏形，嫩时有星状毛，后近于无毛。头状花序球形，花期4～5月。球果下垂，果期9～10月，坚果基部有长毛，如图9-12所示。

图9-12　悬铃木

（5）扦插繁育

① 插穗采集。通常在12月或1月进行采集枝条作插穗，有条件的还可以适当提前半个月的时间，早采插穗枝条中的养分没有向贮藏组织大量地转运，营养物质充分，有利于成活和生长。

② 插穗贮藏。同时插穗在贮藏的过程中，其内含物质发生转化有利于插穗创伤的恢复和愈合，这样于初春插后可提早生根。枝条采来后，应立即截成插穗贮藏。插穗上端切中以直径1～2.5厘米，长13～16.5厘米为宜。每一插穗具3个芽，上端切口呈平面，平均位于距第一个芽0.5厘米的位置，下端的切口也呈平面。插穗必须随采、随截、随藏。每捆插穗下端切口的排列必须整齐，使之

与灰土密切地接触，并且在这期间要加强管理。

③ 扦插方法。扦插的最好季节是春季。一般说来，12月上旬开始贮藏插穗，第二年3月中旬扦插为宜。但扦插的具体日期，应随插穗的愈合情况而定，如大部分插穗伤口已愈合，其幼根尚未发出，就应立即进行插穗为好。扦插过迟，插穗的叶子吐得过长，下端切口周围已生满幼根，扦插时插穗上的芽和幼根易伤断，这样不但影响将来苗木的品质，而且费工。扦插时，应随插随取。插穗上的芽子必须向上，不能倒置，同时插穗要垂直于地面向下插，插穗上端只露出地面1个芽子就可以了。

④ 剥芽。对悬铃木的插穗苗，还有一种独特的抚育管理措施——剥芽。因这种苗木在生根之前，其顶端的芽苞先开始萌发出来，形成假活现象。因此，必须及时剥掉已萌发的芽苞。扦插后，约半个月的时间，就要除去主芽，相隔半个月后，再进行第二次剥芽。这次剥芽，必须认真地选择健壮的、位置恰当的芽子留下来，进行培育成长。之所以要进行剥芽，就是使这种苗木的地上部和地下部达到生长平衡、避免萌发过早消耗插穗的养分。但当主芽剥去之后，通常有数个副芽同时萌发。此时插穗地下部还没有生根或生根很稀少，因此，根据副芽生长的好坏、强弱再剥一次芽，选择一个强壮的，让其生长。剥芽过迟，不但消耗养分，造成伤口过大，更容易感染病菌，导致苗木生病，主干还会不断生芽，长出侧枝，这些均应及时摘除。

(6) 栽培管理

① 土质。悬铃木是阳性速生树种，抗性强，能适应城市街道透气性差的土壤条件，对土壤要求不严，以在湿润肥沃的微酸性或中性土壤生长最盛，在微碱性和干旱土壤也能生长，但易发生黄叶病。

② 浇水。在雨季要注意排涝，防止苗木受浸渍。干旱时应引水侧灌，避免苗床表面板结、龟裂。年降水量500～1200毫米的地区生长良好。

③ 温度。悬铃木喜温暖湿润气候，适宜温度为6～25℃。

④ 施肥。插穗生根后，在6～8月间适时施速效肥，以尿素为主。

⑤ 管理。除草对保苗也很重要，不要等杂草长高再除，尽量做到"除早、除小、除了"。若精心管理，当年苗高可达 1.5 米以上，1 年后可以定植大田，6 年生时可以出圃用于城市绿化。

（7）病虫害防治　生长期的病害较少，但要注意防治蚜虫，发现蚜虫后可喷洒 2000～3000 倍液的阿维菌素或 2000 倍液的吡虫啉溶液。

十三、富贵竹

（1）科属　百合科，龙血树属。

（2）别名　万寿竹、开运竹、丝带树、竹蕉、万年竹、富贵塔、塔竹。

（3）产地与习性　原产热带、亚热带非洲及我国西南一带。富贵竹喜光照充足、高温、多湿的环境，也十分耐阴，适于室内生长。生长适宜温度为 20～28℃。忌强烈日光直射。耐湿耐阴，插入瓶中水栽也能发根。

富贵竹可盆栽作室内观赏植物，既可单株水养，也可多株捆在一起组成各种形状。目前室内的容器内水养是比较流行的培养方式。

（4）外观形态　富贵竹是常绿小乔木。株形很似朱蕉，但较小些。茎直立生长，植株细长，直立上部有分枝。在室内生长的株高 2～3 米。根状茎横走，结节状。叶片卵圆披针形，顶端渐尖，叶互生或近对生，纸质，有明显 3～7 条主脉，具短柄，绿色。伞形花序有花 3～10 朵生于叶腋或与上部叶对花，花冠钟状，紫色。浆果近球，黑色，如图 9-13 所示。

（5）扦插繁育

① 扦插时间。富贵竹的扦插全年均可进行，但以春至夏季为理想。

② 扦插过程。剪取长 10～15 厘米的枝条作插穗，可把整个插穗横向埋在排水良好的细蛇木屑、河沙或腐殖质土的插床上，也可直立插于插床上，注意不要上、下方向颠倒。

③ 水插。扦插在水容器中也可生根，入水深度不可过深，2～3 厘米即可，否则容易泡烂。一定要保证扦插基质、水及容器清

图 9-13　富贵竹

洁，否则易感染霉菌、腐烂。

④ 扦插管理。温度宜保持在 25℃ 左右，接受日照 50％～70％，保持湿度，温度高有利于生根。经 1 个半月左右就可生根成新株，然后可移栽入盆内培养。

（6）栽培管理

① 土质。栽培以稍带沙质的腐殖质壤土最佳，必要时可以混合一些细蛇木屑，以利于排水、通气。盆土可用保肥、保水、通气、疏松的培养土栽培，培养土可用泥炭土和沙土以 1∶1 混合或用草炭土加少量豆饼渣，再加适量粗沙混合使用。为排水通畅，在上盆时一定要做好排水层。

② 光照。富贵竹应放在室内光线好的地方，并避免中午强光直射。放置在过于荫蔽处、生长不良，叶片易变黄。栽培处日照 50％～70％ 为宜，金边万年竹光照要稍强，阴暗叶色会转淡绿。

③ 温度。温度在 1℃ 时即要进入休眠，但最低温度在 5℃ 以上就能安全越冬。如冬季温度等条件适宜，也可生长良好。冬季低温 15℃ 以下，将盆栽移置温暖避风处越冬，避免因寒害或空气干燥，导致叶尖干枯。

④ 浇水。富贵竹性喜湿润，应经常用细孔喷壶喷洒叶面，提

高空气湿度。生长期浇水要均衡，不可过干或过湿。如盆土积水，根系易腐烂。用水栽培，浸入水中的叶片要摘除，水质保持清洁，不必常换水，忌油烟污染。

⑤ 施肥。生长期应每周施 1 次腐熟的稀薄液肥。进入 9 月就要停止施肥并控制浇水，以利冬季休眠。施肥以氮、磷、钾或豆饼、油粕，每 1～2 个月少量施用 1 次。平时培养土保持湿度，灌水多无妨，干旱则不利生育。

⑥ 修剪。富贵竹耐修剪，如果将顶部或上部的枝干剪去，剪口处以下的芽就会生成新的枝条，可以同时有 1 个芽长出，因此可以长成独顶尖的植株，也可成簇生状。在植株长得过高大或下部叶片脱落时，可根据需要进行修剪，剪下的枝条可进行繁殖。无论是一年生的，还是多年生木质化茎干都可作插穗，同时由于顶部被剪，顶端优势受阻，在条件适宜时，枝干下部的隐芽就会长出新的枝条或形成新的植株。

（7）病虫害防治　富贵竹基本上没有病虫害，有时叶片焦边、叶尖枯焦，多是由于空气湿度过低、土壤干旱或过于通风引起的，应注意管理。

第二节　常绿乔木类

一、橡皮树

（1）科属　桑科，榕属。

（2）别名　印度橡皮树、橡胶树、印度榕、印度胶榕、印度橡胶。

（3）产地与习性　橡皮树原产印度及马来西亚等热带和亚热带地区。现我国各地多有栽培。橡皮树喜高温多湿、阳光充足和通风良好的环境。喜肥，不耐寒，耐半阴，喜明亮的光照，忌阳光直射，耐修剪，耐空气干燥。忌黏性土，不耐瘠薄和干旱，在疏松肥沃并含大量腐殖质的排水良好的微酸性土壤中生长旺盛。生长适温为 20～25℃。越冬温度应保持在 10℃以上。

（4）外观形态　橡皮树为大型常绿乔木。盆栽株高 1～2 米，树皮光滑，有乳汁。小枝粗壮，常绿色，嫩芽红色。单叶互生，叶大肥厚，长椭圆形或矩卵形，叶厚革质。橡皮树叶大有光泽。叶刚长出时呈细长圆锥形，色泽嫩红。雌雄同株异花，花小，白色。园艺栽培品种主要有花叶橡皮树、金边橡皮树、白斑橡皮树、绯叶橡皮树等。橡皮树叶片肥厚光亮，是点缀宾馆、厅堂和家庭居室的最佳观叶花木之一，如图9-14所示。

图9-14 橡皮树

（5）扦插繁育 橡皮树扦插操作简单，极易生根成活，且生长快。

① 扦插时间。橡皮树对扦插季节要求不严，只要温度稳定在15℃以上即可，其中以4～8月的春末夏初为最适宜期，可结合修剪一起进行。

② 插穗选择。选用一、二年生生长健壮、组织充实、无病虫害、含3个以上芽的枝条，剪成10～15厘米长作为插穗，芽节以上保留1厘米以防芽眼枯萎，剪去下面的一个叶片，将上面两片叶子合拢，用细塑料绳绑好，以减少苗木叶面蒸发。所剪取的枝条最好是中下部半木质化部分，这样插下去容易生根。为防止剪口处乳汁流失过多影响成活，应该在伤口处及时涂抹草木灰或胶泥封住。

③ 扦插基质。最好以素沙、泥炭、珍珠岩或蛭石为基质，深

度为插穗的一半，插后做好阴棚遮蔽和通风工作，保持温度 20℃左右、土壤湿润和较高的插床湿度，但不能积水，可经常向地面洒水以提高空气湿度，一般插后 1 个月左右生根，苗高 15 厘米时即可上盆。盆栽后放稍遮阴处，待新芽萌动后再逐渐增加光照。

④ 扦插方法。可用硬枝插、嫩枝插、叶芽插和水插法。硬枝插多在春、夏进行，选取隔年枝条作插穗。嫩枝插一般在秋季选取当年生健壮枝作插穗。叶芽插，宜在腋芽成熟而尚未萌动前，连同节部的 1 小段枝条一同剪下，然后浅浅插入沙床中，并将腋芽的尖端露出沙面，插穗的叶片需用木棍固定，以防止摇动而影响成活。水插时可以把插穗 10 枝捆成一捆，插入水中 1/3 左右，每天换水 1 次，一般 50 天左右可以发根，然后上盆或栽入圃地即可。

(6) 栽培管理

① 土质。橡皮树喜肥沃疏松和排水良好的砂质壤土，基质可用园土、腐叶土及河沙各 1 份加少量基肥配制。也可用壤土与腐叶土的混合基质，同时掺入农家肥作基肥，并且每 2 年要翻盆 1 次。

② 温度。橡皮树生长最适宜温度为 20～25℃。温度 30℃以上时也能生长良好。安全的越冬温度为 5℃。斑叶品种的耐寒力稍差，越冬温度最好能维持在 8℃以上。温度过低时会产生大量落叶。

③ 浇水。生长期间应给予充足水分，保持盆土湿润。在夏季天晴而空气干燥时，植株在充足的阳光下，要经常向叶面及四周环境洒水，以提高空气湿度。冬季则需控制浇水，低温而盆土过湿时，易导致根系腐烂。

④ 施肥。橡皮树因生长迅速，应及时补给养分才能使植株旺盛生长。应每月施 2～3 次以氮肥为主的复合肥或腐熟的饼肥水。有彩色斑纹的种类因生长比较缓慢，可减少施肥次数，同时增施磷钾肥，以使叶面上的斑纹色彩亮丽。如过多或单纯施用氮肥，则斑纹颜色变淡，甚至消失。9 月应停施氮肥，仅追施磷钾肥，以提高植株的抗寒能力。冬季植株休眠，应停止施肥。

⑤ 光照。橡皮树喜明亮的散射光，有一定的耐阴能力，要保证足够的光照条件，但忌盛夏强光曝晒。光照过强时会灼伤叶片而出现黄化、焦叶现象。但也不宜过阴，否则会引起大量落叶，并使有斑纹品种的美丽斑块变淡。5～9 月要进行遮阴或将植株置于散

射光充足处。其余时间则应给予充足的阳光。

⑥ 管理。当幼苗高 0.7～1 米时摘心，促其萌发侧枝，适度整形修剪，培养并保持良好的观赏形态，注意防寒防冻。

⑦ 修剪。春季结合出棚进行修剪，删去树冠内部的分叉枝、内向枝、枯枝和细弱枝，并短截突出树冠的窜枝，以使植株内部通风透光良好并保持树形圆整。如树冠过大，可将外围的枝条作整体短截。生长期间应随时疏去过密的枝条和短截长枝。

(7) 病虫害防治

① 灰斑病。发病初期可通过喷洒 50％的多菌灵 1000 倍或 70％的甲基托布津 1200 倍液防治。

② 炭疽病。可结合修剪，清除病枝。平日注意透光和通风，不要放置过密。发病前或发病初期用 50％托布津可湿性粉剂、百菌清、退菌特、多菌灵等可湿性粉剂 500～800 倍液防治。

③ 根结线虫病。及时清除病残根深埋或烧毁。每 667 平方米穴施 10％力满库颗粒剂 5 千克或每 667 平方米穴施 5％力满库颗粒剂 10 千克。也可喷淋或浇灌 40％甲基异柳磷 1000 倍液，有效率 85％以上。

④ 吹绵介壳虫、糠片介壳虫，可用 40％氧化乐果乳油 1000 倍液喷杀防治。

二、巴西木

(1) 科属　百合科，龙血树属。

(2) 别名　巴西铁、巴西铁树、巴西千年木、香龙血树、玉莲千年木、巴西水木。

(3) 产地与习性　原产热带和亚热带。非洲西部、东南亚和澳洲，中国云南、广西、海南以及泰国、老挝、柬埔寨、印度尼西亚等地也有分布。巴西木性喜高温、多湿的环境。较耐阴，喜光照但忌强烈阳光直射，光照以 50％～60％为佳，忌干燥干旱，生长季节可充分浇水。生长适温为 20～30℃，越冬温度为 8℃，冬季 13℃以下要预防温度过冷害叶。喜疏松、排水良好的砂质壤土。巴西木生命力强，凭着自身的潜在能量能活得很好。

巴西木株型挺拔壮观、整齐优美，叶片宽大，紫色素雅，一般做大、中型盆栽，装饰客厅、会场或商店，是目前最为普遍栽培的室内观叶植物之一。

(4) 外观形态 巴西木为常绿乔木，高可达 6 米以上，一般盆栽高 0.5～1 米。茎直立生长，粗大，茎径 5～7 厘米，有时分枝。树皮灰褐色或淡褐色，皮状剥落。叶丛生枝顶，长椭圆状披针形，鲜绿色，叶片宽大，生长健壮。无叶柄，轮生，呈放射状，叶缘呈波状起伏，叶片中间带有金黄色条纹。穗状花序，花小，黄绿色或浅紫色，具芳香。栽培品种主要有金边龙血树（叶边缘有数条金黄阔纵纹，中央为绿色）、银边龙血树（叶边缘为乳白色，中央为绿色）、金心龙血树（叶片中央有一金黄色宽条纹，两边绿色）等，如图 9-15 所示。

图 9-15 巴西木

(5) 扦插繁育

① 扦插时间。巴西木的扦插以春至夏季的 5～8 月最为适宜。

② 插穗选择。栽种数年后的巴西铁树，植株过大或茎干下部叶片脱落，观赏价值降低。可在盆面以上 10 厘米左右将茎干剪断，再将茎干切 5～10 厘米一段作为插穗。也可剪取带叶的茎顶作插穗，上部叶片剪半，茎下部叶片剥除，露出茎节。

③ 插穗处理。断面切口要平滑，把切下的支柱茎段的下部切口用 75％的百菌清可湿性粉剂 100 倍液消毒。

④ 扦插过程。扦插于排水良好的河沙、细蛇木屑、蛭石或腐殖质土插床中。其深度依插穗长短而定，较长的茎段要加以固定，不能上下颠倒，抛入水中的部分不宜过长。或以半卧的方式将插穗全部卧在粗沙中，使其露出沙面 1～2 厘米。也可将插穗下部 1/3 左右浸泡在水中。

⑤ 扦插管理。保持高湿度，接受 50％～60％的日照，约 1 个月生根，或切取粗壮不带叶的老茎干扦插，插穗 30～50 厘米，插

后 2 个月生根。

⑥ 叶插。叶插是取完整的叶片，插入消过毒的基质中。同样管理，两个月左右也能生根。移栽后，40 天左右，在根与叶接合处，会萌发新芽，长大后独立成株。

(6) 栽培管理

① 土质。巴西木栽培用肥沃的壤土或腐殖质土，要求排水良好。盆栽培养土可用腐叶土加 1/3 的河沙或蛭石配制。

② 浇水。巴西木生长期间要保证有充足的水分供应，每天浇水 1 次，盆土过干或过湿都不利于生长。

③ 温度。生长适宜温度为 20～28℃，休眠温度为 13℃，越冬温度为 5℃。温度太低，叶尖和叶缘会出现黄褐斑，严重的还会冻坏嫩枝或全株。所以，在北方冬天要移入温室养护。在室内摆放的，应摆放在有光照处，室温保持 6～8℃为好。

④ 光照。巴西木喜光，但中午又要避免强光直晒，防治烈日灼伤叶片。巴西木耐阴，但如果过阴叶片偏绿，花卉会不明显，光泽度也不好，因此适宜放在有散射光线的半阴处栽培，斑叶品种全日照或日照 60％～80％最为理想。

⑤ 施肥。每月施 1 次加 10 倍水稀释的人畜粪尿液。氮肥过多，也会造成花纹退色，经常清洗叶面，保持叶面清洁。追肥可用氮、磷、钾或油粕，每 2 个月施用 1 次。水栽要保持水质清洁，以防树干腐烂，施肥可用花宝叶面喷洒。

(7) 病虫害防治

① 叶斑病。可用波尔多液或甲基托布津 800 倍液喷洒防治。

② 炭疽病。可用 70％甲基托布津可湿性粉剂 1000 倍液喷洒。

③ 蔗扁蛾。对巴西木危害较大，可将受害巴西木搬到室外阴凉处，用 40％氧化乐果乳油 1000 倍液或 90％敌百虫 800 倍液喷洒，每周 1 次，连续 3 次。

④ 介壳虫、蚜虫，可用 40％氧化乐果乳油 1000 倍液喷杀。

三、榕树

(1) 科属　桑科，榕属。

(2) 别名　小叶榕、细叶榕、万年青、成树、榕树须。

（3）产地与习性　榕树主产华南及台湾等地。斯里兰卡、印度、缅甸、马来西亚也有分布。多生长在高温多雨的气候潮湿、雨水充足的热带雨林地区。榕树喜温暖湿润、光照充足的环境。榕树适应性强，喜疏松肥沃、排水良好的酸性土，对土壤要求不严，在瘠薄的沙质土中也能生长，在碱土中叶片黄化。耐半阴，不耐寒，不耐旱，较耐水湿，短时间水涝不会烂根。耐修剪，耐移植，根系发达，气根入土可发育成支柱根。怕烈日曝晒，在干燥的气候条件下生长不良。

榕树株形优美，在潮湿的空气中能发生大气生根，气生根形状奇特，使观赏价值大大提高，是制造桩景的优良材料。在我国华南地区常用作行道树及庭园绿化树，除华南地区外多作盆栽。

（4）外观形态　榕树为常绿大乔木，高达 15～25 米，胸径达 50 厘米。树冠阔卵形至扁球形，冠幅广展。树皮灰褐色，气根。单叶互生，倒卵形至椭圆形，全缘，先端钝尖，基部楔形，叶薄革质，亮绿色。短叶柄，无毛。托叶小，披针形。花单性，雌雄同株，隐头花序单生或成对腋生，花期 5～6 月。瘦果近球形，紫红色，榕果成对腋生或生于已落叶枝叶腋，无总梗，宿存。果熟期 8～10 月，如图 9-16 所示。

图 9-16　榕树

（5）扦插繁育　在华南和西南地区大量育苗时，多在雨季于露地苗床上进行嫩枝扦插，成活率可达 95％以上。北方可在 5 月上旬采取一年生充实饱满的健壮枝条作插穗扦插于花盆、木箱或苗床内。插穗枝条要求按 3 节一段剪开，保留先端 1～2 枚叶片，插入素沙土中，庇荫养护，每天喷水 1～2 次以提高空气湿度，同时要注意防风，20 天后可陆续生根，45 天后可起苗上盆。

（6）栽培管理

① 选桩。榕树桩应选择树干曲折、干古奇特的老榕树桩。当挖取下来时，要立即处理损伤的树根。榕树生命力强，伤口愈合快，栽桩可以一步到位。树桩可盆植、厢植，有条件也可地植，而且地植生长较快，年度可修剪次数多，成型也快。

② 温度。榕树的适宜生长温度昼夜相关不宜过大，昼夜温差10℃以上时极易出现落叶的现象，甚至死亡。在北方地区，冬天应进入温室维护管理。

③ 浇水。浇水可根据天气状况而定，保持培养土湿润而不渍水，渍水过多易造成根部发黑坏死。成活后的榕树长期渍水，易造成只长根不长枝干。因此，水的管理要见干见湿，不要经常浇水，浇必浇透。榕树在北方养护难度较大，家庭要多喷叶面水，增加其空气周围的湿度。

④ 光照。榕树盆景，一般应放置在通风透光处，阳光不充足，通风不畅，可使植株发黄、发干，导致病虫害发生，直至死亡。平时要注意放置在通光透光的地方，在夏季时要注意适当的遮阴。

⑤ 土壤。培育土壤一般要求是疏松透气偏酸的黑石粉泥、河沙、建筑用石粉、煤渣等，而且这些培养土较易取得。也可以采用疏松、通水性好的腐叶土，通常以园土、腐质土沙按照2∶2∶1的比例混合。盆景上方最好放置与盆大小一致的苔藓，这样不但美观，而且对排水透气起到很好的作用。

⑥ 施肥。榕树喜大水大肥，又能耐旱、耐湿。树桩护理可用腐熟的人畜粪尿或沤熟的饼肥作为追肥，每日进行1～2次根外追施。移栽或换盆时，可用沤熟的鸡粪、豆饼、骨粉掺入培养土充作基肥。榕树虽喜肥，但施肥次数过多会对榕树的生长造成伤害，因此根据季节的不同施肥量也要有所不同。

⑦ 修剪。榕树桩修剪先培其根基，养其精气，只抹掉不对位的芽，待第二年枝条长粗木质化后才可动剪。以剪为主，绑扎为辅，剪裁以1年1次为宜，长势壮旺的可动剪2次，待剪短枝条长出的叉枝粗壮后再次动剪。不宜盲目裁剪枝条，如果枝条太多，修剪要在3～4月间进行。每次裁剪掉少量的乱枝条，而且分多次裁剪。一旦裁剪过多，就会影响根部以及整个树桩的生长。

（7）病虫害防治　虫害主要有蚜虫、红蜘蛛、介壳虫等。用氧化乐果 $500×10^{-6}$ 喷洒叶片或 50% 亚胶硫磷可湿性粉剂 1000 倍溶液喷杀。用洗衣粉水或风油精水 0.1% 也很有效。

根系的损伤或腐烂也容易落叶，但根系长在土中很难发觉，最好在不伤根的情况下，查看根部，适当地修剪死根、弱根、伤根。蘸上生长剂再植入盆中。此外榕树的根容易产生各种细菌、真菌引起的根腐病或根瘤病，应该适当注意喷药进行防制。

四、桂花

（1）科属　木樨科，木樨属。

（2）别名　岩桂、丹桂、木樨、九里香。

（3）产地与习性　原产我国西南部及中部，现广泛栽种于淮河流域及以南地区。印度、尼泊尔、柬埔寨等地也有分布。桂花好温暖，耐高温，喜阳光充足的环境，耐寒性较差。喜通风良好环境，宜疏松、肥沃、排水良好的偏酸性砂质土壤，在 pH 值为 5.5～6.5 的微酸性土壤上生长更好，忌碱土、灰尘和积水，土质偏碱会导致桂花的生理缺铁症。在幼苗期要求有一定的庇荫，成年后只有在全日照条件下，方可枝叶茂盛，树形优美，着花繁密。桂花对二氧化硫、氯气等有害气体有一定的吸收能力。

桂花花朵黄白色，极香，是园林绿化的重要树种，也可做茶、香精、食用，有较高观赏和经济价值。

（4）外观形态　桂花为常绿阔叶乔木，高可达 3～15 米，树皮灰褐色。枝叶繁茂，枝灰色，无毛。叶有柄，对生，椭圆形或椭圆状披针形，边缘有细锯 8 齿，先端渐尖，基部渐狭呈楔形或宽楔形，全缘或通常上半部具细锯齿，两面无毛，革质，全缘，深绿色。花 3～9 朵腋生，呈聚伞状，苞片宽卵形，质厚，花淡黄白色，4 裂，花萼裂片稍不整齐。花期 9～11 月，芳香。核果椭圆形，灰蓝色。果期第二年 3 月。主要栽培品种和变种有金桂、银桂、丹桂、四季桂，如图 9-17 所示。

（5）扦插繁育

① 扦插时间。桂花的扦插通常在春秋两季的 6～8 月进行。

② 插穗选择。桂花枝条有同时抽生 1～5 根的习性，其中 3 根

图 9-17　桂花

居多，插穗选用顶生的中央枝条为好，因为这类枝条发根快，成活率高。

③扦插过程。枝条切成 5～10 厘米长，剪去下部叶片，上部留 2～3 片绿叶，带 3 个节位，插于河沙或黄土苗床上。扦插时 2 节入土，1 节在外，争取多生根。株行距 3 厘米×20 厘米，每亩可扦插 10 万条左右。

④扦插管理。插后及时灌水或喷水，并遮阴。常使用双重阴棚来遮阴，即搭盖一个高 2 米高的阴棚，在其上方和四周挂上帘子，再在阴棚的下面，按每一插床的规格，搭盖起 0.7 米高的低阴棚，同时覆上帘子。保持温度 20～25℃，遮阴 2 个月后，插穗产生愈合组织，并陆续发出新根。10 月去除低阴棚，11 月可拆除高阴棚，改装暖棚，准备过冬。在双重阴棚的设施条件下，还可以增设若干组封闭性的塑料薄膜环形小棚。

（6）栽培管理

①土质。桂花栽植地要选择土层深厚、通风、污染低、排水良好、光照充足或半阴环境、地下水在 1～1.5 米的地块。要求栽植地封闭管理，保持土壤疏松。栽植土要求偏酸性，忌碱土。盆栽桂花盆土的配比是腐叶土 2 份、园土 3 份、沙土 3 份、腐熟的饼肥

2 份,将其混合均匀,然后上盆或换盆,可于春季萌芽前进行。这样才能开花良好、生长繁茂,不会产生焦梢、立枯和不能开花的现象。

② 移植。桂花种植穴要求既深又宽,多施堆肥、厩肥等作基肥。移植常在 3 月中旬至 4 月下旬或在秋季花后进行,必要时雨季也可移栽。切忌冬季移植,以免生长不良或推迟开花 1～3 年。定植时,用带土球的大苗仔细栽植,以确保成活率。如果植株较高大,定植时需要用木桩固定,同时进行大量疏枝修剪。

③ 光照。盆栽应冬季搬入室内,置于阳光充足处,使其充分接受直射阳光,第二年 4 月萌芽后移至室外,先放在背风向阳处养护,待稳定生长后再逐渐移至通风向阳或半阴的环境,然后进行正常管理。生长期光照不足,影响花芽分化。

④ 温度。生长适宜温度 20～25℃。在黄河流域以南地区可露地栽培越冬。盆栽冬季室温保持 5℃以上,但不可超过 10℃。

⑤ 施肥。桂花每年施肥 2 次。冬春季于 1～3 月施足氮肥作基肥,以促使来年枝叶茂盛和花芽分化。夏施于 7 月进行磷、钾肥追肥,以促进花繁叶茂。入冬前施 1 次越冬有机肥,以腐熟的饼肥、厩肥为主。忌浓肥,尤其忌入粪尿。生长旺季可浇适量充分腐熟的饼肥水 1～2 次。花开季节肥水可略浓些,7 月施充分腐熟的大豆饼肥水 1～2 次,10 月施 1 次 1 份骨粉加 10 份水的骨粉浸液。

⑥ 浇水。桂花开花前应注意灌水,但开花时要控制浇水,否则容易落花。新枝发出前保持土壤湿润,切勿浇肥水。盆栽桂花在北方冬季应入低温温室,在室内注意通风透光,少浇水。4 月出房后,可适当增加水量。

⑦ 修剪。桂花因树而定,不宜强度修剪,只须修剪病虫枝、细弱枝、过密枝、残缺枝、内生枝、交叉枝和徒长枝即可,使其通风透光。对树势上强下弱者,可将上部枝条短截 1/3,使整体树势强健,同时在修剪口涂抹愈伤防腐膜保护伤口。每年开花时节,桂花要严禁折枝,以防止树势衰败。要结合清洁园地,及时防治各种病虫害。

⑧ 盆栽管理。盆栽桂花夏季置于庭院阳光之下,不需遮阴。冬季在一般室内,即可安全越冬。用土配比不很严格,通常可用园

土、堆厩肥和河沙各占1/3配制而成。如酸性过高可添加一些石灰粉或草木灰，碱性过重可加入一些硫酸铝或硫酸亚铁等。春季，盆栽桂花种好后，要浇足透水，然后移至庇荫处10天左右，使其"服盆"。服盆期间，可以不浇水，更不能施肥。在恢复生长并长出新叶后，方可浇水和施肥。一般春秋季每3～4天，夏季每隔1～2天，冬季每隔7～10浇1次水。

（7）病虫害防治　桂花主要病虫害有叶斑病和介壳虫等。

① 叶斑病。在雨季前后可喷洒800～1000倍的50%代森钱液。

② 介壳虫。可用氧化乐果 500×10^{-5} 喷洒叶片或50%亚胶硫磷可湿性粉剂1000倍溶液喷杀。

五、变叶木

（1）科属　大戟科，变叶木属。

（2）别名　洒金榕、变色月桂。

（3）产地与习性　原产南洋群岛、印度及太平洋岛屿。广泛栽培于热带地区，我国广东、福建、台湾等南部各省区都有栽培。变叶木性喜温暖、湿润、阳光充足的环境，不耐阴，不耐霜寒，怕干旱。生长适宜温度在20～30℃，越冬温度不低于13℃。短期在10℃，叶色出现暗淡、不新鲜、缺乏光泽的现象。温度在4～5℃时，叶片受冻害，造成大量落叶，甚至全株冻死。在强光、高温、较高空气湿度的条件下生长良好。对土壤要求不严，以土层深厚、黏重、肥沃、偏酸性土壤为好。

变叶木是热带、亚热带地区常见的庭园或公园观叶植物，园艺品种多。变叶木的叶色、叶形和叶斑变化最为丰富，为观叶植物中的佼佼者，常作盆栽观赏，其叶也是极好的花环、花篮和插花的装饰材料。

（4）外观形态　变叶木为多年生常绿、矮生小乔木。株高1～2米。单叶互生，叶薄厚革质，叶形千变万化，卵圆形至线形，全缘或分裂达中脉，边缘波浪状，或螺旋状扭曲，甚为奇特，全株有乳状液体。枝条无毛，有明显叶痕。具有长叶、母子叶、角叶、螺旋叶、戟叶、阔叶、细叶七种类型，叶色五彩缤纷，有深绿、淡绿，其上有褐、橙、红、黄、紫、青铜等不同深浅的斑点、斑纹或斑块。叶有柄，厚草质。花小，黄白色。花期 9～10 月。蒴果近球形，白色，稍扁，无毛，如图 9-18 所示。

图 9-18　变叶木

（5）扦插繁育

① 扦插时间。常于春末秋初用当年生的枝条进行嫩枝扦插，或于早春用生的枝条进行硬枝扦插。

② 扦插基质。家庭扦插限于条件很难弄到理想的扦插基质，建议使用已经配制好并且消过毒的营养土或河砂、泥碳土等材料作扦插基质，用中粗河砂也行，但在使用前要用清水冲洗几次。但是海砂及盐碱地区的河砂是不能使用的，它们不仅不适合变叶木的扦插生活，也不适宜它的生长发育。

③ 插穗选择。进行嫩枝扦插时，在春末至早秋植株生长旺盛时，选用当年生粗壮枝条作为插穗。把枝条剪下后，选取壮实的部位，剪成 5～15 厘米长的一段，每段要带 3 个以上的叶节。剪取插穗时需要注意的是，上面的剪口在最上一个叶节的上方大约 1 厘米处平剪，下面的剪口在最下面的叶节下方大约为 0.5 厘米处斜剪，要求上下剪口都要平整。进行硬枝扦插时，在早春气温回升后，选取健壮枝条作插穗。每段插穗通常保留 3～4 个节，剪取的方法同嫩枝扦插。

④ 扦插方法。将插穗洗去白汁，晾干后，插入温室沙床中，温床下应加湿。室温保持在 25℃ 以上，3～5 周生根，新叶长出后即可上盆栽植。

（6）栽培管理

① 土质。盆土用黏质壤土、腐叶土、河沙按 6∶3∶1 的比例混合配制。

② 浇水。变叶木要保持空气的相对湿度在 75%～85%。生长期间要充分浇水，保持盆土的湿润，但忌积水。除浇水外可以通过喷雾来减少水分的蒸发，每天 3～5 次，晴天温度越高喷的次数越多，阴雨天温度越低则可以少喷或者不喷。但过度喷雾，容易被病菌侵染而腐烂。

③ 光照。夏天温度过高必须把阳光遮掉 50%～80%。温度降低后，再逐步移去遮光网，晴天时每天下午 4 点除下遮光网，第二天上午 9 点前盖上遮光网。其余季节光线越强，叶片的色彩越漂亮。

④ 温度。变叶木的最适宜生长温度为 20～30℃，低于 20℃ 生长缓慢，高于 30℃ 宜腐烂，并且温度越高，腐烂比例越大。冬季加强养护，防寒防冻。

⑤ 施肥。生长期内每 2～3 周施复合肥 1 次，成熟植株宜 2 年可以换盆 1 次，于每年 5 月上旬进行。除经常保持盆内湿度外，还要注意适当通风，以免因室温高、通风差发生病虫害。

（7）病虫害防治

① 黑霉病、炭疽病。应及时通风并用 50% 多菌灵可湿性粉剂 600 倍液喷洒防治。

② 红蜘蛛、介壳虫。室内栽培通风条件差时易发生，可喷洒 1000 倍液 40% 氧化乐果乳油防治。

六、垂榕

（1）科属　桑科，榕属。

（2）别名　黄金垂榕、垂叶榕。

（3）产地与习性　原产中国、马来西亚、印度等亚洲热带的中低海拔地区。垂榕喜温暖、湿润和阳光充足环境。生长适宜温度为

13～30℃，冬季温度不低于5℃。同时，夏季温度在30℃以上时垂榕还能很好的生长。

垂榕树形优美，叶片绮丽，耐阴性好，十分流行的盆栽观叶植物。

（4）外观形态 垂榕为常绿大乔木。植株可达数十米，树干直立，灰色，树冠广阔、锥形，有下垂的枝条。枝干易生气根，小枝弯垂状，全株光滑。叶椭圆形，互生，叶缘微波状，革质，先端长尾尖，基部圆形或钝形，有光泽。以观赏为主，属于观赏植物。2月下旬至4月下旬花出梢展叶较为明显，如图9-19所示。

图9-19 垂榕

（5）扦插繁育 垂榕的扦插繁殖宜在5～6月进行。剪取顶端嫩枝，长10～12厘米，留2～3片叶，下部叶片剪除，剪口要平，剪口常分泌乳汁，应用切口涂草木灰或用清水洗去、晾干后，将插穗插入素沙中，保持基质湿润，每天喷雾，保持室温24～26℃为宜，并保持较高的空气湿度，插后30天可生根，45天左右栽盆。

（6）栽培管理

① 土质。以肥沃疏松的腐叶土为宜，pH值在6.0～7.5之间。不耐贫薄和碱性土壤。盆栽土以腐叶土、培养土和粗沙的混合土为最好。

② 温度。生长适宜温度为 13～30℃，其中 2～10 月为 24～30℃，10 月至第二年 2 月为 13～18℃。在温室栽培时，3～9 月为 16～21℃，9 月至第二年 3 月为 13～16℃。冬季温度不低于 5℃。同时，夏季温度在 30℃以上，垂榕生长还是很好。

③ 光照。垂榕对光照的适应性较强，对光线的要求不严格，夏季适当遮阴，其他时间不需遮阴。但黄斑品种不适宜强光曝晒，因为在直射光下黄斑极易枯黄。

④ 浇水。对水分的要求是宁湿勿干。生长旺盛时期需要充分浇水，并在叶面上多喷水。保持较高的空气湿度，对垂榕新叶的生长十分有利。如果盆土过干脱水，易造成落叶，顶芽也会变黑、干枯。当冬季温度偏低时，要注意控制盆内水量，避免盆土过湿，以防烂根现象的出现。

⑤ 施肥。生长时期每 10 天左右施肥 1 次，或用"卉友"15-15-30 盆花通用肥。

⑥ 换盆。盆栽垂榕常用 15～20 厘米盆。15 厘米盆的垂榕每年春季换盆，20 厘米盆的垂榕每 2 年换盆 1 次。

⑦ 修剪。垂榕茎叶生长繁茂时要进行修剪，促使萌发更多侧枝，并剪除交叉枝和内向枝，达到初步造型。平时对密枝、枯枝应及时剪除，以利通风透光。

（7）病虫害防治 垂榕病虫害较少。

七、南洋杉

（1）科属 南洋杉科，南洋杉属。

（2）别名 诺和克南样杉、肯氏南洋杉、花旗杉、小叶南洋杉、塔形南洋杉。

（3）产地与习性 原产大洋洲东南沿海地区。我国广州、海南岛、厦门等地有栽培。南洋杉生长快，多作庭园树，长江以北有盆栽。喜气候温暖，空气清新湿润，光照柔和充足，不耐干燥及寒冷，冬季需充足阳光，夏季避免强光曝晒，怕北方春季干燥的狂风和盛夏的烈日，在气温 25～30℃、相对湿度 70％以上的环境条件下生长最佳。盆栽要求疏松肥沃、腐殖质含量较高、排水透气性强的培养土。

(4) 外观形态 南洋杉为大型乔木，在原产地可高达 60～70 米，胸径达 1 米以上，树皮粗、横裂，灰褐色或暗灰。大枝平展或斜伸，侧身小枝密生，下垂，近羽状排列。大枝及花果枝上之叶排列紧密而叠盖，斜上伸展，卵形，三角状卵形或三角状，无明显的脊背或下面有纵脊。球果卵圆形或椭圆形，基部宽，上部渐窄或微圆，先端尖或钝，有白粉，有多数气孔线。苞鳞楔状倒卵形，两侧具薄翅，如图 9-20 所示。

图 9-20 南洋杉

(5) 扦插繁育

① 扦插繁殖。一般在春、夏季进行扦插，常用当年生木质化及半木质化枝条的主枝作插穗，用侧枝作插穗长成的植株歪斜而不挺拔。插穗长 10～15 厘米，插后在 18～25℃和 75％以上较高的空气湿度条件下，加盖塑料薄膜，约 4 个月可生根。第二年春、夏间，将幼苗挖起，移栽盆内，并适当蔽荫，3 年苗高可达 60～100 厘米。如在扦插前将插穗的基部用吲哚丁酸浸泡 5 小时后再扦插，可促进其提早生根成活。要想获得更多的主枝作为插穗，可将幼树截顶，使顶端抽生出许多直立新梢，春季剪下作为插穗。这种剪顶的母株以后仍可继续长出顶芽，作为永久性繁殖母株之用。

② 根插。采用 5～10 年生，生长健壮、无病虫害、叶色浓绿、

轮枝紧密、表现性状良好适合作绿化苗木的植株。于每年 4～5 月的园林绿化期，借此收集根系作扦插材料。选以断面为 0.8～1.2 厘米的根，剪取 10 厘米左右，按头尾依次排列，以 20～30 根为一捆，放在阴凉通风处，促使肉质根蒸发过多的水分以防止腐烂，晾干时间一般以 1 周左右为宜。根插以行插为好，株行距 4 厘米×6 厘米为宜，插穗插入沙床 2/3，务必将头朝上，然后覆沙压实，插完后浇 1 次透水。

（6）栽培管理　北方地区常以盆栽为主，为避免苗干生长弯曲，在苗旁插一细竹竿给予支撑，以确保苗形端正、美观。

① 盆土。应选用呈微酸性且通透性较好的沙质壤土，宜用 40%泥炭土、40%腐叶土和 20%河沙混合后经消毒使用。也可用泥炭土，腐殖土加 1/4 左右河沙及少量基肥配成培养土，或细沙土盆栽。

② 温度。南洋杉喜温暖环境，冬季室温应不低 10℃，最好能保持在 15～25℃之间，若温度长期低于 10℃易使生长点受冻枯死，夏季高温季节应经常喷水增湿降温，我国北方各地 5 月中旬后可搬至室外或阳台上，9 月下旬移回室内，放在向阳处。

③ 光照。南洋杉喜光，但幼苗喜阴凉，室内应置于通风良好的半阴处，并经常移出室外接近新鲜空气和阳光照射。但怕强光，夏季应遮去中午的 30%阳光，避免强光直射，以免灼伤叶片，春秋两季不需遮阴，冬季在室内应放置于光照充足处，在室内阴处摆放每半月转 1 次盆。

④ 浇水。南洋杉喜湿润环境，但不耐积水，生长期内保持盆土湿润即可，过干时会使下层叶片垂软，炎夏每天浇 1 次水，5～8 月生长期内多浇水，经常给叶片喷水，保持盆土和空气湿润，清除叶上灰尘，到秋季次数渐减。冬季减少浇水，保持稍微干燥的状态，移入温室越冬，每隔 10 天左右浇水 1 次。

⑤ 施肥。南洋杉好肥土，扦插成活后即可追肥，可以保持叶子黑绿油亮，一般生长季追肥 2～4 次，主要施用酱渣或粪干，也可撒些腐熟的羊粪沫儿，秋季则停肥。

⑥ 换盆。南洋杉每 2 年换盆 1 次，应于春季出室后进行，可视植株生长情况更换更大一号的盆，在盆底放几片马蹄片作基

肥，添加适量新土浇 1 次透水后放置于遮阴处，1 周后进入正常管理。

⑦ 转盆。在室内每半日左右转 1 次盆，可避免株体长歪斜，在光线较暗室内摆放时间不宜太久，一般 2～3 周更换 1 次。

（7）病虫害防治

① 炭疽病。发病初期喷洒 50％多菌灵可湿性粉剂 700 倍液或 40％多硫悬浮剂 600 倍液，每隔 7～10 天喷洒 1 次，连续喷洒 3～4 次。

② 叶枯病。可喷施 30％氧氯化铜胶悬剂 600 倍液，或 69％安克锰锌＋75％百菌清可湿粉 1500 倍液，或 65％多克菌可湿粉剂 600 倍液。在经常发病的园圃，于冬、春季节结合清园随即喷药 1 次，地面与树上喷施相结合，效果更好。

③ 介壳虫。可用 40％的氧化乐果 1000～1500 倍液防治。

八、紫杉

（1）科属　红豆杉科，红豆杉属。

（2）别名　扁柏、红豆树、红豆杉、赤柏松。

（3）产地与习性　紫杉主产于陕西、四川、云南、贵州、湖北、甘肃、湖南、广西等地。紫杉在南北各地均适宜种植，紫杉为银杏树种，具有喜阴、耐旱、抗寒的特点，要求土壤 pH 值在 5.5～7.0，以富含有机质、湿润的土壤为宜。在干燥温暖地区移栽困难，而在冷凉、空气湿度大的地区较易成活。紫杉耐寒、常绿，有极强的耐阴性，因而其是高纬度地区园林绿化的良好材料。

（4）外观形态　紫杉为常绿乔木，属浅根植物，其主根不明显、侧根发达，高可达 30 米，干径达 1 米。小枝秋天变成黄绿色或淡红褐色。叶条形、螺旋状互生，基部扭转为 2 列，条形略微弯曲，叶缘微反曲，叶端渐尖，叶背有 2 条宽黄绿色或灰绿色气孔带，中脉上密生有细小凸点，叶缘绿带极窄。雌雄异株。种子扁卵圆形，有 2 棱，假种皮杯状，红色，如图 9-21 所示。

（5）扦插繁育　扦插繁殖在 5～7 月进行扦插繁殖。

① 插床处理。床面上覆盖 3 厘米厚的用高锰酸钾消毒的细沙，插床上还要作一个高 45 厘米的塑料弓形棚，以保温保湿。塑料弓

图 9-21 紫杉

形棚上再作高 1.7 米的遮阴棚，使棚内无直射光。

②插穗选择。采集上年生枝条，自顶端向下截取 10～20 厘米的一段，切口要平滑。底端的针叶要用刀除去 5 厘米，防止它在扦插后腐烂，影响插穗生命力。扦插前，将修好的插穗每 50 支一捆，下端对齐，放入生长素作浸泡处理。

③扦插方法。将泡好的插穗插入沙床中，下端刚接土层即可。株行距 5 厘米×5 厘米，使叶面朝阳，然后浇足水，使插穗与沙密接，再盖上塑料布。

④扦插管理。主要是控制好温度和湿度。温度超过 30℃要降温，可浇水或遮阴，湿度宜控制在 60%的含水量，抓在手里的沙能成团，但未有水挤出。待插穗长出不定根后，可逐渐撤去塑料布。

（6）栽培管理

①光照。紫杉是喜阴植物，适宜在室内摆放，但要注意夏天要适当遮光，不宜在有光照的房间摆放。

②土质。紫杉种植的土质宜采用疏松，富含腐殖质、肥沃，成微酸性的土壤，pH 值在 5～6.5 之间。

③浇水。土壤表面稍微出现黄白色、叶片稍有些微卷时，可以不用浇水，只要对叶面进行喷雾即可。当泥土发白时，应进行浇

水。注意浇水时要一次性浇透，使土壤充分吸足水分。北方气候干燥少雨，当土壤表面干燥时即可浇水，注意要一次性浇透，尤其是在夏季。北方空气干燥，叶子表面容易缺水耷拉，叶面外观不饱满时，需要用小喷壶对叶面自下而上进行喷水，夏天可以每天喷水。

因紫杉是喜阴植物，适宜在室内摆放，但不宜放在空调的出风口处或是暖气旁，否则会使红豆杉的叶片水分蒸发量加大，容易使红豆杉枝叶快速脱水，造成叶片卷曲、干枯。

紫杉不宜用茶叶水进行浇灌。尤其是北京的水质较硬、含碱量高，必须将水盛放一天之后用于浇灌和喷洒。

④ 施肥。由于新购的紫杉盆景内已经采用配制好的营养土，因此，3个月内不需施肥，之后可每隔2～3个月施肥1次，肥料以饼肥为佳，施肥时应注意沿盆边操作，避免碰到盆景根部。

（7）病虫害防治　高温和干旱季节，紫杉幼树会发生病虫害。

① 茎腐病。采用五氯硝基苯粉剂＋敌克松粉剂以5克/千克浓度混合兑水浇灌，其防治效果最佳可达89%，或用多菌灵＋甲基托布津可湿性粉剂以4克/千克浓度混合兑水浇灌，其防治效果达83%。

② 叶枯病、赤枯病。可喷施1%的波尔多液防治。

第十章

仙人掌及多肉植物类的扦插育苗

一、昙花

（1）科属　仙人掌科，昙花属。

（2）别名　琼花、月下美人、夜会草、昙华、月来美人、韦陀花、鬼仔花。

（3）产地与习性　原产墨西哥、危地马拉、哥斯达黎加等热带森林。目前我国各地，普遍栽培。昙花喜温暖、多湿、多雾的环境条件，适生于半阴处，不宜在阳光下曝晒，不耐霜冻，冬季要放在室内越冬，越冬温度为 $10\sim14℃$，生长温度为 $13\sim20℃$，冬季温度不低于 $5℃$。夏季忌阳光曝晒，应放在见散光的通风良好处。要求富含腐殖质、疏松、排水良好的砂壤土，忌涝，喜淡有机液肥。

昙花因美丽而不失优雅，乡间几乎家家庭院可见，一般多于温室中养护，多作室内盆栽观赏，城市住户的庭院或阳台也常有种植。

（4）外观形态　昙花为多年生常绿、肉质、附生类仙人掌植物，灌木状主茎圆筒形，高 $1\sim2$ 米，无刺，无叶，基部老茎常木质化，茎为叶状的变态枝，嫩枝三棱状，扁平，边缘波状不规则圆齿，刺座生于圆齿缺刻处。幼枝有刺毛状刺，老枝无刺。深绿色，肉质肥厚，中筋木质化，表面具蜡质，有光泽。花单生于变态枝边缘波状齿凹处，两侧对称，花漏斗状，无花梗，有芳香。花萼红色，花重瓣，白色，花瓣披针形。花期 $7\sim8$ 月，夏秋夜晚开花，有异香，4 小时左右凋谢，故有"昙花一现"之说。浆果红色，长圆形，具枞棱多汁。种子多、黑色，如图 10-1 所示。

（5）扦插繁育　昙花扦插苗当年就可开花。

图 10-1　昙花

①扦插繁殖以 3～5 月选取健壮、肥厚叶状茎作插穗，长 20～30 厘米，按 2～3 节一段剪开，并将基部削平，待剪口稍干燥后插入干净的沙床，土中含水量保持 60% 左右，室温保持 18～24℃，插后约 3 周左右即可生根，待根长到 3～4 厘米时上盆。如用主茎扦插，当年可以见花，用侧茎则需 2～3 年才开花。

②扦插时间以 5～6 月最为适宜，有温室条件的可以一年四季进行。插穗选择两年生稍老的叶状枝，以生长健壮、肥厚为好，过嫩的枝条插后易腐烂或萎缩，不宜选用。插穗从母枝上剪下，用利刀削成长 10～15 厘米一段，放在阴凉通风处半天至 1 天，待切口处收干成一层薄膜时才可以扦插。插入素沙土内，保持 60% 左右的沙床湿度和较高的空气湿度，遮阴，泥土略带潮湿。扦插苗经过 20～30 天即可生长出根须成活。根长 2～4 厘米时，即可上盆栽植。

（6）栽培管理

①土质。昙花喜疏松、肥沃、排水良好的土壤。栽培用土可用 1 份腐叶土、1 份园土、1 份河沙混合，并加入一些腐熟的有机肥配制而成的培养土。每年春季结合换盆型换培养土。

②浇水。春季到秋季生长期要充分浇水，并经常喷水提高空

气湿度，保持盆土湿润，但不能用碱性水。冬季要控制浇水，盆土保持适度干燥，片停止施吧。浇水掌握见干见湿的原则，避免根系沤烂。

③ 温度。春季和夏季生长适宜温度为白天 21～24℃，夜间16～18℃。冬季要入温室培养，放在向阳处，要求光照充足，但要少浇水并停止追肥。越冬温度以保持 10～13℃为宜。

④ 光照。喜半阴、温暖的环境。夏季避免烈日曝晒，要放在阴棚下养护，或放在无直射光的地方栽培。

⑤ 施肥。昙花喜肥，适当施肥可促使着花累累。生长期每月施 1～2 次追肥，追肥以腐熟的饼液肥、粪肥液并加硫酸亚铁效果为最好。也可用尿素、过磷酸钙的混合液浇灌。生长期间宜经常施用麻枯水，也可加施少量的人畜粪尿，若在肥液中加入少量的硫酸亚铁，可使扁平的肉质茎浓绿发亮。开花前后应加强肥水管理，以磷、钾肥为主，追施 5％的磷酸二氢钾。

⑥ 控制花期。昙花多年生植株分枝较多，为保持株形，应设立支架，以防倒伏。昙花通常在夜晚开放，为让人们可以在白天欣赏到昙花开花，可采用"昼夜颠倒"法，当昙花花蕾膨大时，白天把昙花置入暗室不让见光，夜晚用灯光照射，处理 1 周左右，昙花就在白天开放了。

（7）病虫害防治　昙花易受红蜘蛛、介壳虫为害。如有发生应及时用低浓度的氧化乐果或三氯杀螨药液防治。

二、镜面草

（1）科属　荨麻科、冷水花属。

（2）别名　翠屏草（云南）。

（3）产地与习性　镜面草特产我国，分布区十分狭小，仅局限于云南西部与四川西南横断山山区。常在海拔 2000 米以上的悬崖峭壁、岩洞或山谷林下阴湿环境中生长，很难发现它们的野生居群。西南与华北的一些公园常有栽培作观赏用。镜面草是一种罕见的耐寒喜阴植物。虽喜阴，但在阳光充足的温室内也生长良好，生长适温 15℃左右。适于在比较湿润排水良好的泥炭土上生长。

镜面草在云南及华南以外其他地区多作温室盆栽，家庭盆栽也很适宜。

（4）**外观形态**　镜面草为多年生肉质草本植物。镜面草虽然不是镜子，但那肥厚近圆形的肉质叶，叶柄盾状着生，很像古代仙人照面的镜子，故人们亲切地称它为镜面草。镜面草叶片深绿色，有光泽，叶的中央上方叶柄着生处有一个金黄色的圆点，故人们又称它为"一点金"。从中央向四周有辐射状叶脉，有人又叫它"金线草"。翠绿色的叶片又像圆形的屏风，云南人就普遍称它为"翠屏草"。镜面草株高 20～65 厘米，全株无毛。叶螺旋状排列，托叶三角状卵形至三角状披针形，叶片盾状，肉质全缘，上面深绿色，有光泽，下面淡绿色；掌状脉 8～10 条，在两面较明显。花小，单性，雌雄同株；圆锥花序。瘦果卵形，稍扁，歪斜，表面有紫红色细疣状突起。花期 4～7 月，果期 7～9 月，如图 10-2 所示。

图 10-2　镜面草

下部的老叶凋落后，上部继续不断长出嫩绿的新叶，常年不谢。茎秆也随之逐渐加粗，迅速向上伸长裸露，顶部常覆盖以圆形的叶子，使整个植株外形好像一棵劲直的"树蕨"或奇特的小棕榈树。

（5）**扦插繁育**　镜面草叶插时，剪取生长健壮成熟的叶片，切割成楔形小片，每片上带有一条主要的叶脉，直立或稍斜扦插在插床（盆）上，深约为插叶长的 1/3，保持插床和空气潮湿，在 20℃左右的条件下，3 周后生根，6 周左右产生芽丛。当根和芽稍长大后，即可将各芽丛分别栽植在小盆中。也可在春秋季截茎扦插，用带顶尖的枝条扦插入沙床中，用塑料薄膜保湿，在 20℃左右的温度下，10 天左右可生根。

（6）栽培管理

① 土质。喜排水良好并富含腐殖质的肥沃壤土，可用腐叶土、泥炭土加 1/4 左右的河沙或 1/3 珍珠岩和少量基肥配。并用瓦片垫盆底，以利排水。

② 施肥。春季换盆 1 次，在生长期内 1～2 周施 1 次稀薄液肥。但应注意，氮肥过多会造成叶片徒长、植株倒伏，浓肥及生肥会造成植株烂根甚至死亡。

③ 浇水。经常保持盆土湿润和较高的空气湿度，但忌积水，以防叶片变色、凋萎甚至茎干腐烂。浇水要见干见湿，为保持空气湿度，可经常向叶面喷雾。夏季高温干燥时可向叶面及周围环境喷水，创造湿润的小气候，冬季也要保持盆土湿润。

④ 温度。生长适温为 15℃左右，低于 0℃即出现冷害现象。

（7）病虫害防治 易染叶斑病，可用 50％的多菌灵可湿性 600 倍液喷洒，每旬 1 次，连续喷洒 3 次。有吹棉蚧等为害，可用 40％氧化乐果 1000 倍液喷洒叶片。

三、松叶菊

（1）科属 番杏科，松叶菊属。

（2）别名 姬松叶菊、龙须海棠、松叶牡丹、美丽日中花。

（3）产地与习性 原产于非洲南部，后各国引进进行温室栽培。性喜温暖、干燥、通风良好和阳光充足的环境。不耐寒，不耐高温，耐干旱，生长期不宜过分潮湿。除热天外，需要较好的光照。宜肥沃、疏松和排水良好的培养土或泥炭土。冬季温度不得低于 10℃。

松叶菊花朵玫红、光亮而有丝绒感，极为鲜艳美丽。宜盆栽或作花坛栽培。

（4）外观形态 松叶菊为多年生肉质常绿草本，高 30 厘米。

茎匍匐丛生、纤细红褐色，基部木质，分枝多而上升。叶肉质对生，三棱线形，长3～6厘米，宽3～4毫米，具凸尖头，基部抱茎，粉绿色，有多数小点。花枝端单生，直径4～7.5厘米。苞片叶状，对生，花瓣多数，具光泽，色彩鲜艳，紫红色至白色，线形，长2～3厘米，基部稍连合。蒴果星状5瓣裂、肉质。花期春季或夏秋。果实不易成熟，收集种子比较困难。其叶似松叶，花似菊。色彩丰富，花期4～5月，如图10-3所示。

图10-3　松叶菊

　　(5) 扦插繁育　扦插在春、秋季为宜。选择充实饱满的枝条，剪取有3片左右叶子、长4.5厘米左右的嫩梢作插穗。插入沙壤土中，保持一定的温度与湿度，30天左右可生根，30天后可盆栽。如在插前用3%的糖水处理插穗9小时，生根效果会更理想。因老株开花不良，故2～3年树更新培育。用扦插繁殖扦插成活的苗，可以3株共栽于1个8厘米的蛋壳盆中，盆土宜用沙质培养土，并加入一些腐熟的饼肥作基肥。

　　(6) 栽培管理

　　① 土质。盆土宜用沙质培养土，并加入一些腐熟的饼肥作基肥。

　　② 定植。扦插苗生根后可以3株共定植于直径为15厘米的盆内，盆栽苗以稍干燥为好，苗高20厘米时摘心，剪去一半，促使多分枝、多开花。

③ 修剪。花后要适当修剪整型，保持株形美观。在生长初期应摘心1次，越冬植株在早春需整株修剪和换盆。早春3～5月开花。

④ 光照。松叶菊是非常典型的喜阳植物，只有充分沐浴盛夏的阳光才开花。生长期内植株需要每天至少要受到6小时的阳光照射，这样会生长繁茂、开花鲜艳，如光照不足，易倒伏，开花减少。

⑤ 施肥。生长期每10天至2周施1次薄肥，这样可促进植株发育良好。

⑥ 浇水。盛夏进入半休眠状态后，盆土不宜过湿，放冷凉通风处，否则高温多湿会引起根部腐烂。冬季生长缓慢，少浇水，保持叶片不皱缩。平时保持盆土湿润，浇水宁少勿多。

⑦ 温度。生长适宜温度为18～25℃，若气温低、湿度大，叶片易变黄下垂，严重时枯萎死亡。冬季要放到室内阳光照射到的地方，室温保持在5～10℃之间。

（7）病虫害防治

① 叶斑病、锈病。可用稀释600倍的65%代森锌可湿性粉剂喷洒来防治病害。

② 粉虱、介壳虫。用稀释1500倍的40%氧化乐果乳油喷杀。

四、仙人掌

（1）科属　仙人掌科，仙人掌属。

（2）别名　仙巴掌、仙人扇、霸王树、火焰、火掌、玉芙蓉、仙桃、仙肉。

（3）产地与习性　原产热带、亚热带干旱地区或者是沙漠地带。仙人掌性强健，喜光照充足、温暖干燥、通风环境，耐干旱、炎热、瘠薄，忌涝。以排水良好的沙土和沙壤为宜。

仙人掌生命力顽强，管理粗放，很适于在家庭阳台上盆栽观赏，我国南方地区可露地栽植。常用作仙人掌类嫁接的砧木。

（4）外观形态　仙人掌为多浆、肉质植物，常丛生成灌木状，高2～3米，茎圆柱状，下部木质化，表皮粗糙，褐色。茎节倒卵形至长椭圆形，扁平状，顶端多分枝。表面稀疏分布刺丛，刺密集，黄褐色，短漏斗形，通常呈辐射状对称。花单生，黄色，花期6～7月。浆果梨形，暗红色，如图10-4所示。

图 10-4　仙人掌

（5）扦插繁育　仙人掌多用扦插法进行繁殖。扦插温度以25～35℃发根最好，夏初将充实饱满而坚实的一年生茎节切取后晾10天左右，晾干切口，待切口处表层长出一层愈伤组织，可起到保护作用。插穗插于粗沙、锯末等透水透气的疏松基质制成的沙床，有利发根。插后不用浇水，保持湿润即可，20天左右即可生根。

（6）栽培管理

① 温度。生长适宜温度在20～25℃。

② 土质。可用园土、沙、壳糠灰等量掺和，加上少量骨粉或过磷酸钙作基质。

③ 施肥。生长期5～9月间可用腐熟的饼肥水和腐熟的氮肥水交替使用，每两周施1次，有砧木的嫁接苗可每周施1次。冬季休眠期禁止施肥，以防植株腐烂。

④ 浇水。冬季每1～2周浇水1次，生长季节可增大浇水量，4～5月每周浇水1次，6～8月可隔天浇水1次。

（7）病虫害防治

① 菜青虫、蝗虫。可用25％溴氢菊酯2000倍液喷雾防治。

② 介壳虫。应保持通风并在介壳虫孵化若虫期用 25％亚胺硫磷 1000 倍液或 50％杀螟松 1000 倍液在晴天喷施。

③ 红蜘蛛。可用 40％的氧化乐果 1000～1500 倍液、40％的三氯杀螨醇 1000 倍液等。在高温干燥季节每隔 7～10 天喷杀 1 次，越冬前要彻底喷杀。

④ 蛴螬、地老虎、金针虫。可用 50％辛硫磷 800～1000 倍浇灌。

⑤ 腐烂病。防治腐烂病应以防为主。定期在仙人掌上或周围环境喷洒杀菌剂，对防御腐烂病的发生有一定的作用。常用的杀菌剂有代森锌、多菌灵和托布津。

⑥ 锈病。可用 25％粉锈宁（三唑酮）2000～3000 倍液喷雾。

⑦ 金黄斑点病、凹斑病及赤霉病。可用 75％百菌清 800 倍液或 50％多菌灵或 70％甲基托布津 600～800 倍液喷雾。

五、山影拳

（1）科属　仙人掌科，天轮柱属。

（2）别名　山影、仙人山。

（3）产地与习性　原产西印度群岛、南美洲北部阿根廷、巴西、秘鲁及阿根廷东部等地区。现全国各地广泛种植。山影拳性喜温暖、通风、阳光充足的环境，耐干旱，忌水湿，略耐阴，耐贫瘠，对土壤要求不严，适宜选用通气、排水良好、富含石灰质的砂质土壤。山影拳喜肥，但肥料充足时，肉质茎会徒长成柱，导致植株参差不齐，形状不平整，失去观赏价值。施肥过多也容易烂根，因此一般不需要施肥，每年换盆时，在盆底放少量碎骨粉作基肥即可。冬季可耐 5℃的低温。

山影拳形态似山非山，似石非石，株形优美，层叠起伏，是一种有生命的、终年翠绿的多肉植物。因外形峥嵘突兀，形似山峦，故名仙人山。常作盆栽观赏，也可嫁接色彩丰富的小型仙人球，提高观赏价值。

（4）外观形态　山影拳为多浆多肉植物，外形峥嵘强健。株高约 30 厘米，茎呈柱状，暗绿色，有长短不齐的分枝，直立，顶端钝，有 5～8 条棱，刺座螺旋状排序，有 8～9 枚褐色刺。刺座上无长毛，刺长，颜色多变化。花单生于刺座上部，花大型、喇叭状或漏斗形，白色、粉色或红色，夜开昼闭，一般 20 年以上的植株才能现蕾开花，花期夏季。果红色或黄色，可食用，种子黑色，如图10-5 所示。

图 10-5　山影拳

（5）扦插繁育　山影拳和其他仙人类植物一样，很容易繁殖成活，一般用扦插法繁殖，全年都可进行。在春、夏季的 4～5 月选取带有茎顶的小变态茎段，切取 10 厘米于半阴处晾晒 1～2 天，待切口收干，插入湿润盆土中，插后暂不浇水，可适当喷一些水保持湿润，压实盖土。维持温度在 14～23℃的条件下，3 周左右即可生根移植。梅雨季节和炎夏暑天扦插，成活率相对要低一些。

（6）栽培管理

① 土质。用掺入 1/3 粗沙和碎砖屑的砂质壤土作培养土，也可以采用 2 份草炭、2 份珍珠岩、1 份陶粒的混合土壤。

② 上盆。小苗装盆时，先在盆底放入 1～2 厘米厚的粗粒基质或者陶粒来作为滤水层，其上撒上一层充分腐熟的有机肥料作为基肥，厚度为 1～2 厘米，再盖上一层基质，厚 1～2 厘米，然后放入植株，以把肥料与根系分开，避免烧根。上盆后浇 1 次透水，并放在略阴的环境下养护 1 周。

③ 施肥。早春换盆时在盆底施每盆 25 克左右骨粉作基肥，生长季节每隔 2～3 周施 1 次稀薄的腐熟饼肥水和 1 份骨粉加 10 份水的骨粉浸液，冬天停止施肥，每月浇 1 次 0.2％的硫酸亚铁液。

④ 浇水。生长季节每周浇水 1 次，冬季则采取不干不浇的办法。喜欢较干燥的空气环境，阴雨天持续的时间过长，易受病菌侵染。怕雨淋，晚上保持叶片干燥。最适空气相对湿度为 40％～60％。

⑤ 温度。最适宜生长温度为 15～32℃。山影拳怕高温闷热，在夏季酷暑气温 33℃以上时进入休眠状态。忌寒冷霜冻，越冬温度需要保持在 10℃以上，在冬季气温降到 7℃以下也进入休眠状态，如果环境温度接近 4℃时，会因冻伤而死亡。

（7）病虫害防治　山影拳容易受到锈病、红蜘蛛、介壳虫的侵害。注意要改善通风状况。

① 红蜘蛛。可在发生时喷洒 40％的三氯杀螨醇 1000 倍液。

② 介壳虫。可人工剔除或用有机油乳剂 50 倍液喷杀。

③ 锈病。可用 50％萎锈灵可湿性粉剂 2000 倍液抹擦病患处即可。

六、蟹爪兰

（1）科属　仙人掌科，蟹爪属。

（2）别名　蟹爪莲、蟹爪、锦上添花、仙人花。

（3）产地与习性　原产南美、巴西热带雨林的树干上或阴湿湿润的石缝里。近年来，英国、法国、德国等国家均有种植。蟹爪兰性喜光，喜温暖、湿润、半阴环境，怕寒冷，耐旱，土壤条件适合肥沃、疏松、排水良好的腐叶土、泥炭、粗沙的混合土壤，酸碱度在 pH5.5～6.5 为宜。生长适宜温度为 15～25℃。冬季温度如低于 10℃，生长缓慢，5℃以上才能安全越冬。花期后有短暂的休眠时间。

蟹爪兰花朵鲜艳绚丽，于圣诞节前后开放，严冬季节生机勃勃，是冬春季节很好的室内悬挂观赏花卉或装饰盆栽花卉。

（4）外观形态　蟹爪兰为多年生、附生性肉质植物，叶状茎扁平，茎节多，多分枝，每节呈长椭圆形，肥厚，鲜绿色，向外铺散悬垂。茎节长 7 厘米宽 2 厘米，边缘有 2～4 对尖齿，边缘呈粗锯齿状如蟹钳，先端有刺座，刺座生有细毛，中脉显著。天气凉爽时茎节边缘有紫红的色晕。花着生于茎节顶端，左右对称，花瓣反卷，花冠漏斗形，有桃红、玫瑰红、深红、橙黄、白等颜色，冬春开花，花期 12 月至次年 2 月，浆果梨形，红色，如图 10-6 所示。

图 10-6　蟹爪兰

（5）扦插繁育　扦插可在春秋两季进行，可直接用变态茎扦插。在室内一年四季均可扦插。在早春或晚秋中午气温最高不超过 28℃、夜晚最低不低于 15℃的生长旺季，剪下叶片或茎秆，要求带 3～4 个叶节，待伤口晾干后插入基质中，把插穗和基质稍加喷湿，只要基质不过分干燥或水渍，就可很快长出根系和新芽。在晚春至早秋气温较高时，插穗极易腐烂，最好不进行扦插。

（6）栽培管理

① 土质。盆栽培养土用腐叶土、田园土、粗沙各 3 份与骨粉、草灰各 1 份混合配成每 2 年换土 1 次。

② 上盆。小苗装盆时，先在盆底放入 1～2 厘米厚的粗粒基质或者陶粒来作为滤水层，其上撒上一层充分腐熟的有机肥料作为基肥，厚度为 1～2 厘米，再盖上一层基质，厚 1～2 厘米，然后放入植株，以把肥料与根系分开，避免烧根。上完盆后浇 1 次透水，并置于略阴的环境中养护 1 周。

③ 施肥。春季到入夏每半月可施 1 次稀薄腐熟的饼肥水，入夏后应停止施肥，立秋到开花，每 10 天施 1 次腐熟的稀薄饼肥水

或复合化肥，开花前增施 1～2 次充分腐熟的麻酱渣稀释液。蟹爪兰的根系怕水渍，如果花盆内积水，或者给它浇水浇肥过分频繁，就容易引起烂根。给它浇肥浇水的原则是"间干间湿，干要干透，不干不浇，浇就浇透"，浇肥浇水时应避免把植株弄湿。

④ 浇水。蟹爪兰喜欢较干燥的空气环境，阴雨天持续的时间过长，易受病菌侵染。怕雨淋，晚上保持叶片干燥。最适空气相对湿度为 40%～60%。生长期间浇水不宜过多，不可当头浇，也不要受雨，半月浇 1 次水，夏季休眠期应控制浇水，但需每天喷水 2～3 次，秋后增加浇水量。

⑤ 温度。适宜生长温度为 15～32℃，怕高温闷热，在夏季酷暑气温 33℃ 以上时进入休眠状态。忌寒冷霜冻，越冬温度需要保持在 10℃ 以上，在冬季气温降到 7℃ 以下也进入休眠状态，如果环境温度接近 4℃ 时，会因冻伤而死亡。

⑥ 光照。夏日应防烈日直射，放置于室外通风荫蔽处，或者给它遮阴 50% 时，叶色会更加漂亮。入冬移入室内有明亮光线的地方保温养护，否则叶片会长得薄、黄，新枝条或叶柄纤细、节间伸长，处于徒长状态。在春、秋二季，由于温度不是很高，就要给予它直射阳光的照射，以利于它进行光合作用积累养分。

(7) 病虫害防治　主要是介壳虫、红蜘蛛危害。注意要改善通风状况。

① 炭疽病、腐烂病、叶枯病。发生严重的植株应拔除集中烧毁。病害发生初期，用 50% 多菌灵可湿性粉剂 500 倍液，每旬喷洒 1 次，共喷 3 次

② 红蜘蛛。可在发生时喷洒 40% 的三氯杀螨醇 1000 倍液喷杀。

③ 介壳虫。发病较轻时可用竹片刮除人工剔除，严重时可用 25% 亚胺硫磷乳油 800 倍液喷杀。

七、仙人球

(1) 科属　仙人掌科，仙人球属。

(2) 别名　短刺仙人球、草球、短毛球、长盛球、短毛丸。

(3) 产地与习性　原产阿根廷及巴西等南美洲高热、干燥、少

雨的沙漠地带或干旱草原。仙人球适应性强，性喜阳光充足，但夏季仍应适当遮阳，耐旱，适宜排水透气良好、富含石灰质的砂壤土。较耐寒，在休眠的情况下如果盆土干燥，可耐 0℃ 低温。仙人球的茎球、针刺艳丽，姿形奇特适宜盆栽观赏。

仙人球形状奇特，多姿多彩，花色艳丽，观赏价值极高，是理想的居室观赏植物。

（4）外观形态　多年生肉质、多浆植物，植株单生或成丛，幼株球形，老株圆筒形，具棱 11～12 个，球体淡绿色或暗绿色，四周基部常蘖生多数小球，具黑色锥状刺，四周具有光泽的黄白棉毛。花着生球体侧方，大型喇叭状，白色，花径 10 厘米左右，具芳香，花期 6～7 月，傍晚开放，翌晨凋谢，如图 10-7 所示。

图 10-7　仙人球

（5）扦插繁育　仙人球扦插在生长季的 4～5 月最为适宜。取茎节 1～4 节或具分枝的大枝扦插均可。扦插时伤口不蘸水，在日光不直射处晾两三天，使伤口愈合，不易腐烂。插后生根前置阴凉处，少浇水，约 20 天即生根。扦插一般 2 年即可开花。在晚春至早秋气温较高时，插穗极易腐烂，最好不进行扦插。

（6）栽培管理

① 土质。盆栽用土以消过毒的 3 份园土、3 份粗沙、3 份草木

灰和 1 份骨粉混合配制而成。海砂以及盐碱地区的河砂不适合花卉生长不能使用。

② 施肥。生长季节每 10～15 天施 1 次腐熟的稀薄饼肥水，冬季不必施肥。盆栽仙人球在生长季节可追施充分腐熟的稀薄肥水，每 2 周施用 1 次。

③ 浇水。刚栽的植株不宜浇水，每天喷水雾 2～3 次，半个月后少量浇水，1 个月后新根已长出时可增加浇水量，坚持"间干间湿"的原则，夏季每 2 天喷水 1 次，冬季应控制水分以保持盆土不过分干燥为宜。

④ 温度。温度越低，越要保持盆土干燥。随着温度的升高，适当增加浇水量。应放在半阴处，避免阳光直射。

⑤ 光照。夏季除遮阳外，还要注意通风。栽培仙人球时光照不足、过度蔽荫或肥水太多，都将导致不开花。

（7）病虫害防治　主要是介壳虫危害，注意要改善通风状况，防治介壳虫可人工剔除或用有机油乳剂 50 倍液喷杀。

八、芦荟

（1）科属　百合科、芦荟属。

（2）别名　油葱、卢会、狼牙掌、讷会、象胆、苦油葱、草芦荟、龙角。

（3）产地与习性　原产非洲北部、南美洲的西印度群岛以及非洲南部等地区。我国云南南部有野生，一般于室内栽培。芦荟喜阳光充足、温暖、秋冬干燥和春夏湿润环境，抗旱，不耐阴，生长期间稍湿，休眠期宜干。喜肥沃、排水良好的砂质壤土。

芦荟适于盆栽，置于室内摆设于厅堂供观赏。其根、叶、花均可入药。

（4）外观形态　芦荟为多年生肉质、高大多浆草本肉质植物。芦荟体型奇特，有短茎，叶基出，具有高莲座的簇生叶，呈螺旋状排列，披针形，叶常绿色，肥厚狭长且多汁，边缘有刺状小齿。夏、秋季开花，总状花序自叶丛中抽出，可高达 60～90 厘米，花序长达 20 厘米。小花密集于花茎上部，花梗长，花管形，橙黄色并具有红色斑点，极为醒目。蒴果，很少结实，如图 10-8 所示。

图 10-8　芦荟

（5）扦插繁育　芦荟一般都是采用扦插等技术进行的无性繁殖，无性繁殖速度快，可以稳定保持品种的优良特征。每年 3～4 月间剪取 8～10 厘米长的茎段作插穗，去除基部小侧叶，放置 3～5 天待切口稍干缩后插入素沙中，3～4 周后出根即可栽入盆中。

（6）栽培管理

① 土质。芦荟喜欢生长在排水性能良好，不易板结的疏松土质中。一般土壤中可掺些沙砾灰渣，如能加入腐叶草灰等更好。盆土可以选用 1 份腐殖质土、1 份园土、1 份粗河沙加少量腐熟的禽肥及骨粉研细混入土中。

② 浇水。芦荟和所有植物一样，需要水分，但最怕积水。适宜湿度为 45%～85%。在阴雨潮湿的季节或排水不好的情况下很容易叶片萎缩、枝根腐烂以至死亡。浇水造成不能过量，一般 5～10 天浇 1 次即可。上盆后缓苗期尽量少浇水，否则很容易烂根，可采取喷水的方法。

③ 温度。生长最适宜的温度为 15～35℃。芦荟怕寒冷，它长期生长在终年无霜的环境中。冬季温室温度不低于 5℃ 即可安全过冬。温度达 0℃ 时，生命过程发生障碍，如果低于 0℃，会产生冻伤伤害。可利用大棚保温栽培将解决中国北方地区大面积栽种芦荟的越冬问题。

④ 光照。芦荟需要充分的阳光才能生长，初植的芦荟不宜晒

太阳，最好是只在早上见阳光，经过 10 天左右会慢慢适应在阳光下苗壮成长。秋冬季节尽量让芦荟多见阳光，室内盆栽芦荟可以放到避风向阳的地方。如果温度较低，可以用透明的塑料袋罩住，在早上 9 点以后，下午 3 点以前进行日晒。

⑤ 施肥。生长旺盛时期土壤养分要求高，应及时追肥，否则会影响生长。施肥 1 次不宜过多，不要沾污叶片，如果沾污要用清水冲洗。为保证芦荟是绿色天然植物，要尽量使用发酵的有机肥，饼肥、鸡粪、堆肥都可以，蚯蚓粪肥更适合种植芦荟。有机肥通常肥慢，应提早施肥，否则影响其生长发育。

⑥ 管理。夏季需半阴通风，2～3 年换盆 1 次，一般在 4 月进行。种植期间要加强管理，多次松土除草，可促进土壤的通气性，加速转化土壤养分，促进根系发达，提高抗病能力，达到快速健康成长。

(7) 病虫害防治　一般情况下芦荟病虫害较少，应注意防治介壳虫、红蜘蛛危害。注意要改善通风状况，防治介壳虫可人工剔除或用有机油乳剂 50 倍液喷杀。

九、石莲花

(1) 科属　景天科，石莲花属。

(2) 别名　莲花掌、粉莲、宝石花、胧月、石莲掌。

(3) 产地与习性　原产于墨西哥，我国云南、山西及四川等地的山坡林缘岩石上及石缝中。现世界各地均有栽培。石莲花喜温暖、干燥和通风的环境，喜光，适宜疏松、排水良好的泥炭土或腐叶土加粗砂混合壤土，也能适应贫瘠的土壤。耐干旱，怕涝，耐寒、耐阴、耐室内的气闷环境，适应力极强。

石莲花是美丽的观叶植物，常用作盆栽观赏，亦适于布置春季花坛或配作插花用。在温带地区是布置岩石园的好材料。

(4) 外观形态　石莲花是多年生肉质草本植物，茎短粗，多分枝，丛生，圆柱形，节间短，柔软，肉质，茎有苞片带白霜。叶片直立，肥厚，集聚枝顶，排列紧密成莲座状，倒卵形，先端尖，无毛，灰绿色，表面被白粉，略带紫色晕，平滑有光泽。叶片形状恰如宝石一般，多枝叶片重叠簇生在一起，故名石莲花。花梗自叶丛中抽出，总状聚伞花序顶生，着花 8～24 朵，花萼 5，粉绿色，花瓣 5，粉红色，花期 4～6 月，如图 10-9 所示。

图 10-9　石莲花

(5) 扦插繁育　石莲花扦插繁殖一般在春、秋季从老株上剪取萌蘖的新株或用叶片扦插都极易成活。

① 叶插。将完整的成熟叶片平铺在潮润的沙土上，叶面朝上，叶背朝下，不必覆土，放置阴凉处，10 天左右从叶片基部可长出小叶丛及新根，将根系埋入土中。往后让它多晒太阳，适当浇水、施肥，渐渐地便会长成一棵苗壮的新株。

② 枝插。可用蘖枝或顶枝，剪取的插穗长短不限，但剪口要干燥后，去掉下部叶片，再插入沙床。插后一般 20 天左右生根。扦插基质不能太湿，否则剪口易发黄腐烂，根长 2～3 厘米时上盆。

(6) 栽培管理

① 土质。用粗沙和壤土等份混合作盆土。

② 施肥。适当追施 0.3% 尿素澄清液肥，每 2～3 年换盆 1 次，换盆时施放占盆土 5% 的饼肥和 0.5% 的骨粉作底肥。

③ 温度。扦插苗上盆成活后给予充足光照，越冬温度在 5℃ 以上。

(7) 病虫害防治　石莲花易受根结线虫、锈病、叶斑病、黑象甲、介壳虫等危害。

① 黑象甲。可用 25％西维因可湿性粉剂 500 倍液喷杀。

② 根结线虫。用 3％呋喃丹颗粒剂防治。

③ 锈病、叶斑病。可用 75％百菌清可湿性粉剂 800 倍液喷洒防治。

④ 介壳虫。初孵若虫期喷洒 40％氧化乐果乳油剂 1000 倍液，或蚧螨灵 80～100 倍液，每隔 7 天喷 1 次，连续喷洒 2～3 次。为害期可用 40％氧化乐果乳油剂 2000 倍液浇灌根际部位，每盆浇灌50～100 毫升。

十、项链掌

（1）科属　菊科、千里光属。

（2）别名　翡翠珠、绿串珠、绿铃。

（3）产地与习性　原产于南非。是我国近年来从国外引进的花卉新品种。项链掌生性强健，性喜温暖及充足的光照，耐干旱，忌高温、潮湿。冬季喜欢较冷凉而又干燥的环境。生长适宜温度为15～22℃，宜排水良好的砂质土壤。

项链掌适宜作小型盆栽，或摆于书桌几案，或置于室内高处，或悬吊观赏，如绿色珍珠，晶莹可爱。

（4）外观形态　项链掌是多年生肉质、多浆草本植物。具有细长的蔓性茎，匍匐生长。若悬垂吊挂栽培，茎上生长的肉质小圆叶宛如豆粒，绿色中还带一透明的条纹，像翡翠项链而得名。小花白色，带有紫晕，花期不定，多见于秋季，如图 10-10 所示。

（5）扦插繁育　项链掌繁殖非常容易，细长的枝条只要一接触到土壤就会长出新根，将已生根的茎段切下，即可上盆。它生根的最适温度为 15～22℃，所以以春秋两季扦插最为适宜，也极易成活。可剪取一段约 5 厘米的段，斜插于沙壤土中，插后浇透水，把盆放于通风良好的半阴处，保持土壤湿润即可。繁育项链掌应注意的是保持干燥，切割下来的茎段放几天后再扦插，约半个多月就可生根成活。

（6）栽培管理

① 土质。栽培要求土壤疏松，可用配制的轻松培养土，也可以用草炭土、园土、沙等量混合配制的盆土。每年最好在春季换 1 次盆。

图 10-10 项链掌

② 施肥。项链掌对肥料的需求量不大，在栽培过程中，可以不再施肥，因新盆土的养分已足够用。生长季节每 2 个月浇施 1 次稀薄肥水。

③ 光照。项链掌喜欢生长在温暖、阳光较充足的地方，特别是生长期要有充足的阳光，春季、晚秋及冬季，应放在室内有充足光照的地方，以防止徒长，以免影响观赏价值。

④ 浇水。因项链掌是多浆植物，所以栽培的关键问题是要掌握好浇水量，宁干勿湿，即使是夏季，也要少浇水，每 5 天浇 1 次水也就足够了。特别在高温、高湿季节，更要控制浇水，浇水过多会引起腐烂，平时保持盆土略显干燥。为防夏季长期受到雨淋，应放置在室内通风良好的半阴处栽培，以防造成肉质叶脱落，腐烂。

⑤ 温度。冬季室温保持在 10℃ 以上可以安全过冬。

(7) 病虫害防治　在低温条件下，空气湿度过大或土壤水分过多，都容易发生介壳虫，可喷 40％氧化乐果乳剂 1000～1500 倍液。

十一、吊金钱

(1) 科属　萝藦科、吊灯花属。

(2) 别名　腺泉花、吊灯花、心心相印、可爱藤、爱之蔓、鸽蔓花。

（3）产地与习性 原产印度、马来西亚以及非洲大陆。我国华南一带有露地栽培。吊金钱性喜温暖、阳光充足、气候湿润的环境，耐半阴，忌高温和土壤含水过多。要求疏松、排水良好、稍为干燥的土壤。

吊金钱枝条下垂，蔓生，花姿飘然，适合作中小型盆花，是室内悬吊、摆放的极好盆栽花卉。因其叶、花小巧玲珑，只可放近处观赏。

（4）外观形态 吊金钱是多年生、多浆肉质、变形、蔓生草本植物。在土表露有近球形的块状茎，生长蔓状茎。蔓状茎细长，达数十厘米，下垂，节间长为 2～8 厘米，叶腋间有块状肉芽。叶心形或肾形，直径可达 2 厘米左右，肉质，厚而坚硬。叶面具白色、斑状花纹，叶对生，一对对的叶片像两个紧紧相连的心，在日本称此花为"恋之蔓"。又因其茎细长似一条条的项链垂吊的心形对生叶，所以又叫它"心心相印"。花小，绿色，生于叶腋，由管状长箭形花瓣组成的花苞，带有紫色斑点，多花通常 2 朵连生于同一花柄，形状很像小灯笼。花盛开时，花瓣张开，又似一把把张开的小伞，十分别致。只要温度适宜，从春至秋，都可开花。蓇葖果，盆栽通常不结实，如图 10-11 所示。

图 10-11 吊金钱

（5）扦插繁育 扦插易生根成苗，温度 15℃ 以上全年均可进行，以春季为最佳。叶插、枝插均可，半阴环境下 10～15 天即可生根，亦可于夏、秋两季剪取叶腋泪珠芽直接栽于盆中。吊金钱扦插时 1 次浇透水后，使土壤略偏干为好，浇水过多则易腐烂，不易成活。

（6）栽培管理 吊金钱是适应性较强的多浆植物，栽培管理较为粗放，一般室内条件都可栽培，虽喜湿润环境，也可耐较干燥的空气。

① 土质。栽培土壤用排水良好的一般培养土即可，也可用粗沙 6 份、泥炭土 4 份配制而成的粗沙土栽培。

② 换盆。每 1～2 年换 1 次盆，以早春换盆较好，换盆时在盆底先垫少量小石子，以利排水，然后放入蹄片或骨粉作基肥。

③ 温度。吊金钱生长需要较温暖的环境，春季、夏初及秋末是其生长季节，生长适温为 18～25℃，越冬温度不得低于 10℃。夏季气温较高生长缓慢或停止生长。

④ 浇水。在生长季节浇水要"间干间湿"，浇水不能过多，以免肉质茎腐烂，以保持盆土湿润为宜。冬季气温降低时，要停止施肥并控制浇水，10～15 天浇 1 次水即可。夏、秋季节每隔 2～3 天浇 1 次水，春季每隔 3～5 天浇 1 次水，冬季要控水。

⑤ 施肥。吊金钱生长旺季每隔半个月左右施 1 次稀薄液肥或花肥。

⑥ 光照。吊金钱虽性喜阳光充足，在半阳的条件下也能生长得很好，在尽可能多的光照条件下，会生长得更好，在室内挂在南向的窗前，或放在半阴的高处栽培。

(7) 病虫害防治 吊金钱生长健壮，一般不发生病虫害。空气湿度不够或盆土较长时间处于干燥状态时，易引起叶片干尖或落叶，甚至全株干枯。

第十一章

藤蔓植物类的扦插育苗

一、猪笼草

（1）科属　猪笼草科，猪笼草属。

（2）别名　猪仔笼、猴水瓶、雷公壶、水罐植物、猴子埕。

（3）产地与习性　猪笼草原产东南亚和澳大利亚的等旧大陆热带地区。猪笼草以其原生地海拔的不同。以海拔 1200 米为标准，分为低地猪笼草和高地猪笼草。低地地区的气候全年常炎热潮湿，因此低地猪笼草对温差没有过多的要求。而高地地区的气候全年则为白天温暖、晚上凉爽，因此它们的健康生长需要一个温差较大的环境。猪笼草喜温暖、湿润和半阴环境。不耐寒，怕干燥和强光。

（4）外观形态　猪笼草为多年生藤本植物，茎木质或半木质，株高 3 米左右，攀援于树木或者沿地面而生。叶一般为长椭圆形，末端有笼蔓，以便于攀援。在笼蔓的末端会形成一个漏斗状或瓶状的捕虫笼，并带有笼盖。猪笼草生长多年后才会开花，花多为总状花序，极少数为圆锥花序，雌雄异株，花小而平淡，白天略有香味，晚上味道浓烈，转臭。其观赏性无法与捕虫笼相比。果为蒴果，成熟时开裂散出种子，如图 11-1 所示。

（5）扦插繁育　猪笼草扦插繁殖在 5～6 月进行。选取健壮枝条，剪取带有 1 片叶的茎节为插穗，叶片剪去一半，基部剪成 45°斜面，用水苔将插穗基部包扎，放进盛水苔和盆底垫小卵石的盆内，并用塑料大口袋连盆和插穗包起来，保持 100% 空气湿度。插后保持 30℃ 高温，20～25 天可生根。

（6）栽培管理

① 上盆。猪笼草常用 12～15 厘米吊盆来盆栽。每年 2 月在新

图 11-1　猪笼草

根尚未生长时进行换盆。幼苗一般栽培 3～4 年才能产生叶笼。

② 土质。选用疏松、肥沃和透气的腐叶土或泥炭土为好。盆栽时常用泥炭土、水苔、木炭和冷杉树皮屑的混合基质。

③ 温度。生长适温为 25～30℃，3～9 月间为 21～30℃，9 月至次年 3 月为 18～24℃。冬季温度不低于 16℃，温度低于 15℃植株停止生长，10℃以下时，叶片边缘容易遭受冻害。

④ 光照。猪笼草为攀援附生性植物，常生长在大树林下或岩石的北边，喜半阴环境。夏季强光直射下，必须遮阴，否则叶片容易灼伤，直接影响叶笼的发育。但长期在阴暗的条件下，叶笼形成慢且小，笼面彩色暗淡。

⑤ 浇水。猪笼草对水分的反应比较敏感。猪笼草在高湿条件下才能正常生长发育，在生长期内需要经常喷水，每天喷水 4～5 次为宜。如果温度变化大，空气过于干燥，均影响叶笼的形成。

⑥ 施肥。猪笼草除通过叶笼吸取营养，在植株基部需补充 2～3 次氮素肥料。

（7）病虫害防治　叶斑病、根腐病和介壳虫为常见病虫害。

① 叶斑病。常用喷洒稀释 1000 倍的 50%代森锌可湿性粉剂或 1000 倍的 10%抗菌剂来防治叶斑病，要求喷洒均匀，全株周到。

② 根腐病。在发病初期，喷施 50％立枯净可湿性粉剂 900 倍液、80％多福锌可湿性粉剂 800 倍液或 50％根腐灵可湿性粉剂 800 倍液防治。

③ 介壳虫。可用稀释 2000 倍的 40％乐果乳油喷杀。

二、绿萝

（1）科属　天南星科，藤芋属。

（2）别名　黄金葛、石葛子。

（3）产地与习性　原产中美、南美的热带雨林地区。现我国各地尤其是上海、江苏、台湾、福建、广西、广东等地区均有人工园林居室种植。绿萝喜高温、多湿及半阴环境，对光照反应敏感，怕强光直射。生长适宜温度为 20～30℃，低于 8℃时叶片变黄。在肥沃、排水良好的腐叶土、泥炭土等疏松土壤中长势良好，以偏酸性为好。

绿萝极耐阴，是极好的观叶植物，适宜室内盆栽装饰悬垂观赏。也可作柱式或挂壁式栽培或插花的陪衬材料。

（4）外观形态　多年生常绿大型攀援藤本植物，常攀援在雨林的岩石或树干上生长。茎可达 10 米以上。萝茎细软，叶互生，叶片油绿光亮，叶片心形。园艺变种花叶绿萝的叶片镶嵌有黄色的斑块和条纹，更具观赏价值，如图 11-2 所示。

图 11-2　绿萝

（5）扦插繁育　扦插应剪取 15～30 厘米长的茎段，将基部1～2 节叶片去掉，直接盆栽。每盆栽 3～5 根，直接插入沙床，20 天左右生根，1 月后上盆栽植。插床基质可用细沙和木炭屑。栽前一周应充分曝晒，并用 1∶1000 的高锰酸钾液消毒。插时用竹签引洞，而后喷足水，并覆薄膜。注意湿度及通风。大约 1.5～2 个月可长出愈伤组织，根系生长较快，但发芽慢，需半年至 7 个月时间。适时移栽，成活率也很高。这种方法不但节省插穗，而且不破坏母株株型，有利观赏。

也可用水插的方法。水插生根快，适合家庭少量繁殖。水插容器可选用啤酒瓶。用薄刀片切取绿萝枝条中上部的健壮叶片，如果能带隐芽则发芽更快、生长旺，然后用清水洗净，放置阴凉处干燥 12 小时。用酒瓶盛清水，将处理好的叶片插入，一瓶可插 2～4 片。叶柄入水深度宜在 1～1.5 厘米。太浅水会很快蒸发掉，叶片就会萎蔫，太深则容易腐烂。1 周换水 1 次，2 个月左右即可移栽，成活率可达 70％。

（6）栽培管理

① 土质。盆栽培养土常用腐叶土、泥炭土和沙土配制。生长期间需设立支柱，供茎叶攀援而上。

② 湿度。保持盆土湿润，并经常向叶面喷水。盆土要保持湿润，应经常向叶面喷水，提高空气湿度，以利于气生根的生长。

③ 施肥。每半月施肥 1 次，多施磷、钾肥（浓度为 0.2％的磷酸二氢钾和浓度为 2％的过磷酸钙），少施氮肥。在旺盛生长期可每月浇一遍液肥。

④ 修剪。栽培 3～4 年后植株须修剪或更新。

⑤ 温度。不耐寒，越冬温度不应低于 15℃。

（7）病虫害防治　绿萝容易发生根腐病，可用 3％呋喃丹颗粒剂防治。叶斑病可用 70％代森锌可湿性粉剂 500 倍液喷洒防治。

三、常春藤

（1）科属　五加科，常春藤属。

（2）别名　中华常春藤、常春藤、钻天风、三角枫、旋春藤。

（3）产地与习性　原产欧洲、北非、亚洲亚热带或温带和我国中部及南部各省山地。常春藤性耐阴，也能生长在全光照的环境中。在温暖湿润的气候条件下生长良好，耐寒性较差。对土壤要求不严，喜湿润，适宜潮湿、疏松、肥沃的中性或微酸性土壤，不耐盐碱。

常春藤株形优美、规整、叶形、叶色有多样变化，四季常青，是世界著名的新一代室内攀援性植物，是园林上优良的垂直绿化材料，也可作盆景观赏，尤其在较宽阔的客厅、书房、起居室内摆放，格调高雅、质朴，并具有南国情调。可以净化室内空气、吸收由家具及装修散发出的苯、甲醛等有害气体，可入药。

（4）外观形态 常春藤是多年生常绿藤本攀援灌木植物，茎长光滑，3～20米，灰棕色或黑棕色，有气生根，一年生枝疏生锈色鳞片状柔毛，鳞片常有10～20条辐射肋。单叶互生，革质而有光泽，叶柄长2～9厘米，有鳞片，常带乳白色花纹，无托叶，叶二型，营养枝上叶为全缘或3裂，三角状卵形；生殖枝上叶为卵常春藤形或棱形，全缘。先端长尖或渐尖，基部楔形、宽圆形、心形；叶上表面深绿色，有光泽，下面淡绿色或淡黄绿色，无毛或疏生鳞片；侧脉和网脉两面均明显。伞状花序单个顶生或2～7个总状排列或伞房状排列成圆锥花序，淡绿白色，芳香，花期6～10月。浆果球形，红色或黄色，果熟期第二年4～6月，如图11-3所示。

图11-3 常春藤

（5）扦插繁育 常春藤的茎蔓极易生根，通常采用扦插繁殖。常春藤的节部在潮湿的空气中能自然生根，接触到地面会自然扎根入土。扦插在3～4月进行，选用疏松、通气、排水良好的腐殖土或沙质土作基质。从植株上剪取术质化的健壮枝条，截成15～20厘米长的插穗，上端留2～3片叶或者将自然生根的节部按3～4节一段剪开，直接上盆定植即可。

扦插后保持土壤湿润,置于侧方遮阴条件下,很快就可以生根。秋季嫩枝扦插,则是选用半木质化的嫩枝,截成15～20厘米长、含3～4节带气根的插穗。扦插后进行遮阴,保持较高的空气湿度,并经常保持土壤湿润,一般插后20～30天即可生根成活。

(6) 栽培管理

① 土质。对土壤和水分要求不严。栽培以腐殖质的壤土为佳,如用泥炭苔30%、细蛇木屑30%、河沙40%混合。

② 施肥。生长期每半月施1次液肥,氮磷钾比例为1：1：1,冬季停止施肥。

③ 修剪。定植时应重剪,促使多生分枝。

④ 浇水。夏季需遮阴,多浇水和喷雾,以保持空气湿度,冬季宜少浇水,但需保持盆土湿润。

(7) 病虫害防治

① 粉虱。在7～8月粉虱大量发生时,可喷施2.5%溴氰菊酯或40%氧化乐果,每周喷施1次,连续喷施3～4次。

② 介壳虫。人工刮除,发生面积大时,也可喷洒40%氧化乐果乳油剂800倍液。

③ 叶斑病。在叶斑病发病初期摘除病叶,并集中烧毁,同时喷洒1%波尔多液,每7天喷1次,连喷4～5次。

④ 疫病。发病初期,喷施或浇灌25%甲霜灵可湿性粉剂800倍液或58%甲霜灵,锰锌可湿性粉剂600倍液、64%杀毒矾可湿性粉剂600倍液、72%克露600倍液。

四、凌霄

(1) 科属　紫葳科,凌霄属。

(2) 别名　紫葳、女藏花、凌霄花、武藏花、中国凌霄。

(3) 产地与习性　原产我国中部、东部和长江流域。日本也有分布。凌霄花性喜充足阳光,略耐阴,喜温暖、湿润气候,不耐寒,不耐水湿,耐贫薄。适宜排水良好、疏松、肥沃的中性土壤。忌酸性土,忌积涝、湿热,一般不需要多浇水。

凌霄叶形细秀美观,花大而艳,花期较长,是园林绿地中优良的垂直绿化材料，也可盆栽修剪为悬垂式盆景。

（4）外观形态　落叶木质攀援大藤本，茎木质，树皮灰褐色，细条状纵裂，小枝紫褐色，借气根攀附于他物上。奇数羽状复叶，对生，小叶 7～9 枚，卵状或长卵形或卵状披针形，先端渐尖，基部阔楔形，边缘有锯齿，两侧不等大，两面光滑无毛。聚伞花序圆锥状顶生，花冠唇状漏斗形，短而阔，花萼钟状，橙黄色至鲜红色，花药黄色，个字形着生。花柱线形，柱头扁平。花期 7～8 月。蒴果长圆形先端钝。果熟期 10 月，如图 11-4 所示。

图 11-4　凌霄

（5）扦插繁育　凌霄花扦插易生根，可于春、夏进行，剪取10～16 厘米长粗壮嫩枝，每穗保留 2 对叶芽，下部 1 对插入基质中沙藏，以利发根。上面用玻璃覆盖，以保持足够的温度和湿度，如剪取带有气生根的枝条更易成活。第二年 2～3 月取出插穗进行扦插，温度保持在 23～28℃为宜，插后 20 天即可生根。

（6）栽培管理

① 定植。移植宜在春、秋两季进行，可裸根移植，夏季移植需带土球，定植时设以支柱。

② 施肥。定植穴中每穴可施 1～2 锹腐熟的堆肥，发芽后施 1次加 10 倍水稀释的鸡鸭粪水或复合化肥，每年开花前在根际周围挖 1～2 个小坑，坑中施 1～2 锹腐熟的堆肥内掺过磷酸钙 1000～1500 克。

③ 浇水。定植后浇足水，隔 2～3 天再浇水 1 次。生长期间，每日浇水 2～3 次，夏季一般不用浇水，秋季少雨可浇水 1～2 次。冬季置不结冰的室内越冬，严格控制浇水。耐旱，不能浇水过多。

④ 修剪。早春萌芽之前进行修剪。

⑤ 温度。凌霄耐寒性较差，在北京幼苗越冬需一定的防护。

⑥ 土质。在微酸性和中性土壤中生长较好。

（7）病虫害防治　凌霄的病虫害主要有凌霄叶斑病、蚜虫等。

① 蚜虫。新梢易受蚜虫危害，可喷洒 1000 倍 25％亚胺硫磷稀释液除治。

② 叶斑病。可用 50％多菌灵可湿性粉剂 1500 倍液喷洒。

五、龟背竹

（1）科属　天南星科，龟背竹属。

（2）别名　蓬莱蕉、透叶莲、穿孔喜林芋、电线兰、铁丝兰。

（3）产地与习性　原产墨西哥、美洲热带雨林地区，常附生于热带雨林中的高大榕树上。在我国西双版纳有野生。现各地均有栽培。喜温暖湿润和半阴环境，切忌强光曝晒和干燥，较耐寒。生长适宜温度为 20～25℃，越冬温度为 5℃。对土壤要求不严，在富含腐殖质的砂质壤土中生长良好。

龟背竹植株优美，叶片形状奇特，叶色浓绿，常盆栽置于厅、堂观赏，也可作大型壁挂居室装饰。

（4）外观形态　多年生常绿攀援藤本植物。茎粗壮，可长达10 余米。节部明显，茎干上生有许多细长、褐色的气生根，故又称电线兰。叶大，幼苗时叶片心形，无孔，全缘，随着植株长大，叶片出现羽状深裂，主脉两侧呈龟甲形散布许多椭圆形透漏穿和深裂，孔裂叶的形状犹如龟背，因此得名。叶深绿色，革质。肉穗花序，白色，佛焰苞淡黄色革质，边缘翻卷。栽培中还有斑叶变种（浓绿色的叶片上带有大面积不规则的白斑）。条件适宜时可结出紫罗兰色浆果，具菠萝香味，可生食，如图 11-5 所示。

（5）扦插繁育

① 扦插时间。龟背竹萌生力强，其繁殖以扦插为主。春、秋两季都能扦插，以 4～5 月天气转暖后扦插效果为最好，此期气温

适宜茎节切口愈合生根，成活快。

② 插穗选择。选取茎健壮充实的当年生侧枝，插穗长 20～25 厘米，每段应有 2～3 个茎节，去除气生根，保留短的气生根，剪去基部的叶片，保留上端的小叶，以吸收水分，利于发根。

③ 扦插过程。将茎干插入以河沙和泥炭或蛭石和腐叶土为混合基质的盆中，适当遮阳，保持温度在 25～30℃和较

图 11-5 龟背竹

高的空气湿度，高温易成活，插后经常喷水保证插床湿润，1 个月左右生根，2 个月长出新芽。

④ 扦插管理。插穗生根后，茎节上的腋芽也开始萌动展叶，为了加速幼苗生长，室温保持 10℃以上，加强肥水管理，插后第二年幼苗成型可作商品。也可以在春、秋两季，将龟背竹的侧枝整枝剪下，带部分气生根，直接栽植于盆中，成活率高，成型迅速。

(6) 栽培管理

① 土质。盆栽土要求肥沃疏松、吸水量大、保水性好的微酸性壤土，常以腐叶土或泥炭土最好。盆土以腐叶土为主，适当掺入壤土及河沙。

② 温度。生长适温 20～25℃，幼苗期，冬季夜间温度不低于 10℃，成熟植株短时间可耐 5℃，低于 5℃易发生冻害。当温度升到 32℃以上时，生长停止。

③ 光照。龟背竹是典型的耐阴植物，怕强光曝晒。规模生产须设遮阴设施，可用 50%遮阳网，尤其播种幼苗和刚扦插成活苗，切忌阳光直射，以免叶片灼伤。成型植株盛夏期间也要注意遮阴，否则叶片老化，缺乏自然光泽，影响观赏价值。

④ 浇水。龟背竹自然生长于热带雨林中，喜湿润，畏空气干燥。但盆栽土积水同样会烂根，使植株停止生长，叶子下垂，失去

光泽，叶片凹凸不平。浇水应掌握宁湿不干的原则，经常保持盆土潮湿，但不能积水，春秋季每 2～3 天浇水 1 次。盛夏季节除每天浇水外，需喷水多次，以保持叶面清新，悬挂栽培应喷水更勤。冬季叶片蒸发量减弱，浇水量要逐渐减少，注意防冻。

⑤ 施肥。龟背竹是比较耐肥的观叶植物，薄肥勤施。生长期间每半月施肥 1 次，施肥时注意不要让肥液沾到叶面。龟背竹的根相对柔嫩，忌施生肥和浓肥，以免烧根。最好使用"卉友" 20-8-20 四季用高硝酸钾肥，对龟背竹的生长更为有利。6～9 月间每月施肥 1～2 次，施肥种类以尿素、磷酸二氢钾为主，施用浓度以尿素 0.5％、磷酸二氢钾 0.2％最为适宜。

⑥ 整形。龟背竹为大型观叶植物，茎粗叶大，需绑扎整形。特别是成年植株的分株时，要设架绑扎，以免倒伏变型，待定型后支架拆除。定型后茎节叶片生长过于稠密、枝蔓生长过长时，注意整株修剪，力求自然美观。栽培时应搭架支撑，定型后注意整枝修剪和更新。

(7) 病虫害防治　龟背竹的叶片有时会发生褐斑病，应及时喷药防治。此外经常有介壳虫危害茎叶，应经常开窗通风预防，或用小毛刷除掉，并每月喷洒 1000 倍的 40％的乐果乳剂杀灭。

六、虎刺梅

(1) 科属　大戟科，大戟属。

(2) 别名　铁梅掌、铁海棠、麒麟花。

(3) 产地与习性　原产非洲马达加斯加。我国各地都有栽培。性喜温暖、光照充足和通风、湿润的环境，耐旱力强，不耐寒，耐高温，忌水湿。适宜肥沃、疏松和排水良好的砂质土壤。阳光充足时薄片鲜艳，长期光照不足，花色暗淡，只长叶子，不开花。干旱时，叶子脱落，但茎枝不萎蔫。土壤湿度过大，易造成生长不良，甚至死亡。长江流域及其以北地区，均盆栽室内越冬，冬季室温不宜低于 15℃。

虎刺梅株丛繁茂，茎姿奇特，花叶美丽，可在造型架上攀援生长，深受人们喜爱，是秋、冬、春三季良好的观赏盆花也可作室内装饰或供制作盆景。南方地区常露地作绿篱栽植。

（4）外观形态　常绿落叶灌木或常绿多浆、攀援类灌木，株高 0.5～1 米，茎具多棱，并有褐色硬锐刺，枝条密生，嫩枝具柔毛。单叶，聚生于嫩枝上，叶倒卵形，先端浑圆而有小突尖，黄绿色，草质有光泽。聚伞花序生于枝条顶端，花小花冠轮生，绿色，单性同株，无花被，总苞基部具 2 苞片，苞片宽卵形、鲜红色，长期不落，花期 10 月至次年 5 月。蒴果扁球形，如图 11-6 所示。

图 11-6　虎刺梅

（5）扦插繁育　虎刺梅整个生长季节都可进行扦插，但以 5～6 月进行为最好，成活率高。从母株上剪取粗壮、充实、带顶芽、长 7～8 厘米的茎段作插穗，以顶端枝为佳。剪口有白色乳汁流出，用温水清洗或涂抹炉灰、草木灰，待剪口晾晒充分干燥，剪口处外流白浆凝固后插于湿润的沙床中，插后注意保持盆土稍干燥，插床上可用干净的粗河沙，插穗入土深度 3～4 厘米，插后浇 1 次透水，再进行遮阳并经常喷雾，保持插床湿润，30～35 天后即可生根成活。

（6）栽培管理

① 土质。扦插苗上盆后给予充足光照，盆栽以 3 份园土、2 份腐熟有机肥料和 5 份沙配制成培养土。

② 施肥。从 4 月中旬至 9 月，可每半个月追施 1 次蹄角片液肥（一般是 500 克羊蹄角片加水 10 千克，放入缸中密封，充分发酵即可），雨季每 3～4 周施 1 次麻酱渣干肥，休眠期停止施肥。

③ 浇水。夏季应每天浇 1 次水，开花期间应控制浇水，春、秋两季可每 2～3 天浇 1 次，冬季每半月浇 1 次水。夏季防烈日直射和雨淋，并适当修剪和设置支架扎缚枝条。花期保持适中的土壤湿度，能花开不断，在夏、秋生长期需要充足的水分，每月施肥 1 次。进入休眠期后应保持盆土干燥。

④ 温度。冬季温度低，叶片枯黄脱落，冬季室温在 15℃以上，可继续开花。

⑤ 管理。深秋入温室养护，保持盆土干燥，盆栽时每年春季换盆，2～3 年换盆 1 次，浇水不宜过多。如植株生长过于拥挤茂密时，可在春季萌发新叶前加以修剪整株。

（7）病虫害防治 虎刺梅夏季易受红蜘蛛危害，可以将其放在通风良好、光照充足的环境，同时喷洒 1000 倍 80% 的敌敌畏除治。

七、吊竹梅

（1）科属 鸭拓草科，吊竹梅属。

（2）别名 红莲、花叶竹夹菜、紫鸭拓草、吊竹兰。

（3）产地与习性 原产于中南美洲热带的墨西哥，传播到日本后，1909 年从日本引种到中国。吊竹梅喜温暖、湿润气候，不耐寒冷，越冬温度约 10℃。喜在阳光较为充足的地方栽培，但忌强光，夏天宜置于阴棚下，耐阴，但在过阴处吊竹梅茎叶徒长，叶色变淡，观赏价值降低。对土壤要求不严，在肥沃而疏松的腐殖土上生长较好，较耐瘠薄，不耐旱。

吊竹梅有一定程度的耐阴性，园艺品种有四色吊竹梅，是极好的室内观赏植物，并可置于高处或吊盆栽植增加立体色彩。

（4）外观形态 吊竹梅为多年生匍匐性常绿草本。全株深紫红色。茎分枝，节处生根，茎细长稍柔弱，绿色，下垂，半肉质。叶互生，长椭圆形至披针形，先端尖，基部鞘状，全缘，叶面银白色，其中部及边缘为紫色，叶背紫色。花小，数朵聚生于二片紫红色的叶状苞内，紫红色。果为蒴果。因其枝叶常匍匐下垂，叶形似竹叶，故名吊竹梅。花常年开放，如图 11-7 所示。

图 11-7　吊竹梅

（5）扦插繁育　由于吊竹梅茎呈匍匐性，节处生根，分离后另行栽植即可生长成新的植株。因扦插极易成活，故以扦插繁殖为主要繁殖方法。把茎秆剪成 5～8 厘米长一段，每段带三个以上的叶节，也可用顶梢作插穗。扦插基质可选用营养土或河砂、泥碳土等材料。海砂及盐碱地区的河砂不要使用，它们不适合花卉植物的生长。扦插结合摘心，全年随时都可进行，极易生根。吊竹梅甚至可以用水来扦插。上盆时要把 5～6 株合栽。

（6）栽培管理　吊竹梅适应性强，栽培容易。

① 土质。土壤可以选用菜园土和炉渣 3∶1 混合或者园土、中粗河沙和锯末 4∶1∶2 混合。

② 温度。吊竹梅喜欢温暖的环境，春夏秋三个季节的温度都能适宜生长，最适宜的生长温度为 18～30℃，忌寒冷霜冻，在较低的温度下生长很缓慢，越冬温度需要保持在 10℃ 以上，在冬季气温降到 4℃ 以下进入休眠状态，如果环境温度接近或低于 0℃ 时，会因冻伤而死亡。

③ 湿度。喜欢湿润的气候环境，要求生长环境的空气相对湿度在 60%～75%。可以通过喷雾来增加湿度，每天 1～3 次，晴天温度越高喷的次数越多，阴雨天温度越低，喷的次数则少或不喷。但过度地喷雾，插穗容易被病菌侵染而腐烂，因为很多种类的病菌就存在于水中。

④ 光照。吊竹梅无论什么季节都需要明亮的光照，以促使植株长出密集而鲜艳的叶子。如果光线太暗，茎会长得细长散乱，叶会褪色。但不可让烈日直射，需要放在半阴处养护，或者给它遮阴 70%。放在室内的养护的，尽量放在光线明亮的地方，并每隔 1～2 个月移到室外半阴处或遮阴养护 1 个月，以让其积累养分，恢复长势。

⑤ 浇水。在生长季节，吊竹梅要等到表土约 2.5 厘米深处干时再进行浇水。盆土稍干，叶色会更鲜艳。在冬季休眠期，等到盆土半干时再进行适量浇水。

⑥ 施肥。吊竹梅对肥水要求多，但最怕乱施肥、施浓肥和偏施氮、磷、钾肥，要求遵循"淡肥勤施、量少次多、营养齐全"的施肥（水）原则。吊竹梅在生长活跃期，可每半个月施一次以氮为主的复合肥。

⑦ 上盆。小苗装盆时，先在盆底放入粗粒基质或者陶粒来作为滤水层，其上撒上一层充分腐熟的有机肥料作为基肥，厚度为 1～2 厘米，再盖上一层基质，厚 1～2 厘米，然后放入植株，以把肥料与根系分开，避免烧根。上完盆后浇 1 次透水，并放在遮阴环境养护。

（7）病虫害防治　吊竹梅生长健壮，栽培管理也比较粗放，很少发生病虫害。

八、叶子花

（1）科属　紫茉莉科，叶子花属。

（2）别名　三角花、室中花、九重葛、贺春红。

（3）产地与习性　原产南美、巴西。现我国各地都有栽培。叶子花在华南及西南温暖地区常设立棚架攀援生长，在长江流域及其以北地区多盆栽种植。叶子花喜欢生长在温暖、湿润、阳光充足的环境条件下，不耐寒、不耐阴，喜水，喜肥，耐高温，怕干燥。中国除南方地区可露地栽培越冬，其他地区都需盆栽和温室栽培。对土壤要求不严，干湿均可，但在排水良富含腐殖质的肥沃沙质土壤中生长旺盛。

（4）外观形态　叶子花为木质攀援藤本状灌木。嫩枝具曲刺，密生柔毛。单叶互生，卵状椭圆形，全缘，叶质薄，有光泽，叶色深绿，被厚绒毛，顶端圆钝。小花黄绿色，细小纸质大型苞片聚生呈三角形，3 朵聚生在新枝顶端。三片颜色十分鲜艳，有粉红、洋红、深红、砖红、橙黄、玫瑰红、白色等。常被被误认为是花瓣，因其形状似叶，故称其为"叶子花"，如图 11-8 所示。叶子花花期长，是很好的室内观赏花卉。

图 11-8　叶子花

（5）扦插繁育　叶子花具有很强的萌生力和耐修剪的特点。叶子花扦插的方法是每年 6～7 月用花后一年生半木质化、生长健壮、成熟的枝条，剪成 10～15 厘米的段作插穗，插于沙床或者喷雾插床中。插后保持 28℃左右的温度和较高湿度时，20～30 天就可生根。温度过低，生根缓慢，成活率低，用 0.8% 的吲哚乙酸浸插穗基部 15 秒钟，生根效果显著，提高成活率。40 天后可栽植盆内。初栽的小苗需要遮阳，缓苗后放在充足的阳光处，第二年入冬即可开花。

（6）栽培管理　叶子花生长势强健，栽培管理较为简单。

① 土质。叶子花的土壤以肥沃、疏松和排水良好的沙质壤土最为适宜。盆栽叶子花常用 15～18 厘米盆，每盆可栽 3 株扦插苗。盆土要用草炭土加 1/3 细沙和少量豆饼渣作基质或用腐叶土、培养土和粗沙的混合土壤。

② 温度。叶子花喜高温，生长适宜温度为 15～30℃，5～9 月为 19～24℃，9 月至次年 5 月为 13～16℃。开花适温为 28℃，夏季耐 35℃高温，生长不受影响，冬季室温不能低于 20℃，温度忽高忽低，及其容易造成落叶，不利开花。若使其进入休眠，休眠温度保持在 1℃左右，则不会落叶，可保证第二年开花繁茂。如果温度过低，易造成叶片遭受冻害。

③ 浇水。叶子花性喜水，对水分的需要量较大，生长期需要大量浇水。夏季及花期浇水应及时，特别在炎热的季节或大风天叶子花不能缺水，要加大浇水量，水分供应不足时，易产生落叶现象，直接影响植株正常生长或延迟开花。花后浇水可适当减少，如土壤过湿，会引起根部腐烂。冬季室内土壤不可过湿，可适当减少浇水量。

④ 施肥。生长期要注意施肥，每半月施肥 1 次或用"卉友"15-15-30 盆花专用肥。还可浇蹄片水等有机肥料，施肥宜淡肥勤施。入冬后停止生长时要停止追肥。

⑤ 光照。叶子花是强阳性植物，喜光，应有充足光照。如光线不足或过于荫蔽，新枝生长细弱，叶片暗淡。在充足阳光下可开花不断，花色鲜艳。因此，四季都应放在有阳光直射、通风良好处。即使是夏季，也应将叶子花放在阳光充足的露地培养。如光线不足，则生长细弱，开花也少。

⑥ 修剪。叶子花盆栽每 2 年换 1 次盆，换盆要在春季进行。结合换盆剪除细弱枝条，留 2～3 个芽或抹头，整成圆形。

⑦ 摘心。生长期间不断摘心，以控制植株生长，促使花芽形成。花后进行修剪整形，将枯枝、密枝以及顶梢剪除，以促进新芽生长及老枝更新，保持植株姿态美观。5～6 年还需短截或重剪更新。也可以根据供花时间确定摘心时间。3 月上市的应在上年 10 月中旬摘心，4 月上市的在上年 11 月中旬摘心，5 月上市的在上 1 年

的 11 月中旬摘心，6 月上市的在 1 月中旬摘心。花后需修剪促进更多新枝。

（7）病虫害防治 主要病虫害有蚜虫、红蜘蛛，要注意通风。如发生虫害可及时喷洒 50％三硫磷 1000～1500 倍液，连续喷 2～3 次，可有效地防治虫害。

九、龙吐珠

（1）科属 马鞭草科，赪桐属。

（2）别名 麒麟吐珠、珍珠宝莲、臭牡丹藤、珍珠宝草。

（3）产地与习性 龙吐珠原产热带非洲西部。1790 年引种到英国，主要用于温室栽培观赏，并在欧洲各植物园中普遍栽培。现在，欧美用龙吐珠作盆栽观赏，点缀窗台和夏季小庭院。龙吐珠在我国栽培的历史不长，20 世纪初在南方的广州、厦门等城市有栽培，现在广有栽培。龙吐珠喜温暖、湿润和阳光充足的环境，不耐寒，水分的反应比较敏感。土壤用肥沃、疏松和排水良好的砂质壤土。盆栽用培养土或泥炭土和粗沙的混合土。生长适宜温度为 18～24℃。

（4）外观形态 龙吐珠为攀缘性常绿灌木。高 0.5～5 米，枝条柔软修长，四棱。单叶对生，卵形，长 5～7 厘米，宽 3～4 厘米，先端尖，全缘，侧脉明显。聚伞花序着生枝条上部叶腋，花疏散成簇。花长 5～6 厘米。萼管长 1.2 厘米，萼片白色后转粉红色，成五角形，顶端渐窄，花瓣红色，花冠管状，裂片 5 片，鲜红色。雄蕊雌蕊伸出花冠之外。其栽培品种斑叶龙吐珠，叶片深绿色，被有不规则白色斑纹，如图 11-9 所示。

（5）扦插繁育 龙吐珠的扦插繁殖可采用枝插、芽插和根插繁殖。

① 枝插。选健壮无病枝条的顶端嫩枝，也可将下部的老枝剪成 8～10 厘米的茎段作为插穗。

② 芽插。取枝条上的侧生芽，带一部分木质部，作为插穗。

③ 根插。根状匍匐茎剪成 8～10 厘米长作为插穗。用泥炭、珍珠岩、腐叶土、河沙和蛭石等作为插床的基质，以春、秋季扦插最好，扦插适温为 21℃，插床温度为 26℃，对生根十分有利。插后

图 11-9　龙吐珠

3 周可生根。如用 0.5%～0.8% 吲哚丁酸溶液处理插穗基部 1～2 秒钟，可促进生根。

（6）栽培管理

① 土质。土壤用肥沃、疏松和排水良好的沙质壤土。盆栽用培养土或泥炭土和粗沙的混合土。盆栽用 12～15 厘米盆，每盆可栽 3 株。

② 温度。生长适温为 15～24℃，2～10 月为 18～30℃，10 月至第二年 2 月为 13～16℃。冬季温度不低于 8℃，5℃ 以上茎叶易遭受冻害，轻者引起落叶，重则嫩茎枯萎。营养生长期温度可以较高，30℃ 以上高温，只需供水充足，仍可正常生长。开花期的温度宜较低，在 1.7℃ 左右。

③ 光照。冬季需光照充足，夏季天气炎热时宜遮阴，否则叶子发黄。光线不足时，会引起蔓性生长，不开花。花芽分化不受光周期影响，但较强的光照对花芽分化和发育有促进作用。在黑暗中不宜置放过长时间，超过 24 小时，就会落花。

④ 浇水。龙吐珠对水分的反应比较敏感。茎叶生长期要保持土壤湿润，但浇水不可超量，水量过大，造成只长蔓而不开花，甚至叶子发黄、凋落，根部腐烂死亡。夏季高温季节应充分浇水，适当遮阴。冬季要减少浇水，使其休眠，以求安全越冬。

⑤ 施肥。每半月施肥 1 次，龙吐珠开花季节，增施 1～2 次磷钾肥，或用"卉友"20-8-20 四季用高硝酸钾肥。冬季停止施肥。

⑥ 整形。要塑造龙吐珠的优美株型，在扦插苗或播种苗盆栽后长至 15 厘米时，离盆口 10 厘米处截枝，促进萌发粗壮新枝。生长期要严格控制分枝的高度，注意打顶摘心，以求分枝整齐，将来开花茂密。在摘心后半个月，施用维生素 B_9 或矮壮素，来控制植株高度，达到株矮、叶茂、花多。每年春季换盆时，对地上部枝条进行修剪短截，使植株圆枝多、花多。

（7）病虫害防治　主要病害有花叶病和引起叶脱落的真菌病害，常见锈病、灰霉病和花叶病毒病危害。虫害有叶甲、刺蛾和介壳虫危害。

① 锈病。用 20％萎锈灵乳油 400 倍液喷洒。

② 灰霉病和花叶病毒病。用 50％苯菌灵可湿性粉剂 2500 倍液喷洒防治。

③ 叶甲、刺蛾和介壳虫。可用 2.5％敌杀死 3000 倍液喷杀。

十、合果芋

（1）科属　天南星科，合果芋属。

（2）别名　紫梗芋、丝素藤、长柄合果芋、剪叶芋、白蝴蝶。

（3）产地与习性　原产中美、南美热带雨林中。合果芋性喜高温多湿和半阴环境。生长适宜温度 20～28℃。不耐寒，怕干旱和强光曝晒。合果芋对光照的适应性较强。土壤以肥沃、疏松和排水良好的砂质壤土为宜。适应性强，生长健壮，能适应不同光照环境。冬季有短暂的休眠。花期夏、秋季。合果芋生长速度较快，每年都要换盆，可作篱架以及边角、背景、攀墙和铺地材料。

（4）外观形态　合果芋为多年生蔓性常绿草本植物。合果芋的茎节具气生根，攀附他物生长。叶片呈两型性，幼叶为单叶，箭形。老叶成 5～9 裂的掌状叶，中间一片叶大型，叶基裂片两侧常着生小型耳状叶片。初生叶色淡，老叶呈深绿色，且叶质加厚。佛焰苞浅绿或黄色，如图 11-10 所示。

（5）扦插繁育　扦插繁殖在 5～10 月，气温在 15℃以上均可扦插，插穗以切取茎先端部 2～3 节或茎中段 2～3 节均可，保留基

图 11-10　合果芋

部可继续萌发新枝。可用河沙、蛭石或苔藓为基质的插床，插后 10～15 天生根。有时，合果芋在空气湿度较大的情况下，茎节上往往长出气生根，可剪下直接盆栽，放半阴处养护。有的蔓生长茎贴地而生，其茎节处不定根直接长入地下，只需挖取就可盆栽。

（6）栽培管理

① 土质。土壤以肥沃、疏松和排水良好的沙质壤土为宜。盆栽土以腐叶土、泥炭土和粗沙的混合土为宜。同时，合果芋也适合无土栽培。

② 温度。生长适宜温度为 20～28℃，在 15℃ 时生长较慢，10℃ 以下则茎叶停止生长。冬季温度在 5℃ 以下叶片出现冻害。春季气温超过 10℃ 时开始萌发新芽，随着温度的升高，茎叶生长逐步加快。

③ 光照。合果芋对光照的适应性较强。在明亮的光照下，叶片较大，叶色变浅。在半阴条件下，叶片变小，叶色偏深。但长时间在低光度下，茎干和叶柄伸长，株型松散，叶片变小。合果芋夏季需遮阴 70%～80%，冬季遮阴 40%～50%。

④ 浇水。合果芋喜湿怕干。夏季生长旺盛期，需充分浇水，保持盆土湿润，以利于茎叶快速生长。每天增加叶面喷水，保持较

高的空气湿度，叶片生长健壮、充实，具有较好的观赏效果。水分不足或遭受干旱，叶片粗糙变小。

⑤ 施肥。生长期每半月施肥 1 次或用"卉友"20-8-20 四季用高硝酸钾肥，促进植株生长繁茂、分枝多。

⑥ 选盆盆栽合果芋常用 10～15 厘米盆，吊盆悬挂栽培可用 15～18 厘米盆。

⑦ 整形。室外栽培时，茎蔓不宜留太长，以免强风吹刮。夏季茎叶生长迅速，盆栽观赏需摘心整形。吊盆栽培，茎蔓下垂，如过长或过密也需疏剪整形，保持优美株态。成年植株在春季换盆时可重剪，以重新萌发更新。冬季室内养护，切忌盆土过湿，否则遇低温多湿，会引起根部腐烂死亡或叶片黄化脱落，影响观赏价值。

（7）病虫害防治

① 叶斑病和灰霉病。可用 70％代森锌可湿性粉剂 700 倍液喷洒。平时，可用等量式波尔多液喷洒预防。

② 粉虱和蓟马。危害茎叶，用 40％氧化乐果乳油 1500 倍液喷杀。

十一、迎春花

（1）科属　木樨科，素馨属。

（2）别名　迎春、金腰带、小黄花、黄梅、黄素馨、清明花。

（3）产地与习性　原产我国甘肃、陕西、四川、云南西北部，西藏东南部。迎春花性喜阳光，喜温暖、湿润环境，较耐寒、耐旱，怕涝，较耐碱。在华北地区和鄢陵均可露地越冬。对土壤要求不严，适宜疏松肥沃和排水良好的沙质土，在酸性土中生长旺盛，碱性土中生长不良。根部萌发力强。耐修剪。枝条着地部分极易生根。

迎春花是园林绿地中早春珍贵花木之一，可丛植于草坪、墙隅、假山、岸边等处。也可盆栽观赏或制作成盆景观赏。

（4）外观形态　迎春花为落叶藤状灌木植物，高 2～3 米，直立匍匐。小枝细长呈拱状，枝条稍扭且下垂，有四棱，绿色，光滑无毛。3 小叶复叶交互对生，幼枝基部偶有单叶，小叶卵形至矩圆状卵形，全缘，叶轴具狭翼，叶柄长 3～10 毫米，无毛。花单生叶腋，先叶开放，花冠黄色，高脚碟状，花萼绿色，裂片 5～6 枚，窄披针形，花冠黄色，基部向上渐扩大，裂片 5～6 枚，长圆形或椭圆形，先端锐尖或圆钝。具清香，花期 2～4 月，如图 11-11 所示。

图 11-11　迎春花

（5）扦插繁育　迎春花扦插春、夏、秋三季均可进行，其中在早春 2～3 月扦插，成活率高。剪取半木质化的枝条 12～15 厘米长，插入沙土中，保持湿润，约 15 天生根。压条多在春季进行，将较长的枝条浅埋于沙土中，不必刻伤，40～50 天后生根，当年秋季分栽。

（6）栽培管理　栽植前施足基肥，生长期内摘心 3～4 次，促使其分枝，花后进行整形、修剪。栽培容易，管理粗放，只要注意肥水管理，均能生长良好。

（7）病虫害防治

① 蚜虫。可喷施 40％乐果 1500 倍液防治。

② 褐斑病。发病初期喷洒 70％百菌清可湿性粉剂 1000 倍液等杀菌剂。

③ 灰霉病。发病初期喷洒 50％速克灵或 50％扑海因可湿性粉剂 1500 倍液。最好与 65％甲霉灵可湿性粉剂 500 倍液交替施用，以防止产生抗药性。

[1] 陈俊愉.中国花卉品种分类学.北京：中国林业出版社，2001.

[2] 程金水.园林植物遗传育种学.北京：中国林业出版社，2000.

[3] 康亮.园林花卉学：第2版.北京.中国建筑工业出版社，2008.

[4] 施振周，刘祖棋.园林花木栽培新技术.北京：中国农业出版社，1999.

[5] 北京林学院.树木学.北京：中国林业出版社，1991.

[6] 陈俊愉，程绪珂.中国花经.上海：上海文化出版社，1990.

[7] 赵梁军，苏立峰.月季.北京：中国农业出版社，2000.

[8] 鲁涤非.花卉学.北京：中国农业出版社，1999.

[9] 陈晓阳，卢云凤.侧柏优树根基插皮接效果好.北京：林业科技通讯，1990.

[10] 陈有民.园林树木学.北京：中国林业出版社，1990.

[11] 卢思聪.室内盆栽花卉.北京：金盾出版社，1991.

[12] 沈宗英.实用家庭养花手册.上海：上海科学技术文献出版社，1991.

[13] 孙土云.悬铃木扦插苗的培育.江苏林业科技，1995.

[14] 王宏志.中国南方花卉.北京：金盾出版社，1998.

[15] 王青华，张鸿昌，石蒙沂等.紫丁香扦插育苗试验.林业科技通讯，1997.

[16] 熊济华.观赏树木学.北京：中国农业出版社，1999.

[17] 赵庚义等.草本花卉育苗新技术.北京：中国农业大学出版社，1997.

[18] 邹惠渝.园林植物学.南京：南京大学出版社，2000.

[19] 王大均.家庭养花全典.上海：上海文化出版社，1991.